高等学历继续教育规划教材

工程中的有限元分析方法

（第2版）

陈章华　宁晓钧　王广伟　罗　熊　编著

扫码输入刮刮卡密码
查看数字资源

北　京

冶　金　工　业　出　版　社

2023

内 容 提 要

本书以理论与实践相结合的方法，系统地介绍了工程分析中有限元方法的原理与操作步骤等。全书共分 9 章，主要内容包括有限单元法基础、ANSYS 命令基础及其操作步骤、弹性力学平面实体的有限单元法、弹性力学轴对称问题的有限单元法、弹性力学空间问题的有限单元法、等参数单元和数值积分、杆梁结构的有限单元法、有限单元法应用中的若干实际考虑、热传导问题的有限单元法与 ANSYS 热分析。每章后附有复习思考题，大部分章节后还附有上机作业练习。

本书可作为高等院校机械、土木、冶金、热能等专业的教材，也可供从事工程分析的技术人员和研发人员参考。

图书在版编目（CIP）数据

工程中的有限元分析方法／陈章华等编著 . —2 版. —北京：冶金工业出版社，2023.10
高等学历继续教育规划教材
ISBN 978-7-5024-9696-8

Ⅰ.①工… Ⅱ.①陈… Ⅲ.①工程分析—有限元分析—高等学校—教材 Ⅳ.①TU712 ②O241.82

中国国家版本馆 CIP 数据核字（2023）第 233898 号

工程中的有限元分析方法 （第 2 版）

出版发行	冶金工业出版社	**电 话**	(010)64027926
地 址	北京市东城区嵩祝院北巷 39 号	**邮 编**	100009
网 址	www.mip1953.com	**电子信箱**	service@ mip1953.com

责任编辑 杜婷婷 马媛馨 美术编辑 彭子赫 版式设计 郑小利
责任校对 郑 娟 责任印制 禹 蕊
三河市双峰印刷装订有限公司印刷
2013 年 6 月第 1 版，2023 年 10 月第 2 版，2023 年 10 月第 1 次印刷
787mm×1092mm 1/16；18 印张；432 千字；271 页
定价 59.00 元

投稿电话 （010）64027932 投稿信箱 tougao@cnmip.com.cn
营销中心电话 （010）64044283
冶金工业出版社天猫旗舰店 yjgycbs.tmall.com
（本书如有印装质量问题，本社营销中心负责退换）

第 2 版前言

有限元方法是一种用于求解连续介质问题的数值分析方法，它的雏形可以追溯到 20 世纪 50 年代的结构分析矩阵法。1960 年，克拉夫（Clough）首次使用了"有限单元法"这一名称，随后这一方法被成功应用于飞机结构的分析。这一方法的基本思路是将系统复杂的结构分割成有限个单元，各单元在结点处彼此连续而组成整体，然后根据各单元在结点处的平衡条件建立方程，从而进行分析。近年来，有限元方法已广泛应用于各个学科，例如流体力学、温度场、电传导、磁场等，展现了这一方法的巨大应用潜力。

本书主要讲述了有限元方法的数学基础、国际著名的工程有限元软件 ANSYS 命令基础及其操作步骤、弹性力学平面实体的有限单元法、弹性力学轴对称问题的有限单元法、弹性力学空间问题的有限单元法、等参数单元和数值积分、杆梁结构的有限单元法、有限单元法应用中的若干实际考虑、热传导问题的有限单元法与 ANSYS 热分析。

本书在第 1 版的基础上，对全书内容进行了修订，重新整理了习题的计算，并附以详细的程序执行步骤及运行结果。这些习题案例可以帮助学生更快地掌握有限元方法的核心内容，例如如何选择合适的单元尺寸和网格密度、如何对系统进行建模等。此外，对第 1 版第 6 章结构做了调整：将原来的八个小节缩减为五个小节，将原来的两个小节四边形结点内容并入 6.1 小节，三角形单元和其他单元问题分别调整为 6.1 小节和 6.3 小节，6.4 小节讲述数值积分，并举例予以说明，6.5 小节介绍空间等参数元的有限元列式。

除以上修订外，本书最大的特色在于有机融入了思政元素。课程思政建设是一项系统工程，通过与工程建设密切相关的国内著名基础建设工程（鸟巢、国产大型航母、蛟龙号、C919 大飞机、大兴国际机场、"天问一号"火星探测器、港珠澳大桥、航天运载火箭、超级计算中心等）的典型案例分析，使学生在有限元方法的应用学习中体会祖国日新月异的变化，牢固树立正确的世界观、人生观、价值观，更加坚定中华民族文化自信。

Ⅱ

　　本书的出版，得到了北京科技大学教材建设经费资助及北京科技大学教务处的全程支持，还得到了许军军老师和刘兵泽、李海波、阚光泽等学生的帮助，他们负责书稿修订内容的整理，以及所有习题的校验及重新计算，付出了大量的时间和精力，在此一并表示衷心的感谢。

　　由于作者水平所限，书中不妥之处，敬请读者及同行批评指正。

作　者

2023 年 5 月

第1版前言

从 20 世纪 50 年代诞生到现在，有限元方法和技术经历了 60 年的发展历程，已经成为当今科学与工程领域中分析和求解微分方程的系统化数值计算方法。与传统解法相比，有限元方法具有理论完整、可靠，物理意义直观、明确，解题效能强等优点。特别是由于这种方法适用性强，形式单纯、规范，近年来已被推广应用到航空航天、机械、土木建筑、造船等行业和相关科学领域。有限元方法起源于矩阵结构分析方法，通过工程师和数学家的工作使其不断成熟和完善，已经变成工程分析中处理偏微分方程边值问题的最有效的数值方法之一。对于工程中的许多场变量的定解问题，通过有限元方法可以得到满足工程要求的近似解。目前，有限元方法已经从传统的力学领域向其他学科领域推广，它不仅用于研究物质机械运动的规律，还用于研究声、光、电、热、磁运动及其耦合作用的规律。

目前，理工科各专业的学生普遍需要学习有限元基础知识并至少掌握一门软件的使用方法，以便用软件解决一些相对简单的工程实际问题，包括建模、计算、结果解释及误差分析。通过进一步的实践和提高，掌握各种 CAD 软件接口和二次开发工具，可以解决复杂多场耦合工程问题。本书在编写过程中，注意尽量避开深奥的数学理论，从简单结构的物理模型入手，力求做到深入浅出、概念清晰、循序渐进，便于初学者理解和掌握。本书在兼顾基础知识的同时，强调实用性、可操作性和知识的新颖性，系统地介绍了 ANSYS 软件的基本功能和工程应用，包括几何建模技术、网格划分与有限元建模技术、施加载荷与求解过程、结果后处理技术等。本书坚持理论与实践紧密结合的原则，将有限元理论与 ANSYS 操作糅合在一起，大部分章都编写了上机作业，有助于学生对于有限元理论的理解和熟悉 ANSYS 软件的应用。全书共分 9 章，第 1 章介绍了有限单元法的数学基础以及有限元法的基本思想和基本理论；第 2 章介绍了 ANSYS 的基本知识、基本操作和有限元分析过程；第 3 章介绍了弹性力学平面问题的有限单元法；第 4 章介绍了轴对称问题的有限单元法；第 5 章介绍了空间问题的有限单元法；第 6 章讲述了等参数单元和数值积分；第 7 章介绍了杆梁结构的有限单元法；第 8 章介绍了有限单元法应用中的若干实际考虑，包括自由度耦合与约束方程的基本知识与基本操作以及几种现代非协调单元；第 9 章介绍了热传导问题的有限单元法。

　　由于编写时间仓促，加之水平所限，书中疏漏之处在所难免。如在学习和上机实践过程中发现问题或有改进建议，欢迎广大读者和同行批评斧正。

编著者

2013 年 3 月

目　　录

1 有限单元法基础

第 1 章数字资源

本章学习要点

本章主要介绍工程分析中的数值分析方法以及计算机辅助工程分析的基本知识。要求了解微分方程的等效积分弱形式的概念，熟悉有限元方法的组成模块和计算流程，了解加权残值法在构建有限元列式中的作用。

思政课堂

C919 大飞机

C919 飞机，全称 COMA C919，是中国按照国际民航规章自行研制、具有自主知识产权的大型喷气式民用飞机，座级 158~168 座，航程 4075~5555 km。C919 飞机于 2015 年 11 月 2 日完成总装下线，性能与国际新一代的主流单通道客机相当，2017 年 5 月 5 日成功首飞，2023 年 5 月 28 日开始执行上海虹桥国际机场至北京首都国际机场的商业飞行。

C919 飞机属中短途商用机，总长 38 m，翼展 35.8 m，高度 12 m，其基本型布局为 168 座。标准航程为 4075 km，最大航程为 5555 km，飞行经济寿命达 9×10^4 h。在使用材料上，C919 飞机大范围采用铝锂合金材料，以第三代复合材料、铝锂合金等为代表的先进材料总用量占飞机结构重量的 26.2%，其中复合材料使用量将达到 20%，有效降低了机体重量。飞机大量采用复合材料，较国外同类型飞机 80 dB 的机舱噪声，C919 机舱内噪声有望降到 60 dB 以下。

C919 飞机应用了多项国际领先的技术，研发人员采用先进气动布局和新一代超临界机翼等先进气动力设计技术，达到比现役同类飞机更好的巡航气动效率，并与 10 年后市场中的竞争机具有相当的巡航气动效率。C919 飞机采用了先进的结构设计技术和较大比例的先进金属材料和复合材料，减轻飞机的结构重量。为了提高飞机综合性能，改善人为因素和舒适性，C919 飞机采用了先进的电传操纵和主动控制技术，以及先进的综合航电技术，减轻飞行员负担，提高导航性能，改善人机界面，且采用先进的维修理论、技术和方法，降低维修成本。

C919 飞机在设计和制造过程中广泛应用了有限元分析方法。有限元分析方法可以模拟飞机结构的受力情况，帮助设计师优化结构设计，提高结构的强度和刚度，减轻结构重量，从而提高飞机的性能和安全性。同时，有限元分析方法还可以模拟飞机结构的疲劳寿命，预测结构在使用寿命内的疲劳损伤情况，为飞机的维修和保养提供参考。此外，有限元分析方法可以模拟飞机结构的振动情况，预测结构的共振频率和振动模态，帮助设计师优化结构设计，减少结构的振动响应，提高飞机的舒适性和稳定性。有限元分析方法在

C919 飞机的设计和制造过程中发挥了重要作用，为飞机的性能、安全性和可靠性提供了有力的支撑。

在中国飞机史上，大飞机重大专项是党中央和国务院为把我国建设成为创新型国家、提高我国自主创新能力和增强国家核心竞争力的重大战略决策，是《国家中长期科学和技术发展规划纲要（2006—2020 年)》确定的 16 个重大专项之一。让中国的大飞机飞上蓝天，是国家的意志、人民的意志。习近平新时代中国特色社会主义思想中明确必须坚持和完善社会主义基本经济制度，使市场在资源配置中起决定性作用，更好发挥政府作用，把握新发展阶段，贯彻创新、协调、绿色、开放、共享的新发展理念，加快构建以国内大循环为主体、国内国际双循环相互促进的新发展格局，推动高质量发展，统筹发展和安全，而发展国产大飞机正是推动国家高质量发展的重要任务之一。

1.1　有限单元法的分析过程和发展历程

1.1.1　分析过程

有限单元法的基本思想是将连续的求解区域离散为一组有限个按照特定的方式互相联结在一起的单元组合体。由于单元能够按照不同的联结方式进行组合，且单元本身又可以有不同形状，所以可以对几何形状复杂的求解域进行模型化。有限单元法能够利用在每一个单元内假设的近似函数来分片地表示全求解域上待求的未知场函数。单元内的近似函数通常由未知场函数或及其导数在单元的各个结点的数值和其插值函数来表达。在一个问题的有限元分析中，未知场函数或及其导数在各个结点上的数值就成为新的未知量（自由度），从而使一个连续的无限自由度问题变成离散的有限自由度问题。这些未知量一旦解出，就可以通过插值函数来求出各个单元内场函数的近似值，从而得到整个求解域上的近似解。显然随着单元数目的增加，也即单元尺寸的缩小，或者随着单元自由度的增加及插值函数精度的提高，解的近似程度将不断改进。如果单元是满足收敛要求的，近似解最后将收敛于精确解。

有限单元的求解思路是：根据力学的虚功原理，利用变分法将整个结构（求解域）的平衡微分方程、几何方程和物理方程建立在结构离散化的各个单元上，从而得到各个单元的应力、应变及位移，进而求出结构内部应力、应变。理论基础是弹性力学的变分原理。在有限元方法中，势函数的选取不是整体的，整体的就是经典的里兹（Ritz）法、迦辽金（Galerkin）法，而是在弹性体内分区（单元）完成的，因此势函数形式简单统一。

1.1.2　发展历程

从应用数学角度来看，有限单元法基本思想的提出，最早可以追溯到美籍德裔数学家 Courant 在 1943 年所做的工作，他第一次尝试应用定义在三角形区域上的分片连续函数和最小位能原理相结合，来求解 St. Venant 扭转问题。一些工程师、数学家和物理学家在一些研究中都对有限单元的概念有所涉及，但其发展比较缓慢。在 1960 年以后，随着电子数值计算机的广泛应用和发展，有限单元法的发展速度才显著加快。

现代有限单元法第一个成功的尝试，是将刚架位移法推广应用于弹性力学平面问题，这是美国学者 M. J. Turner、R. W. Clough 等人在 1956 年分析飞机结构时得到的成果，他们在研究三角形单元求得平面应力问题中第一次给出了正确解答。三角形单元的单元特性是由弹性理论方程来确定的，采用的是直接刚度法。他们的研究工作打开了一个新的局面，即利用电子计算机求解复杂平面弹性问题。1960 年，R. W. Clough 进一步处理了平面弹性问题，并第一次提出了"有限单元法"的名称，从此有限单元法逐渐为人所知。30 多年来，随着计算方法的更新，运算能力的不断提升，有限单元法的理论和应用都得到飞速的、持续不断的发展。

从确定单元特性和建立求解方程的理论基础和途径来说，Turner 等人开始提出有限单元法时是利用直接刚度法。它来源于结构分析的刚度法，这对明确有限单元法的一些物理概念很有帮助，但它只能处理一些比较简单的问题。1963—1964 年，Besseling 等人证明了有限单元法是基于变分原理的里兹法的另一种形式，从而使里兹法分析的所有理论基础都适用于有限单元法，确认了有限单元法是处理连续介质问题的一种普遍方法。利用变分原理建立有限元方程和经典里兹法的主要区别是有限单元法假设的近似函数不是在全求解域而是在单元上规定的，而且事先不要求满足任何边界条件，因此它可以用来处理比较复杂的连续介质问题。从 1960 年开始，进一步利用加权余量法来确定单元特性和建立有限元求解方程，它可以用于已经知道问题的微分方程和边界条件，但变分的泛函尚未得到或者根本不存在的情况，因而进一步扩大了有限单元法的应用领域。

目前，有限单元法的应用已由弹性力学平面问题扩展到三维空间问题、板壳问题和轴对称问题，由静力平衡问题扩展到稳定问题、动力问题和波动问题。有限单元法分析的对象从弹性材料扩展到塑性、黏弹性、黏塑性和复合材料等，从固体力学扩展到流体力学、传热学等连续介质力学领域。有限单元法在工程分析中的作用已从分析和校核扩展到优化设计并和计算机辅助设计技术相结合。可以预计，随着现代力学、计算数学和计算机技术等学科的发展，有限单元法作为一个具有巩固理论基础和广泛应用效力的数值分析工具，必将在国民经济建设和科学技术发展中发挥更大的作用，其自身也将得到进一步的发展和完善。

有限元软件作为商业软件在工程界普遍使用。目前，世界上最著名的有限元软件有 ADINA、ANSYS、SAP5，针对采矿、岩土工程开发的专业性有限元软件有 FINAL、3D-σ 等。

1.2　工程分析中的数值分析方法

工程师在设计、构建以及运行一个工程系统时首先要对工程系统的行为具有充分的认识，这个过程就是工程分析。图 1-1 代表着传统工程分析的基本步骤，五个方块分别代表不同分析阶段的模型，而四个圆圈分别代表四个分析步骤。这五个模型事实上是同一事情的不同表示方式，工程系统指的是真实世界中的实物；分析模型是一个简化的抽象模型。数学方程式常常具有微分方程组的形式，其解答可以是解析解或数值解。如果是数值解，则分析模型可以称为数值模型。

针对实际的工程问题推导相关微分方程组并不十分困难，然而，要获得问题的解析解却很困难。在工程实践中，多采用数值方法给出近似的满足工程精度要求的解答。

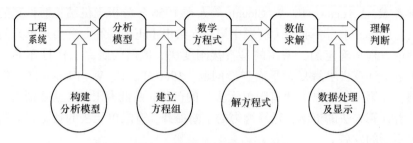

图 1-1　传统工程分析的步骤

现代工程师在进行工程问题分析时，经常采用计算机辅助工程（CAE）分析方法来完成图 1-2 所描述的步骤中的工作。如果对于数学方法或计算机辅助工程分析专业知识不熟悉，可以将"建立方程组"及"解方程式"这两个分析步骤及其前后相关的模型（分析模型、数学方程式及数值求解）用一个"黑箱"包装起来。这个"黑箱"代表一个封闭的计算机处理核心：计算机会全自动地将一个分析模型转换成数学方程式，并且方便地求解。输入数据在"黑箱"外部注入，而最后的数值结果也在"黑箱"外部以图形方式表示。

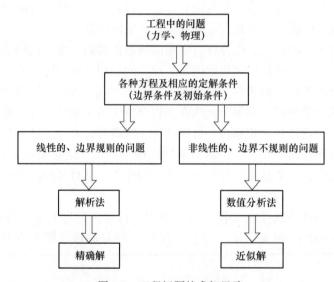

图 1-2　工程问题的求解思路

图 1-3 描述了计算机辅助工程分析的步骤，"黑箱"内部代表一个求解工程问题的计算机程序：以一个分析模型为输入，而以数值解为输出。目前常见的求解工程问题中微分方程的方法包括有限差分法（FDM，Finite Difference Method）、有限元法（FEM，Finite Element Method）、边界元法（BEM，Boundary Element Method）等。这些方法本质上是将求解区域进行网格离散化，然后通过求解方程获得数值结果，其中有限元法发展最为成熟，应用最为广泛。

当采用有限元分析方法时，有限元方法进行计算机辅助工程的部分如图 1-4 所示，分析模型（或有限元分析模型）和数值求解还是在"黑箱"里面，"建立方程组"及"解方程式"两个步骤用"有限元分析"来取代。"构建分析模型"这个步骤称为"前处理"，

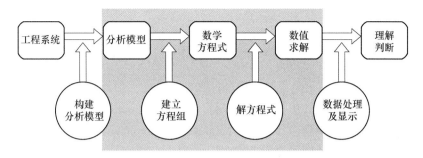

图1-3 计算机辅助工程分析的步骤

而"数据处理及显示"步骤称为"后处理"。因此，采用有限元分析方法解决工程问题时，计算机辅助工程分析可以分成前处理（preprocessing）、有限元分析（finite element analysis）及后处理（postprocessing）三个主要步骤。有限元分析步骤中，工程问题分析通常可以用一组包含问题状态变量边界条件的微分方程式表示，为方便求解，需要将微分方程进行变换处理，得到等效积分的形式。

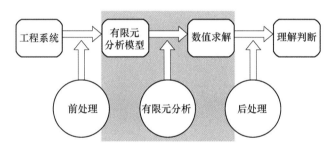

图1-4 有限元方法进行计算机辅助工程分析的步骤

1.3 控制微分方程及等效积分形式

1.3.1 控制微分方程

有限元方法是处理偏微分方程边值问题的最有效的数值方法之一。许多工程问题的本质是物理问题，可以利用所谓控制微分方程（governing differential equation）描述其物质变化的本质过程。如考虑到空间、时间、时滞的确定性条件，则形成可以求解的边值以及初始条件：

$$\underset{\sim}{A}(\underset{\sim}{u}) + \underset{\sim}{f}(\underset{\sim}{x}, t) = \begin{Bmatrix} \underset{\sim}{A}_1(u) \\ \underset{\sim}{A}_2(u) \\ \vdots \end{Bmatrix} + \begin{Bmatrix} \underset{\sim}{f}_1(\underset{\sim}{x}, t) \\ \underset{\sim}{f}_2(\underset{\sim}{x}, t) \\ \vdots \end{Bmatrix} + 0, \quad \underset{\sim}{x} \in \Omega \tag{1-1}$$

式中 $\underset{\sim}{A}$——微分方程中对于基本未知函数 $\underset{\sim}{u}$ 的微分算子。

例如，波动方程的形式为：

$$\frac{\partial^2 u}{\partial^2 t} - a^2 \cdot \Delta u = 0$$

其中，微分算子 Δ 表示为：

$$\Delta = \frac{\partial^2}{\partial x^2} + \frac{\partial^2}{\partial y^2} + \frac{\partial^2}{\partial z^2}$$

这些控制微分方应当满足给定的边界条件和初始条件一般而言，边界条件可以分为：

（1）本质边界条件或者狄里克雷边界条件（essential boundary condition）；

（2）自然边界条件或黎曼边界条件（natural boundary condition）；

（3）混合边界条件或者柯西边界条件。

对于自然边界条件，一般在积分表达式中可自动得到满足。以位移为基本未知量的弹性力学有限元方法中，自然边界条件可以表示为基本未知函数 $\underset{\sim}{u}$ 在指定边界处的值为已知：

$$\underset{\sim}{u} - \bar{u} = 0, \qquad \underset{\sim}{x} \in \varGamma_u \tag{1-2}$$

式中　$\varGamma_u$——在边界 $\varGamma$ 上位移函数值已经指定的边界段。

对于本质边界条件，基本未知函数 $\underset{\sim}{u}$ 在指定边界处对于基本变量 $\underset{\sim}{x}$ 的导数值为已知：

$$\underset{\sim}{B}(\underset{\sim}{u}) + g(\underset{\sim}{x}, t) = \begin{Bmatrix} B_1(\underset{\sim}{u}) \\ B_2(\underset{\sim}{u}) \\ \vdots \end{Bmatrix} + \begin{Bmatrix} g_1(\underset{\sim}{x}, t) \\ g_2(\underset{\sim}{x}, t) \\ \vdots \end{Bmatrix} = 0, \qquad \underset{\sim}{x} \in \varGamma_B \tag{1-3}$$

式中　$\underset{\sim}{B}$——微分算子，在边界 $\varGamma_B$ 上，函数的导数值指定。

1.3.2　微分方程的等效积分形式

式（1-1）~式（1-3）在域内与权函数 $\underset{\sim}{V}$ 相乘，在边界上与权函数 $\bar{\underset{\sim}{V}}$ 相乘，就得到等效积分形式：

$$\int_{\varOmega} \underset{\sim}{V}^{\mathrm{T}} \underset{\sim}{A}(\underset{\sim}{u}) \mathrm{d}\varOmega + \int_{\varGamma} \bar{\underset{\sim}{V}}^{\mathrm{T}} \underset{\sim}{B}(\underset{\sim}{u}) \mathrm{d}\varGamma = 0 \tag{1-4}$$

进一步对式（1-4）进行分部积分，就得到等效积分的"弱形式"（weak form）：

$$\int_{\varOmega} \underset{\sim}{C}^{\mathrm{T}}(\underset{\sim}{V}) \underset{\sim}{D}(\underset{\sim}{u}) \mathrm{d}\varOmega + \int_{\varGamma} \underset{\sim}{E}(\bar{\underset{\sim}{V}})^{\mathrm{T}} F(\underset{\sim}{u}) \mathrm{d}\varGamma = 0 \tag{1-5}$$

所谓"弱形式"，是指分步积分后，算子 $\underset{\sim}{D}$ 导数阶次较原来的算子 $\underset{\sim}{A}$ 导数阶次降低，这样对于基本未知变量 $\underset{\sim}{u}$ 的连续性要求降低，也就是对其连续性起到了弱化作用的等效积分形式。应当注意，将原控制微分方程转化为弱形式，这个"弱"并不是弱化对方程解的结果，而是弱化对解方程的要求，具体就是弱化基本未知变量 $\underset{\sim}{u}$ 的连续性要求。当然这种弱化是以提高权函数 $\underset{\sim}{V}$ 和 $\bar{\underset{\sim}{V}}$ 的连续性要求为代价的。

例如，二维稳态热传导问题的微分方程：

$$A(T) = \frac{\partial}{\partial x}\left(k_x \frac{\partial T}{\partial x}\right) + \frac{\partial}{\partial y}\left(k_y \frac{\partial T}{\partial y}\right) + Q = 0, \qquad x, y \in \varOmega \tag{1-6}$$

式中 T——温度;

k_x, k_y——x 和 y 方向的热传导系数;

Q——热源密度。

热边界条件为:

$$B(T) = \begin{cases} T - \bar{T} = 0 & （在 \Gamma_T 上） \\ k_x \dfrac{\partial T}{\partial x} n_x + k_y \dfrac{\partial T}{\partial y} n_y - \bar{q} = 0 & （在 \Gamma_q 上） \end{cases} \tag{1-7}$$

式中 $\bar{T}$, $\bar{q}$——边界 Γ_T 和 Γ_q 上温度和热流通量的指定值;

n_x, n_y——边界沿 x 和 y 方向的外法线方向余弦。

式（1-6）与式（1-7）的等效积分形式为:

$$\int_\Omega \underset{\sim}{V}^{\mathrm{T}} \left[\frac{\partial}{\partial x}\left(k_x \frac{\partial T}{\partial x}\right) + \frac{\partial}{\partial y}\left(k_y \frac{\partial T}{\partial y}\right) + Q \right] \mathrm{d}\Omega + \int_{\Gamma_q} \underset{\sim}{\bar{V}}^{\mathrm{T}} \left[k_x \frac{\partial T}{\partial x} n_x + k_y \frac{\partial T}{\partial y} n_y - \bar{q} \right] \mathrm{d}\Gamma = 0$$

$$\tag{1-8}$$

式中 $\underset{\sim}{V}$, $\underset{\sim}{\bar{V}}$——域内和边界上的权函数，同时还在边界上满足条件:

$$T - \bar{T} = 0 \tag{1-9}$$

经分步积分运算，可以得到等效的积分弱形式为:

$$- \int_\Omega \left(\frac{\partial \underset{\sim}{V}^{\mathrm{T}}}{\partial x} k_x \frac{\partial T}{\partial x} + \frac{\partial \underset{\sim}{V}^{\mathrm{T}}}{\partial y} k_y \frac{\partial T}{\partial y} - \underset{\sim}{V} Q \right) \mathrm{d}\Omega + \int_\Gamma \underset{\sim}{\bar{V}}^{\mathrm{T}} \left(k_x \frac{\partial T}{\partial x} n_x + k_y \frac{\partial T}{\partial y} n_y \right) \mathrm{d}\Gamma +$$

$$\int_{\Gamma_q} \underset{\sim}{\bar{V}}^{\mathrm{T}} \left(k_x \frac{\partial T}{\partial x} n_x + k_y \frac{\partial T}{\partial y} n_y - \bar{q} \right) \mathrm{d}\Gamma = 0 \tag{1-10}$$

式（1-10）中，关于未知函数温度 T，仅含有一阶导数。从数学观点看，它允许在域内热传导系数以及温度的一阶导数出现不连续（即温度具有 C^0 连续性的函数，其中 C 的指数表示导数的阶数）。这种对于导数连续性的放松，在微分方程求解时是不允许的。

应当注意，积分弱形式对函数的连续性要求的降低是以提高权函数的连续性要求为代价的。原来对权函数并无连续性要求，但是适当提高对其连续性要求并不困难，这是因为它们是可以选择的已知函数，数学家已经积累了很多相关经验去选择类函数。这种降低对函数连续性要求的做法在近似计算中，尤其是在有限单元法中是十分重要的。值得指出的是，从形式上看弱形式对函数的连续性要求降低了，但对实际的物理问题却常常较原始的微分方程更逼近真正解，这是因为原始微分方程往往对解提出了过分平滑的要求。还应指出，如果在微分方程的等效积分弱形式中，对场函数和任意权函数的连续性要求是相同的，则称为微分方程的对称等效积分弱形式;如果对场函数和任意权函数的连续性要求是不相同的，则称为微分方程的非对称等效积分弱形式。

1.4 加权残值法的基本概念

如果未知函数 $\underset{\sim}{u}$ 是给定边值问题的微分方程精确解，则在域中的任一点上 $\underset{\sim}{u}$ 都满足微分式（1-1），在边界的任一点上都满足边界条件［见式（1-2）或式（1-3）］。对于复杂的工程问题，这样的精确解往往很难找到，需要设法寻找近似解 $\hat{\underset{\sim}{u}}$。在实践中，所选取的近似解是一族带有待定参数的已知函数，一般通过内插公式表示。如将插值解记为 $\hat{\underset{\sim}{u}}$，则有：

$$\hat{\underset{\sim}{u}} \approx \hat{u} = \sum_{i=1}^{n} N_i a_i = Na \tag{1-11}$$

式中 a_i——待定系数；

N_i——已知函数，被称为试探函数。

试探函数要取自完全的函数序列，是线性独立的。试探函数是完全的函数序列，任一函数都可以用这个序列来表示。采用这种形式的近似解不能精确地满足微分方程和边界条件，所产生的误差就称为残值。将近似解引入微分方程，此时方程并不精确满足，因而：

$$R_\Omega = L\hat{\underset{\sim}{u}} - f = R = A(Na) \neq 0 \qquad （域内） \tag{1-12}$$

$$R_B = B\hat{\underset{\sim}{u}} - g = \overline{R} = B(Na) \neq 0 \qquad （边界上） \tag{1-13}$$

也即形成残值。选择一族已知的函数，使残值的加权积分为零，强迫近似解所产生的残值在某种平均意义上等于零，就形成关于残值的加权积分表达式：

$$\int_\Omega W_j^{\mathrm{T}} R \mathrm{d}\Omega + \int_\Gamma \overline{W}_j^{\mathrm{T}} \overline{R} \mathrm{d}\Gamma = 0 \tag{1-14}$$

式（1-14）所示的残值计算方法称为加权残值法（method of weighted residuals）。其中 W_j 和 $\overline{W}_j$ 称为权函数，通过式（1-14）可以形成确定待定参数 a_i 的代数方程。加权残值法尤其适合于具有连续场的非力学问题（如声、电、磁和热学问题）的有限元方程的建立。这种方法便于操作、程序实现便利、通用性好。

对权函数的不同选择就得到了不同的加权残值法，常用的方法包括配点法、子域法、最小二乘法、力矩法和伽辽金法（Galerkin method）。在很多情况下，采用 Galerkin 法得到的方程组的系数矩阵是对称的，因此，通常采用 Galerkin 法建立各种连续介质问题的一般有限元列式。在 Galerkin 法中，直接采用试探函数序列作为权函数，取 $W_j = N_j$，$\overline{W}_j = -N_j$。

下面用求解二阶常微分方程为例，说明 Galerkin 法。

例如，求解二阶常微分方程：

$$\frac{\mathrm{d}^2 u}{\mathrm{d}x^2} + u + x = 0 \qquad (0 \leqslant x \leqslant 1)$$

边界条件：当 $x=0$ 时，$u=0$；当 $x=1$ 时，$u=0$。

取两项近似解：$N_1 = x(1-x)$；$N_2 = x^2(1-x)$。

则有 $$\tilde{u} = N_1 a_1 + N_2 a_2 = a_1 x(1-x) + a_2 x^2(1-x)$$
$$W_1 = N_1, \qquad W_2 = N_2$$

由式（1-14）可以得到两个加权积分方程：

$$\int_0^1 x(1-x)\left[x + a_1(-2 + x - x^2) + a_2(2 - 6x + x^2 - x^3) \right] \mathrm{d}x = 0$$

$$\int_0^1 x^2 (1 - x) \left[x + a_1 (-2 + x - x^2) + a_2 (2 - 6x + x^2 - x^3) \right] \mathrm{d}x = 0$$

积分后可以得到一个二元一次方程组，解得：$a_1 = 0.1924$，$a_2 = 0.1707$。

近似解为：$\tilde{u} = x(1 - x)(0.1924 + 0.1707x)$。

该方程的精确解为：$u = \dfrac{\sin x}{\sin 1} - x$。

近似解与精确解的结果比较见表 1-1。

表 1-1　近似解与精确解比较

解	$x = 0.25$	$x = 0.5$	$x = 0.75$
$u = \dfrac{\sin x}{\sin 1} - x$	0.04401	0.06975	0.06006
$\tilde{u} = x(1 - x)(0.1924 + 0.1707x)$	0.04408	0.06944	0.06008

1.5　有限单元法基本概念

1.5.1　自由度

自由度是指结点上的未知量，结构的问题通常是以位移（displacement）为未知量。2D 结构每个结点有两个自由度，3D 结构每个结点有三个自由度。图 1-5 为 3D 四面体结构单元，对应共有四个结点，每个结点上有三个自由度，所以 3D 四面体结构单元共有 12 个自由度，表示成 $\{d\}$。假设每个结点上的自由度分别用 u_x、u_y、u_z 表示，而四个结点分别用 i、j、m、l 表示，则这个单元的自由度可以表示成：

$$\{d\} = \{ u_x^i \quad u_y^i \quad u_z^i \quad u_x^j \quad u_y^j \quad u_z^j \quad u_x^l \quad u_y^l \quad u_z^l \quad u_x^m \quad u_y^m \quad u_z^m \}$$

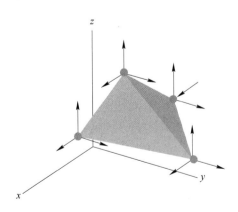

图 1-5　自由度

对热分析而言，自由度通常是指温度，也就是说未知量是温度。对流场分析而言，其自由度则相当复杂，包括了流速（v_x、v_y、v_z）还有压力（p）等。而对电场分析而言，自由度通常是电压（voltage）。磁场分析则使用磁位能（scalar magnetic potential 或 vector magnetic potential）作为自由度。

1.5.2　载荷

为了有效地将载荷作用在物体中，有必要对载荷进行分类。载荷通常分为两大类：第一类作用在物体表面；第二类作用在物体内部的载荷。表 1-2 列出 ANSYS 中所考虑的结构物载荷，作用在物体表面的载荷包括了力及位移，力又可分为集中力（单位为 N）及分布力（单位为 N/m^2），位移则又可分为零位移及非零位移。

作用在物体内部的载荷，最常看到的是热载荷，在 ANSYS 中是以温度变化量（℃）描述于整个物体中（而非只有表面）。惯性力（如重力、离心力等，单位为 N/m^3）也是常见的分布于整个物体的力。其他还有静电力、磁力等也是分布在物体的力。

表 1-2　结构载荷的分类

作用在物体表面	力	表面分布力
		点集中力
	位移	零位移（固定）
		非零位移
作用在物体内部	力	惯性力（重力、离心力）
		其他体积分布力（电力、磁力）
	热	温度变化

1.5.3　位移模式

利用有限元法进行分析时，将连线体分割为许多个单元，用结点将单元与单元之间连接起来，这些结点的位移即有限元所求的位移。与结构体积相比，当单元划分足够小时，这些单元结点位移就能够反映出整个结构的位移场情况。

根据有限元的思想，单元结点位移作为待求未知量，是离散的，不是坐标的函数。因此，首先要想办法得到单元内任意点位移用结点坐标表示的函数。当单元划分得很小时，就可以采用插值方法将单元中的位移分布表示成结点坐标的简单函数，这就是位移模式（displacement model）或位移函数。

在位移模式的构建过程中，应考虑位移模式中的参数数量需要与单元结点位移未知数数量相同，并且位移模式应满足收敛性的条件，特别是必须有反映单元的刚体位移项和常应变项的低幂次项的函数；另外，必须使位移函数在结点处的值与该点的结点位移值相等。

将单元结点位移记作：

$$\delta^e = \begin{bmatrix} \delta_i & \delta_j & \delta_m & L \end{bmatrix}^T = \begin{bmatrix} u_i & v_i & w_i & L \end{bmatrix}^T \tag{1-15}$$

位移模式反映单元中的位移分布形态，是单元中位移的插值函数，在结点处等于该结点位移，位移模式可表示为：

$$u = N\delta^e \tag{1-16}$$

其中，N 为形态函数或形函数。在有限元中，各种计算公式都依赖于位移模式，位移模式的选择与有限元法的计算精度和收敛性密切相关。

1.5.4 形函数

形函数（shape function）是构造出来的，理论和实践证明位移模式满足以下三个条件时，有限元计算结果在单元尺寸逐步取小时能够收敛于正确结果。

（1）能反映单元的刚体位移。位移模式应反映与本单元形变无关的由其他单元形变所引起的位移。

（2）能反映单元的常量应变。常量应变是与坐标位置无关，当单元尺寸取小时，则单元中各点的应变趋于相等。

（3）尽可能反映位移连续性。即相邻单元位移协调。

补充说明：一个单元内各点的位移实际上由两部分组成：第一部分即单元本身变形引起的和其他单元变形通过结点传递来的（与自身变形无关）；第二部分就是刚体位移。单元应变一般包含与坐标有关的变应变和与坐标无关的常应变，当单元尺寸很小时，单元中各点应变很接近，常应变成为主要部分。满足（1）和（2）条件是收敛的必要条件，称为完备性单元，条件（3）是收敛的充分条件，三个条件同时满足成为完备协调单元。

1.6 有限元方法求解边值问题

有限元方法处理问题的流程如图 1-6 所示。

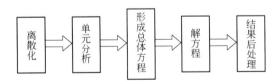

图 1-6 有限元方法处理问题的流程

1.6.1 解题方法：有限单元法

有限单元法是一种解决基于边界值问题（boundary value problems）而发展的工程数值计算方法，在实际工程问题中包含的自变量通常可分为两类：一类是空间（常用 x、y、z 三个变量表示）；另一类是时间（常用 t 表示）。对于空间变量可以将问题转化成一个边界值问题，但是在时间变量上，通常将问题转化成一个初始值问题（initial value problem），这是因为通常初始时间的条件是已知的，但是最后时间点的条件通常无法得知。初始值问题通常以有限差分法（finite difference method）来解是比较适合的。因此，一般含时间变量在内的工程问题（即动态问题），多沿着时间轴将问题切割（利用有限差分法）成许多只含空间变量的边界值问题，再以有限单元法来解这些边界值问题，也即在固定的时间点上去解一个边界值问题，再将每个时间点的解答串联起来。

1.6.2　有限元方法处理问题的基本步骤

有限元方法处理问题的基本步骤如下。

（1）将给定的区域离散化为单元集合体。离散化的目的是使问题的性质在每一单元内尽量简单。一般情况下，单元内部不能存在任何间断性。每个具体的工程问题总有一个确切的定义域空间：绝大多数具体的工程问题是二维或三维的有限空间，此时应当使用普通的二维（三角形或四边形）单元或者三维（四面体、五面体或六面体）单元。然而，现代有限元方法可以处理一些特殊无限维问题，如电场、磁场、声场、地下工程等。此时，应当使用特殊设计的无限单元。离散化的另一目的是使单元的几何形状尽可能地吻合实际问题的几何边界。离散化过程要进行：

1）用预先选定的单元类型来划分求解域，创建有限元网格；

2）给单元及结点编号；

3）创建几何特性（如坐标系、横截面的面积等）。

（2）单元分析。利用各种方法形成单元的刚度矩阵、载荷矩阵及质量矩阵（如动力分析需要质量矩阵）。这里就需要选择近似的插值函数（位移模式）：在直角坐标系中通常采用多项式函数或者样条函数，在圆柱坐标系中则常采用三角函数和多项式函数的混合形式。由于同类的单元可以采用相同的位移模式，因此只需对典型的单元进行单元分析。

1）对各典型单元创建与其微分方程等价的变分形式。

2）假设典型的独立变量（trial function），如 u 的形式为：

$$u = \sum_{i=1}^{n} u_i \phi_i \tag{1-17}$$

3）将式（1-17）代入变分形式，并得到单元刚度方程：

$$[k]^e \{u\}^e = \{f\}^e \tag{1-18}$$

式中　e——单元（element）。

4）推导式（1-17）中的单元插值函数 ϕ_i，计算式（1-18）中的单元矩阵 $[k]^e$。

（3）将单元刚度方程装配成为总体刚度方程：

1）给出局部自由度与总体自由度之间的关系（此关系反映了基本变量在单元之间的连续性或单元之间的连接性）；

2）给出变量之间的"平衡条件"（局部坐标系中的力分量与总体坐标系中的力分量之间的关系）；

3）依据叠加性质及以上两步对单元方程进行合并。

（4）施加边界条件。

（5）求解总体刚度方程。

（6）后处理，显示输出结果。

1.7 有限元软件的工作模块

有限元软件的工作模块如图 1-7 所示。

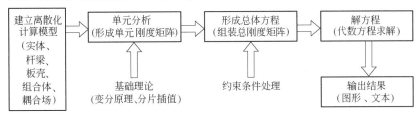

图 1-7 有限元软件的工作模块

1.8 关于有限元方法论学习

由于有限元涉及内容非常广泛，不同领域问题的理论差异很大，不同软件的操作步骤也不尽相同。在开始学习时，应当注重学习方法。

（1）注重理论学习与上机实践并重，加深对有限元理论和相关程序的理解，做到融会贯通，尝试"学中用、用中学"的方式。常常有人觉得有限元的软件难学难用，遇到复杂问题就头痛，这里面相当程度是由于有限元基本理论缺乏造成的。现在的商用有限元软件如 ABAQUS、ANSYS、COMSOL 等产品的界面已经很友好，包括理论手册、用户手册和帮助文档等都很完善。然而，如果用户没有有限元基本理论知识，比如不清楚 ANSYS 里面几何信息如 keypoint、line、area 等到底和有限元模型中的 node、element 是什么关系（其实两者是不同的，没有任何必然的联系，它们只是软件为了方便建立有限元模型而提供的中间手段）。又如，三维的实体单元（3D solid element）和壳单元（3D shell element）有什么区别？很多研究生用这些单元完成计算后，仍分不清楚。其实本质上来讲，两者的自由度不同。这样的概念在几乎任何一本有限元书籍中都会提到，关键在于是否认真学习了有限元基本知识。

（2）较好的专业英语，这有利于学习国际著名软件的各种理论和程序手册，甚至阅读期刊中的有限元文章。尽管现在已经有大量中文的有限元书籍，但学习有限元软件仅仅看翻译版本是不够的。当前一般使用的大型有限元软件几乎都是欧美的产品，内容无一例外都用英语表示。国内已经出了不少有限元软件方面的中文翻译参考书，在开始学习的时候，以中文参考书入门很正常，但是随着学习的深入，必须面对各种用英语显示的帮助信息、出错提示、新理论模型解释和各种新界面。这个时候，必须依靠自己的英语功底来上台阶。

（3）针对自己将来可能需要解决的实际问题，先学习相关专业基础知识，巩固理论基础。现代有限元方法可以解决很多关于连续介质的问题，涉及声、光、电、磁、热（温度）、力学（包括固体力学、流体力学）场问题以及相互耦合问题。不同专业的人在使用有限元进行计算机数值模拟的时候，必须要了解相关的专业知识。将专业知识应用于专业问题，使它抽象成可以离散的有限元模型，是一项需要严谨对待的工作。其中，必须认真考虑单元选择、边界条件的提法、荷载工况的确定以及算法、计算策略和步骤等。

（4）学会与他人沟通、不耻下问和互动讨论。利用先进的网络资源，主动学习，为学习有限元方法找到助力。但是，切忌希望躺在别人身上解决问题。根本之策还是靠自己的艰苦探索和学习总结。现在网络发达，很多人因为身边没有人可以请教，就想到了互联网。可是，古训道"欲速则不达"，如果仅是忘记了命令的写法，当然可以在网上求助。但是，如果在解决专业有限元问题时，试图在网上很容易地找到答案，是不现实的。网上高人可以告诉你在高斯点的应力和结点的应力是不同的，但是无法在网上使你明白两者的关系、如何进行外推、它们的精度如何等。别人可以告诉你温度场问题有必要和力学问题进行有限元耦合分析，但是很难有人在网上可以使你明白你的有限元模型抽象得是否合适。别人可以告诉你采用 ABAQUS 进行本构关系的 UMAT 二次开发甚至是用户单元 UEL 开发应该注意哪些问题，但是你如果没有系统学习编写有限元程序的系统知识，对于这类开发性工作，你只能觉得是一头雾水。简单些说，别人可以给你指方向，但是别人无法帮你走过本该属于你去走的路。如果你提出问题只是想得到他人方向性的指点，从而避免南辕北辙，那么你是聪明的。但是如果你在任何细节上出现问题就想依赖别人帮助，那只能说明你还没有掌握学习的真谛。

本 章 小 结

求解工程问题中的微分方程的方法有有限差分法、有限元法和边界元法等。这些方法本质上是将求解区域进行网格离散化，然后通过求解方程获得数值结果。将问题的微分方程和边界条件在求解域内乘权函数得到等效积分形式。进一步对等效积分形式进行分部积分，就得到等效积分的"弱形式"。所谓"弱形式"，是指分步积分后，对于基本未知变量 u 的连续性要求降低，也就是对其连续性起到了弱化作用的等效积分形式。选择一组已知的函数，使残值的加权积分为零，强迫近似解所产生的残值在某种平均意义上等于零，就形成关于残值的加权积分表达式，称为加权残值法。加权残值法尤其适合于具有连续场的非力学问题的有限元方程的建立。有限单元方法处理问题的基本步骤为：（1）将给定的区域离散化为单元集合体；（2）单元分析；（3）将单元刚度方程装配成为总体刚度方程；（4）施加边界条件；（5）求解总刚度方程；（6）后处理，显示输出结果。

复习思考题

1-1　"用加权余量法求解微分方程，其权函数 V 和场函数 u 的选择没有任何限制"，这种说法对吗？

1-2　"加权余量法仅适合为传热学问题建立基本的有限元方程，而基于最小势能原理的虚功原理仅适合为弹性力学问题建立基本的有限元方程"，这种说法对吗？

1-3　现代工程分析中的数值分析方法主要有有限差分法、有限元法和边界元法。这些方法本质上是将求解区域进行网格离散化，然后通过求解方程获得数值结果。是否可以将求解区域离散成结点群，但是没有网格进行求解？请利用互联网查询。

2 ANSYS 命令基础及其操作步骤

本章学习要点

本章主要介绍了有限元软件 ANSYS 的组成模块、操作步骤和应用技巧。为了帮助初学者熟悉 ANSYS 的相关操作命令，本章采用图形界面（GUI）方式一步一步地对操作命令和执行步骤进行讲解。要求掌握 ANSYS 建模、网格划分、求解和后处理的命令和技巧。

思政课堂

北京奥运会主场馆——鸟巢

2008 年 8 月 8 日，在北京奥运会主场馆——鸟巢，中国又一次惊艳了世界，向全世界展现了中国式的浪漫，形态如同孕育生命的巢，寄托着人类对未来的希望。鸟巢位于北京奥林匹克公园中心区南部，为 2008 年北京奥运会的主体育场，占地 20.4 万平方米，建筑面积 25.8 万平方米，可容纳观众 9.1 万人，在此场地举行了奥运会、残奥会开闭幕式、田径比赛及足球比赛决赛。

作为国家标志性建筑，2008 年北京奥运会主体育场鸟巢结构特点显著。鸟巢外形结构主要由巨大的门式钢架组成，共有 24 根桁架柱，建筑顶面呈鞍形，长轴为 332.3 m，短轴为 296.4 m，最高点高度为 68.5 m，最低点高度为 42.8 m。钢结构大量采用由钢板焊接而成的箱形构件，交叉布置的主桁架与屋面及立面的次结构一起形成了鸟巢的特殊建筑造型。

鸟巢结构设计奇特新颖，而这次搭建它的钢结构的 Q460 钢也有很多独到之处。Q460 是一种低合金高强度钢，它在受力强度达到 460 MPa 时才会发生塑性变形，这个强度要比一般钢材大，因此生产难度很大。这是我国国内在建筑结构上首次使用 Q460 规格的钢材，而这次使用的钢板厚度达到 110 mm，是以前绝无仅有的，在我国的国家标准中，Q460 的最大厚度也只是 100 mm。以前这种钢一般从卢森堡、韩国、日本进口，为了给鸟巢提供"合身"的 Q460，从 2004 年 9 月开始，河南舞阳特种钢厂的科研人员开始了长达半年多的科技攻关，前后 3 次试制终于获得成功，2008 年 400 t 自主创新、具有知识产权的国产 Q460 钢材撑起了鸟巢的铁骨钢筋。

由于鸟巢的体型十分复杂，模型中很多部位出现大量杆件汇交的情况，这时必须对结点进行有限元分析才能判断结点构造的有效性。为此，设计人员专门制定了结点有限元设计的技术条件。ANSYS 作为大型通用有限元软件，在鸟巢的设计中得到了广泛的应用。中国智慧与现代科技的融合成就了鸟巢的诞生！

建筑反映着人们的生活方式，凸显着社会的价值观，是时代的缩影。人创造着建筑，建筑塑造着人。鸟巢这项庞大的工程凝集了中华上下五千年的优秀文化，演绎着辉煌中国的百年机缘，向全世界展现出了中国智慧与中国式浪漫。在创造全球的优秀建筑文化的同时，更表现出新的文化自觉意识、文化自尊态度和文化自信魅力，展示的是一个民族奋发图强的气势和一个国家理性成熟的气度。

习近平总书记在党的二十大报告中指出，到 2035 年我国发展的总体目标之一是要建成教育强国、科技强国、人才强国、文化强国、体育强国、健康中国，国家文化软实力显著增强。当今中国体育正处于从体育大国向体育强国迈进的重要历史时期，既面临着经济发展、社会进步、文化事业繁荣发展的大好机遇，又面对社会转型加剧、体制改革深化的挑战。鸟巢作为中国一张亮丽的名片，在文化强国以及体育强国等方面发挥着不可替代的作用，将助力我国从体育大国向体育强国的转变。

2.1　分析基本流程

ANSYS 有两种模式：一种是交互菜单模式（Interactive Mode）；另一种是非交互模式（Batch Mode）。交互菜单模式是初学者以及大多数用户采用的模式，该模式下建模、保存文件、打印图形及结果分析等工作均是在图形界面下利用鼠标、键盘等硬件输入设备进行处理。交互菜单模式的缺点是分析时工作效率比较低下，且这种方式不利于分析者与分析者之间的相互交流。非交互模式也就是命令流输入模式，它是将 ANSYS 的建模、分析、结果后处理等命令以命令流的形式进行保存、执行。非交互模式避免了交互模式的不足之外，使分析问题变得更加简单自如，方便分析者交流。

本书采用交互菜单模式（以下简称菜单模式）操作 ANSYS。进入 ANSYS 系统后会有六个窗口，提供使用者与软件之间的交流，凭借这六个窗口可以非常容易地输入命令、检查模型的建立、观察分析结果及图形输出与打印。整个窗口系统称为 GUI（Graphical User Interface）。ANSYS 各窗口及工具条如图 2-1 所示。

ANSYS 各窗口及工具条的具体功能如下。

（1）应用命令菜单（Utility Menu）。位于屏幕的最上方，包含各种应用命令，如文件控制（File）、对象选择（Select）、资料列式（List）、图形显示（Plot）、图形控制（PlotCtrls）、工作界面设定（WorkPlane）、参数化设计（Parameters）、宏命令（Macro）、窗口控制（MenuCtrls）及辅助说明（Help）等。

（2）主菜单（Main Menu）。在屏幕的最左侧，包含分析过程的主要命令，如建立模块、施加荷载和边界条件、分析类型的选择、求解过程控制等。除此以外还包含了不同处理器下的基本 ANSYS 功能，它是基于操作的顺利而进行排序的，比较好的操作方式是完成一个处理器下的所有操作再进入下一个处理器。

（3）工具栏（Toolbar）。由工具栏图标可知，与 Word 类似，它是执行命令的快捷方式。

（4）输入窗口（Input Window）。该窗口是输入命令的地方，同时可监视命令的历程。

（5）图形窗口（Graphic Window）。显示使用者所建立的模块及查看结果分析。

（6）输出窗口（Output Window）。该窗口叙述了输入命令执行的结果。

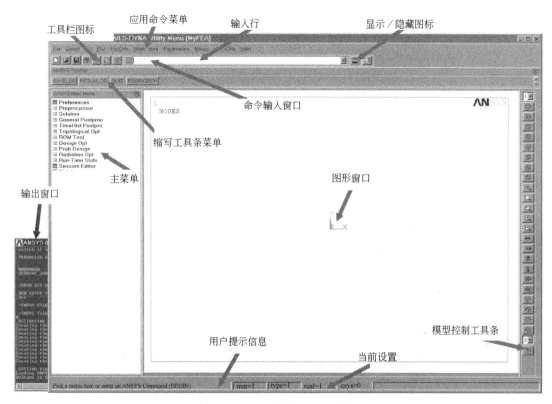

图 2-1　ANSYS 的窗口及工具条

（7）模型控制工具条（Model Contrl Toolbar）。该控制工具条窗口内的按钮控制图形的缩放、平移和旋转。尤其是最后一个"自由按钮"（模型控制工具条的箭头所指）具有动态模型模式（dynamic model mode），点击后，按住鼠标左键可以平移图形，滚动中间滚轮可以缩放图形，按住鼠标右键图形可以随手腕的旋动而作三维旋转。

2.2　ANSYS 的架构及命令

按照解决问题的基本流程，ANSYS 软件主要包括前处理模块、求解处理模块和后处理模块三个部分。ANSYS 解决问题的基本操作流程如下。

（1）前处理（General Preprocessor，也用 PREP7 表示）：

1）设定偏好（Preference），即选定工作的学科领域；

2）选定单元类型；

3）指定材料属性；

4）几何建模；

5）网格划分。

（2）求解处理（Solution Processor，也用 SOLU 表示）：

1）载荷条件设置；

2）边界条件设置；

3）求解类型与参数设置；

4）求解。

（3）运行通用后处理器（General Postprocessor，也用 POST1 表示）或运行时间历程后处理器（Time Domain Postprocessor，也用 POST26 表示）：

1）POST1 用于静态结构分析、屈曲分析及模态分析，将解得的结果如位移、应力、约束反力等信息，通过图形接口以各种不同表示方式把位移图、应力云图等显示出来；

2）POST26 仅用于动态结构分析，用于与时间相关的时域处理。

2.3　ANSYS 的启动

第一次使用 ANSYS 时，在 ANSYS 的目录下选择 Mechanical APDL Product Launcher，屏幕会出现 ANSYS Launcher 的接口，用户可以进行必要的环境设置。ANSYS Launcher 有许多选项可供操作，但是对初学者而言，大部分是不需要去变动的，一般可以设定最大可用的内存数和根据硬件配置设定工作的 CPU 数等。环境设置后选择 RUN 会启动 GUI 开始ANSYS 分析程序，进入 GUI 界面。

在 ANSYS 的下拉菜单中点选 Mechanical APDL（ANSYS）图标，就会进入一个称为GUI（Graphic User Interface）的图形用户界面。初学者除学习使用各种 ANSYS 命令之外，参阅 ANSYS 的操作说明（尤其是 Help）会很有帮助。在启动 GUI 后，可以进入文件管理（File Management）更改工作目录（Working Directory）及工作文件名（Jobname）。Working Directory 用来指定工作目录。ANSYS 在分析过程中会产生很多工作文档，这些临时或永久性的档案会置放在这个工作目录内，因此最好设定一个专用的数据夹来储存这些文档。Jobname 的内定文档名是 file。ANSYS 所产生的文档名都是用此 Jobname，再加上扩展名。每次执行 ANSYS 时，旧的文档会被新的文档所覆盖。最好将分析项目指定一个有意义并且好记的 Jobname。另外，一个简单的执行 ANSYS 的批处理模式的方法是在 GUI 界面下，在 File Menu 中点选 Read Input From 文本文件全名，可以让 ANSYS 去读取一个文本文件内的 ANSYS 命令。

2.4　单　位　系　统

ANSYS 没有规定要用何种单位输入，用户输入的数据也不必让 ANSYS 知道是什么单位。有时，在其他物理领域的分析中可能有第四种或第五种基本单位（温度、电流），这时很容易将单位弄错，建议尽量用国际单位制（SI 单位制）。在 SI 单位制中，长度单位是 m、质量单位是 kg、时间单位是 s、温度单位是 K、电流单位是 A；其他的单位必须是由这些基本单位导出来的，例如功率的单位是 W、电压的单位是 V 等。但也有例外，如在 MEMS（微机构）中，长度和质量通常都是很小的，如果使用 m 及 kg，则数字变得很小（约 10^{-6}）。但是有些数目还是很大，如弹性模量（约 10^9）或质量密度（约 10^3）。在计算机运算时太大及太小的数目互相运算很容易产生舍入误差（rounding error），这种误差可能严重地影响最后解答的精度；许多非线性分析可能因舍入误差而造成收敛的困难。因此，谨慎地选择一种单位系统是很重要的。总之，必须严格地维持单位的一致性

（consistency）。例如：当长度单位用 m、质量单位用 kg、时间单位用 s、力单位用 N 时，质量密度单位用 kg/m³，应力、压强或弹性模量单位要使用 Pa（而非 MPa）。而在机械和结构分析时，通常长度单位用 mm、质量单位用 kg、时间单位用 s、力单位用 N，此时质量密度单位要使用 t/mm³（其中，t 表示吨，1 t＝1000 kg），应力、压强或弹性模量单位要使用 MPa。

2.5 坐标系统

2.5.1 总体坐标系

在每开始进行一个新的 ANSYS 分析时，已经预先定义了四个坐标系，它们位于模型的总体原点。四种类型坐标系如下。

（1）CS，0。总体笛卡尔坐标系。

（2）CS，1。总体柱坐标系，以总体 Z 轴为轴线。

（3）CS，2。总体球坐标系。

（4）CS，5。总体柱坐标系，以总体 Y 轴为轴线。

注意：数据库中结点坐标总是以总体笛卡尔坐标系表示，无论结点是在什么坐标系中创建的。这四个坐标系都是 ANSYS 预先定义的，它们的原点都在总体直角坐标系的原点，使用时只需选择，不要重新定义。

2.5.2 局部坐标系

局部坐标系是用户定义的坐标系。局部坐标系可以通过菜单路径：Utility Menu→Workplane→Local CS→Create LC 来创建，其编号从 11 开始。

2.5.3 激活坐标系

激活坐标系或当前坐标系是分析中特定阶段的参考坐标系，缺省坐标系为总体笛卡尔坐标系。当创建一个新的坐标系时，新坐标系变为激活坐标系，这是随后的操作所使用的坐标系，也可以使用激活坐标系的命令（csys）来改变激活坐标系。菜单中激活坐标系的路径：Utility Menu→Workplane→Change active CS to→选择一个已经定义的坐标系。

2.5.4 工作平面坐标系

可以以工作平面作为参考的直角坐标系，其 X、Y 轴在工作平面上，Z 轴垂直工作平面，由右手定则确定。工作平面坐标系的初始状态与总体直角坐标系相同，即初始的原点在总体坐标系的原点，三个坐标轴与总体直角坐标系一致；以后，随着工作平面的移动、旋转而改变。

注意：其他坐标系在定义（ANSYS 预先定义或用户自己定义）后，其方向和原点就不再改变，除非重新定义，而工作平面坐标系也属于预先定义的坐标系，但是会随着工作平面的移动或旋转而改变，即它的原点和方向都不是固定的。工作平面坐标系用 WP 表示。

2.5.5 结点坐标系

每一个结点都有一个附着的坐标系。无论当前的激活坐标系是什么，结点坐标系缺省总是总体笛卡尔坐标系。结点力和结点位移边界条件（约束）指的是结点坐标系的方向。时间历程后处理器（POST26）中的结果数据是在结点坐标系下表达的。而通用后处理器（POST1）中的结果默认是在总体笛卡尔坐标系中，但可以使用 RSYS 命令修改结点结果显示时所使用的坐标系。例如：模型中任意位置的一个圆，要施加径向约束。首先需要在圆的中心创建一个局部柱坐标系并分配一个坐标系号码（如 CS，11），这个局部坐标系现在成为激活的坐标系。然后，选择圆上的所有结点，通过使用：Main Menu→Preprocessor→Move/Modify→Rotate Nodal CS to Active CS，使所选择结点的结点坐标系与激活坐标系的方向一致。未被选择的结点保持原来坐标系方向不变。结点坐标系的显示可以使用菜单路径：Utility Menu→Pltctrls→Symbols→Nodal CS。这些结点坐标系的 X 方向现在沿径向。约束这些选择结点的 X 方向，就是施加的径向约束。

注意：结点坐标系总是笛卡尔坐标系。可以将结点坐标系旋转到一个局部柱坐标下。这种情况下，结点坐标系的 X 方向是径向，Y 方向是周向（theta）。可是当施加周向方向非零位移时，ANSYS 总是定义它为一个沿圆周方向的位移（长度单位）而不是一个转动（Y 位移不是转角）。

2.5.6 单元坐标系

单元坐标系确定单元特征（如梁单元长度方向、截面中主轴方向等）、材料属性的方向（如复合材料的铺层方向）对后处理是很有用的，如提取梁和壳单元的膜力、弯矩等。单元坐标系的朝向在帮助弯矩中对单元类型的描述中可以找到。

2.5.7 结果坐标系

在通用后处理器中（位移、应力、支座反力）在结果坐标系中提供，缺省平行于总体笛卡尔坐标系。这意味着缺省情况的位移、应力和支座反力按照总体笛卡尔坐标系表达。无论结点和单元坐标系如何设定，要恢复径向和环向应力，结果坐标系必须旋转到适当的坐标系下。这可以通过菜单路径：Main Menu→General Postprocessor→Options for output 来实现。

注意：在时间历程后处理器中的结果总是以结点坐标系表达。结果坐标系既可以用总体坐标系三种形式，也可以用局部坐标系表示。求解时，各结点可以使用不同的坐标系。

2.5.8 显示坐标系

显示坐标系对列表圆柱和球结点坐标非常有用（如径向、周向坐标）。建议一般不要激活这个坐标系进行显示。显示坐标系默认是笛卡尔坐标系。如果将显示坐标系改为柱坐标系，圆弧将显示为直线，这可能引起混乱。因此，在以非笛卡尔坐标系列表结点坐标之后，应将显示坐标系恢复到总体笛卡尔坐标系。

2.5.9 激活坐标系

ANSYS 缺省是总体直角坐标系。可以用命令：Utility Menu→WorkPlane→Change Active CS to 将其改变为其他坐标系。

2.6 建立模型

与其他分析步骤相比，建立有限元模型需要花费 ANSYS 用户更多时间。首先必须指定作业名和分析标题，接着使用 PREP7 前处理器定义单元类型、单元实常数、材料特性，然后建立几何模型。一个常见的问题是用 ANSYS 做错一步操作，如何后退？在 ANSYS 的 GUI 界面下并没有类似 WORD 中的后退操作钮。这时可以采用：（1）在建模阶段使用 ANSYS 设置的删除（Delete）图元命令，在划分网格阶段使用 ANSYS 设置的清除（Clear）单元命令；（2）每完成一个模块的操作，都用 SAVE AS 保存数据到不同名的数据库文件中，出错后点击 Resum From 恢复；（3）使用命令：/UNDO，ON 以便激活 ANSYS 内部的返回命令。

2.6.1 指定作业名和分析标题

指定作业名和分析标题不是强制要求的，但 ANSYS 推荐使用作业名和分析标题。作业名是用来识别 ANSYS 作业。当为某项分析定义了作业名后，作业名就成为分析过程中产生的所有文件名的第一部分（这些文件的扩展名是文件类型的标识，如 DB）。通过为每一次分析给定作业名，可确保文件不被覆盖。如果没有指定作业名，所有文件的文件名均为 FILE 或 file（取决于所使用的操作系统）。

Utility Menu→File→Change Jobname，用于改变作业名。

Utility Menu→File→Change Title，可用来定义分析标题。

ANSYS 系统将在所有的图形显示、所有的求解输出中包含该标题。可使用/STITLE，副标题命令加副标题，副标题将出现在输出结果里，而在图形中不显示。

2.6.2 定义计算单位

如 2.4 节所述，ANSYS 软件没有为分析指定系统单位，除了磁场分析外，可使用任意一种单位制，只要保证输入的所有数据都是使用同一单位制里的单位（对所有输入数据单位必须一致）。使用/UNITS 命令，可在 ANSYS 数据库中设置标记指定正在使用的单位制，该命令不能将一个单位制的数据转换到另一单位制，它仅仅为后续的分析做一个记录。

2.6.3 定义单元的类型

在 ANSYS 单元库中有超过 150 种的不同单元类型，每个单元类型有一个特定的编号和一个标识单元类别的前缀，如 BEAM188、PLANE55、SOLID185 等。单元类型决定了单元的自由度数和单元的空间维数。例如，BEAM188 有 6 个结构自由度（U_X，U_Y，U_Z，ROT_X，ROT_Y，ROT_Z），是一个线性单元，可在三维（3D）空间建模。PLANE55 有一个温度自由度（TEMP），是四结点的四边形单元，只能在二维空间建模。必须在通用前处理器内定义单元类型，通过单元名并给定一个单元参考号定义单元。与单元名对应的类型参考号表称为单元类型表。在定义单元时，可通过 Main Menu→Preprocessor→Create→Elements→Elem Attributes 命令指向恰当的类型参考号。应当注意许多单元类型有称为keypots的另外选择项，如 keypot（1）、keypot（2）等。例如，对于 PLANE182 的平面应变单元，操作命令：Main Menu→Preprocessor→Element Type→Add/Edit/Delete→Add→Solid Quad 4node 182→OK→（需要在选择项 Options 中按照提示选项，如选填 K3 表示平面应变问题）。

2.6.4 定义单元实常数

单元实常数是依赖单元类型的特性。在较新的 ANSYS 版本中，一般对于杆单元（link element）和接触单元对（contact element pair）需要通过实常数指定其横截面积、截面的ID 号和特定单元属性等信息。同类型的不同单元可以有不同的实常数值。

2.6.5 定义和创建横截面

如果使用梁单元（beam element）和壳单元（shell element）创建模型，在建模时必须使用截面命令赋以指定的几何截面特性，可通过：Main Menu→Preprocessor→Sections 来定义或使用横截面。

2.6.6 定义材料特性

绝大多数单元类型需要材料特性。根据应用的不同，材料特性可以是线性的或非线性的。如果涉及动力学问题或者热瞬态问题，还应定义材料质量密度。每一组材料特性都有一个材料参考号。与材料特性组对应的材料参考号表称为材料表。在一个分析作业中，可能有多个材料特性组（对应的模型中有多种材料）。ANSYS 通过独特的参考号来识别每个材料特性组。用下列方式定义常数材料特性：Main Menu→Preprocessor→Material Props→Material Models。

设定材料特性标号后，对各向同性材料，只要定义 X 方向的特性，其他方向的特性缺省值与 X 方向同，如对于 ID 号为 1 的材料组，EX：2E11，表示材料参考号 1 的弹性模量为 $2×10^{11}$。NUXY：0.29，表示材料参考号 1 的泊松比为 0.29。DENS：7800，表示材料参考号 1 的密度为 7800。KXX：43，表示材料参考号 1 的导热系数为 43。

可使用定义温度相关的材料特性的方法：定义一系列温度指定相应的材料特性值。在材料输入对话框内有两个交互输入区：数据输入表及出现在底部的一系列动作按钮。按所定义的材料项不同，表中的标签也随之改变，原先出现的行数和列数也会变化。材料项同样规定了用户可以增加或删除的行数和列数。可根据需要按照同样的程序添加更多的温度列。在要插入新列的左边一列的某一区段，单击文本状态下的光标，然后单击添加温度按钮就可以在现有列之间插入新的列。当列数超过对话框的宽度时，在数据表的底部会出现一滚动条。要删除某一温度列，将光标定位于所要删除的列的任一区段中，单击删除温度按钮。

2.6.7 创建几何模型

一旦定义了材料特性，在分析中下一步是生成准确描述模型几何性质的有限元模型，即由单元和结点组成的网格。ANSYS 提供直接产生法和实体建模法两种创建有限元模型方法。

对于直接产生法，需要手工输入或利用其他软件提供每个结点的坐标和每个单元的结点连接关系，本书不详细讨论。

使用实体建模法时，首先要建立实体模型，从而可以描述出模型的几何形状，然后使用 ANSYS 划分网格程序自动对所建立的实体模型进行单元划分，产生结点和单元。其优点是可以控制程序生成的单元的大小、形状和网管疏密。在 ANSYS 中可以通过两种途径完成实体造型。

途径 1：利用 ANSYS 与其他软件接口导入其他二维或三维软件所建立的实体模型。ANSYS 允许利用各种 CAD 软件将几何实体模型直接输入来建模，但有些情况下需要在几何实体中来进一步修正，例如：

（1）在优化设计及参数敏感性分析时建立的包含变量的模型；

（2）没有 ANSYS 能够读入的几何实体模型时；

（3）在对输入的几何实体需要修改或增加时，或者对几何实体进行组合时。

途径 2：利用 ANSYS 程序创建实体建模。

对于初学者，一般利用 ANSYS 前处理器进行几何实体建模。一个实体模型是指由体、面、线及关键点组成的几何元素的集合。实体的层次从低到高的顺序为：关键点→线→面→体。如果高一级的实体存在，则低一级的与之依附的实体不能删除。另外，一个只由面及面以下层次组成的实体，如壳或二维平面模型，在 ANSYS 中仍称为实体。ANSYS 具有三种实体建模的模式。

2.6.7.1 自下向上建模

A 关键点

在进行自下向上建模时，首先定义最低级的图元——关键点。关键点是在当前激活的坐标系内定义的。用户无须总是按从低级到高级的办法定义所有的图元来生成高级图元，可以直接在它们的顶点由关键点直接建立面和体。中间的图元需要时则可以自动生成。

a 定义关键点

（1）在当前激活的坐标系下定义关键点。

GUI：Main Menu→ Preprocessor → Modeling →Create → Keypoints→ In Active CS

（2）在已知线上给定位置定义关键点。

GUI：Main Menu →Preprocessor →Modeling →Create → Keypoints → On Line

b 从已有关键点定义关键点

一旦用户定义了初始形式的关键点，可以利用下列方法定义其他的关键点。

（1）在已有两个关键点之间定义新的关键点。

GUI：Main Menu → Preprocessor→ Modeling → Create →Keypoints → KP between KPs

（2）在两个关键点之间定义多个关键点。

GUI ：Main Menu → Preprocessor → Modeling → Create→ Keypoints → Fill between KPs

B 线

线主要用于表示模型的边。与关键点一样，线是在当前激活的坐标系内定义的，但用户并不总是需要明确地定义所有的线，这是因为 ANSYS 程序在定义面和体时，会自动生成线。只有在定义线单元或想通过线来定义面时，才需要定义线。

a 定义线

对已确定需要明确定义线的情况，可适当地选用下列方法。

（1）在两个指定关键点之间生成直线或三次曲线。

GUI：Main Menu → Preprocessor→ Modeling →Create →Lines → Lines → In Active Coord

（2）通过三个关键点或两个关键点外加一个半径定义一条弧线。

GUI：Main Menu → Preprocessor → Modeling →Create→ Lines → Arcs → Through 3 KPs

（3）定义一条由若干个关键点通过样条拟合的三次曲线。

GUI：Main Menu → Preprocessor → Modeling → Create → Lines →Splines → Spline thru KPs

（4）两条相交线之间定义倒角线。

GUI：Main Menu → Preprocessor→ Modeling→Create → Lines → Line Fillet

（5）不管激活的是何种坐标系都定义直线。

GU：Main Menu→ Preprocessor → Modeling → Create → Lines → Straight Line

b 从已有线定义新线

可使用下列方法将已有线复制生成另外的线。

GUI：Main Menu→Preprocessor→ Modeling → Copy → Lines

c 修改线

修改线通过工命令或用下列方法。

（1）把一条线分成更小的线段。

GUI：Main Menu→Preprocessor→Modeling→ Operate→Booleans → Divide→Line into NLn's.

（2）把一条线与另一条线合并。

GUI：Main Menu → Preprocessor →Modeling→Operate→ Booleans → Add → Lines

C 面

平面可以表示二维实体模型。曲面和平面都可表示三维的面，如壳、三维实体的面等。在用到面单元或由面生成体时，才需定义面。定义面的命令也将自动地定义依附于该面的线和关键点。同样，面也可在定义体时自动生成。

（1）通过关键点定义面。

GUI：Main Menu → Preprocessor → Modeling → Create → Areas → Arbitrary → Through KPs

（2）通过其边界线定义面。

GUI：Main Menu→ Preprocessor→ Modeling→ Create→Areas→ Arbitrary→ By Lines

（3）通过已有面定义面。

GUI：Main Menu → Preprocessor → Modeling → Copy→Areas

D 体

体用于描述三维实体，仅当需要用体单元时才建立体。用生成体的命令会自动生成后级的图元。

a 定义体

（1）通过关键点定义体。

GUI：Main Menu → Preprocessor → Modeling → Create → Volumes → Arbitrary → Through KPs

（2）通过边界定义体。

GUI：Main Menu→ Preprocessor→ Modeling → Create →Volumes → Arbitrary → By Areas

（3）把面沿某个路径扫掠生成体。

GUI：Main Menu → Preprocessor→ Modeling → Operate → Extrude → Areas→Along Lines

b 扫掠体

通过扫掠相邻面的网格使已有未划分网格的体填充单元。

GUI：Main Menu → Preprocessor→Meshing→ Mesh→ Volume Sweep→ Sweep

c 从已有体定义体

从已有体定义另外的体，使用如下命令。

（1）以一种模式的体定义另外的体。

GUI：Main Menu → Preprocessor → Modeling → Copy→ Volumes

（2）把体转到另外一种坐标系。

GUI：Main Menu → Preprocessor → Modeling → Move ／ Modity → Transfer Coord → Volumes

2.6.7.2 自上向下建模

几何体是可用单个 ANSYS 命令来创建的。常用的实体建模的形状有球体或长方体。因为体是高级图元，所以可不用首先定义任何关键点而形成。几何体是在工作平面内生成的。

A 形

a 定义矩形

（1）在工作平面的任意位置定义矩形。

GUI：Main Menu → Preprocessor → Modeling → Create → Areas → Rectangle → By Dimensions

（2）通过角点定义一个矩形。

GUI：Main Menu → Preprocessor → Modeling → Create → Areas → Rectangle → By 2 Comers

（3）通过中心和角点定义矩形。

GUI：Main Menu → Preprocessor→Modeling→Create → Areas →Rectangle →By Centr & Corn

b 定义圈或环形

（1）在工作平面的原点定义环形。

GUI：Main Menu → Preprocessor →Modeling→ Create →Areas → Circle →By Dimensions

（2）在工作平面的任意位置定义环形。

GUI：Main Menu → Preprocessor → Modeling→Create → Areas→Circle→ Annulus

c　定义正多边形

（1）在工作平面的原点定义正多边形。

GUI：Main Menu → Preprocessor → Modeling → Create → Areas → Polygon → By Circumscr Rad

（2）在工作平面的任意位置定义正多边形。

GUI：Main Menu→ Preprocessor→ Modeling → Create→ Areas → Polygon → Hexagona

B　体

a　定义长方体

（1）在工作平面的坐标上定义长方体。

GUI：Main Menu → Preprocessor → Modeling → Create → Volumes → Block → By Dimensions

（2）通过角点定义长方体。

GUI：Main Menu → Preprocessor → Modeling → Create → Volumes → Block → By 2 Corners&Z

b　定义柱体

（1）在工作平面的原点定义圆柱体。

GUI：Main Menu → Preprocessor → Modeling → Create → Volumes → Cylinder → By Dimensions

（2）在工作平面的任意位置定义圆柱体。

GUI：Main Menu → Preprocessor → Modeling → Create → Volumes → Cylinder → Hollow Cylinder

c　定义多棱柱体

（1）在工作平面的原点定义正棱柱体。

GUI：Main Menu → Preprocessor → Modeling → Create → Volumes → Prism → By Circumser Rado

（2）在工作平面的任意位置定义多棱柱体。

GUI：Main Menu → Preprocessor→ Modeling→ Create→Volumes→Prism→ Hexagona

d　定义球体或部分球体

（1）在工作平面的原点定义球体。

GUI：Main Menu → Preprocessor → Modeling → Create → Volumes → Sphere → By Dimensions

（2）在工作平面的任意位置定义球体。

GUI：Main Menu → Preprocessor → Modeling → Create → Volumes → Sphere → Hollow Sphere

e　定义锥体

（1）在工作平面的原点定义锥体。

GUI：Main Menu → Preprocessor→Modeling→ Create → Volumes →Cone→By Dimensions

（2）在工作平面的任意位置定义锥体。

GUl：Main Menu → Preprocessor →Modeling → Create → Volumes → Cone → By Picking

f　定义环体或部分环体

GUI：Main Menu →Preprocessor → Modeling →Create →Volumes →Torus

2.6.7.3　混合法自底向上和自顶向下的实体建模

可根据个人掌握的技术采用不同的建模步骤，但应该考虑要获得什么样的有限元模型，即在网格划分后获得什么形状的单元。例如，对于三维实体，可以采用自由网格划分、扫掠网格划分或映射网格划分。自由网格划分时，实体模型的建立比较简单，只要所有的面或体能接合成一体就可以，但是单元往往是四面体（三棱锥）形状，将影响计算精度。而扫掠网格划分或映射网格划分的单元则是质量较高的六面体形状。然而，这两种划分方案对于被划分的几何实体的形状有比较高的要求，在网格划分部分详细讨论。

2.6.8　布尔运算

布尔运算是对几何实体进行合并的计算。ANSYS 中布尔运算包括 Add（加）、Subtract（减）、Glue（黏结）、Overlap（搭接）、Divide（分割）、Intersection（相交）和 Partition（互相分割）等。

布尔运算时输入的可以是任意几何实体从简单的图元到通过 CAD 输入的复杂的几何体，其 GUI 命令路径为：

Preprocessor→Modeling→Operate→Booleans

（1）Add（布尔加运算）：指对所有图元，包含原始图元的所有部分进行叠加，生成一个新图元，各个原始图元的公共边界将被清除，形成一个单一的整体。在 ANSYS 的面相加中只能对共面的图元进行操作。ANSYS 布尔加运算如图 2-2 所示。

（2）Subtract（布尔减运算）：删除母体中一块或多块与子体重合的部分。此命令对于建立带孔的实体或准确切除部分实体特别方便，如图 2-3 所示。

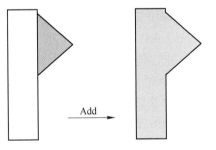

图 2-2　ANSYS 布尔加运算

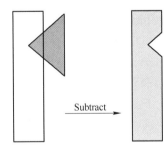

图 2-3　ANSYS 布尔减运算

（3）Glue（布尔黏结运算）：其作用是将多个图元组黏结成一个连续体，图元之间仅在公共边界处相连。黏结操作与加操作不同的是这些图元之间仍然相互独立，只是在边界上连接。简而言之，Add 是把两者熔了，重塑一个物体。Glue 是把两者连接处涂胶水粘上。该命令在定义两个不同材料的实体时特别方便，如图 2-4 所示。

（4）Overlap（布尔搭接运算）：类似于黏结运算，但输入的实体有重叠。Overlap 是指将分离的同阶图元转变为一个连续体，其中图元的所有重叠区域将独立成为一个图元。如将一块石头放入一杯水中后，水与石头的关系就是搭接关系（但是水不容易溢出）。搭接使两者相交处新生成"第三者",原来的各少一块。搭接由几个图元生成更多的图元,相交的部分则被分离出来,实体彼此搭接后的关系与黏结相同,如图 2-5 所示。

图 2-4　ANSYS 布尔黏合运算　　　　　图 2-5　ANSYS 布尔搭接运算

（5）Divide（布尔分割运算）：用另外一个"切割工具"把一个实体分割为两个或多个,它们仍通过共同的边界连接在一起。"切割工具"可以是工作平面、面、线甚至体。在用块体划分网格时,通过对实体的分割,可以把复杂的实体变为简单的体。把一个实体分割为两个或多个,它们仍通过共同的边界连接在一起,可以把复杂的多连通实体变为多个简单的单连通体,从而划分高质量的网格,如图 2-6 所示。

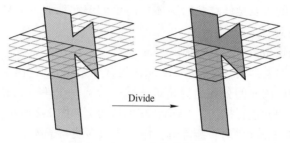

图 2-6　ANSYS 布尔分割运算

（6）Intersection（布尔相交运算）：只保留两个或多个实体重叠的部分。如果输入了多于两个的实体,则有公共相交（Common Intersection）和两两相交（Pairwise Intersection）两种选择。公共相交只保留全部实体的共同部分；两两相交则保留每一对实体的共同部分,这样有可能输出多个实体,如图 2-7 所示。

（7）Partition（布尔互相分割运算）：把两个或多个实体互相分割为多个实体,但相互之间仍通过共同的边界连接在一起。若想找到两条相交线的交点并保留这些线时,交运算可以形成新的交点但删除了两条线,如图 2-8 所示。

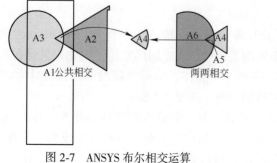
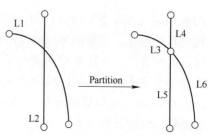

图 2-7　ANSYS 布尔相交运算　　　　图 2-8　ANSYS 布尔互相分割运算

2.6.9 其他运算

除了布尔运算，还有许多其他操作命令，如 Extrude（拖拉）、Scale（缩放）、Move（移动）、Copy（复制）、Reflect（反射）、Merge Items（合并）、Line Fillet 或者 Area Fillet（线倒角或者面倒角），分别位于建模模块的各个子模块中。

（1）Extrude（拖拉）。其作用是利用已经存在的面快速生成体（或由线生成面或由关键点生成线）。如果面已经划分了网格，单元也可以随着面一起拖拉。四种施拉方法如下。

1）法向拖拉。通过对面的法向偏移形成体。

2）X、Y、Z 偏移。拖拉面沿总体坐标系 X、Y、Z 方向的偏移量形成体。

3）沿坐标轴。绕坐标轴旋转面形成体（也可通过两个关键点旋转）。

4）沿直线。沿一条线或一组邻近的线拖拉面形成体。

（2）Scale（缩放）。从一种单位系统转到另一种单位系统时特别方便。

（3）Move（移动）。通过增量 dX、dY、dZ 控制实体的平移（直角坐标）或旋转（柱坐标）。

（4）Copy（复制）。复制的作用是生成实体的多个拷贝，通过复制的份数（不小于2）及增量 dX、dY、dZ 控制结果。如果实体已经划分了网格，单元也可以随着实体一起复制。注意：如果复制的实体之间具有公共边界，它们在公共边界上有不同的结点号，这些实体及其单元之间并没有联系。

（5）Reflect（反射）。反射的作用是沿指定平面（YZ、XZ、XY 平面）反射生成实体。反射运算必须在直角坐标系下完成。注意：如果实体已经划分了网格，单元也可以随着实体一起反射生成。但是，它们在公共边界上有不同的结点号，两个实体及其单元之间并没有联系。

（6）Merge Items（合并）。合并的作用是把两个实体合并，按照合并的选择要求，合并删除重合的各种图元。合并关键点时，如果存在高一层次重合的实体，也将自动被合并。通常在反射、复制或其他操作后产生重合的实体时需要合并，使这些实体及其单元之间具有联系。

（7）Line Fillet 或者 Area Fillet（线倒角或者面倒角）。线倒角连接需要两条相交的线，且在相交处有共同的关键点。如果共同的关键点不存在，则首先做互分的运算。面倒角与此相似。

2.7　单元网格划分

2.7.1 单元属性设定

一个实体模型进行网格划分（meshing）之前必须指定所产生的单元属性（element attribute）。单元属性是指单元属于什么类型，单元具有何种材料性质，单元属于什么坐标系，若是杆单元要指出它的截面由哪个实常数（real constant）确定等。单元属性设定的 GUI 命令路径为：

Preprocessor→Meshing→Mesh attributes

　　然后按照下一级子选框的提示，分别为体、面、线图元设定其单元属性。应当注意：当用梁单元 BEAM188/189 进行线单元划分时，线可以用 *I*、*J* 两关键点连成，还可以另外建立第三个关键点 *K* 作为截面的方向参考点（orientation keypoint）。这时梁单元所定义的横截面的 *Y* 轴（水平轴）平行于 *I*、*J*、*K* 三个关键点形成的平面。如不用方向参考点，默认梁单元横截面的 *Y* 轴平行于坐标轴的 *XY* 平面。方向参考点可以在线单元属性框里设置，执行命令路径：Preprocessor→Meshing→Mesh attributes→Picked Lines→拾取线→OK→线单元属性框内选置各参数后→点击 Pick Orientation keypoint（s）框→OK→拾取第三个关键点 *K*→OK。

　　在梁单元划分后，可以观察梁单元横截面的设置是否正确，执行命令路径：Utility Menu：PlotCtrls→Style→Size and Shape→/ESHAPE→On→OK

2.7.2　划分网格概述

　　生成结点和单元的网格划分过程包括了三个步骤。

　　（1）定义单元属性。

　　（2）定义网格生成控制。ANSYS 程序提供了大量的网格生成控制，可以根据用户自身的需要进行选择。

　　（3）生成网格。在明确是选择自由网格还是选择映射网格来分析之后，再建立模型，以及对模型进行网格划分。自由网格对单元形状没有限制，并且无特定的准则。而映射网格对包含的单元形状有限制，而且必须满足特定的规则。映射面网格只包含三角形或四边形单元，映射体网格只包含六面体单元。另外，映射网格具有规则的排列形状，如果想要这种网格类型，所生成的几何模型必须具有一系列相当规则的体或面。

　　可用 MSHESKEY 命令或相应的 GUI 路径选择自由网格或映射网格。注意：所用网格控制将随自由网格或映射网格划分而不同。

　　ANSYS 软件平台提供了网格映射划分和自由适应划分的策略。映射划分用于曲线、曲面、实体的网格划分方法，可使用三角形、四边形、四面体、五面体和六面体，通过指定单元边长、网格数量等参数对网格进行严格控制，映射划分只用于规则的几何图素，对于裁剪曲面或者空间自由曲面等复杂几何体则难以控制。自由网格划分用于空间自由曲面和复杂实体，采用三角形、四边形、四面体进行划分，采用网格数量、边长及曲率来控制网格的质量。

2.7.3　网格划分基本原则

2.7.3.1　单元数量

　　单元数量的多少将影响计算结果的精度和计算规模的大小。一般来讲，单元数量增加，网格变密，计算精度会有所提高，但同时计算时间也会增加，因此在确定网格数量时应权衡两个因素综合考虑。单元较少时，增加其数量可以使计算精度明显提高，而计算时间不会有大的增加。当单元数量增加到一定程度后，再继续加密网格对于精度提高效果很小，而计算时间却有大幅度增加。因此，应注意增加网格的经济性。实际应用时，可以比较两种网格划分的计算结果，如果两次计算结果相差较大，可以继续增加网格；相反，则停止计算。

2.7.3.2　网格疏密

网格疏密是指在结构不同部位采用大小不同的单元，这是为了适应计算数据的分布特点。在计算数据变化梯度较大的部位（如缺口附近的应力集中区域），为了较好地反映数据变化规律，需要采用比较密集的网格。而在计算数据变化梯度较小的部位，为减小模型规模，则应划分相对稀疏的网格。这样，整个结构便表现出疏密不同的网格划分形式。划分疏密不同的网格主要用于应力分析（包括静应力和动应力），而计算固有特性时则趋于采用较均匀的网格形式。这是因为固有频率和振型主要取决于结构质量分布和刚度分布，不存在类似应力集中的现象，采用均匀网格可使结构刚度矩阵和质量矩阵的元素不致相差太大，可减小数值计算误差。同样，在结构温度场计算中也趋于采用均匀网格。

2.7.3.3　单元阶次

许多单元都具有线性和二次等形式，其中二次单元称为高阶单元。在线性计算时，选用高阶单元可提高计算精度，因为高阶单元的曲线或曲面边界能够更好地逼近结构的曲线和曲面边界，且高次插值函数可更高精度地逼近复杂场函数，所以当结构形状不规则、小变形条件下可以选用高阶单元。然而，在非线性计算尤其是大变形条件下，高阶单元的边中结点会随网格的更新发生漂移（不再位于边中点处），会产生应力响应的奇异性。因此，在进行非线性大变形计算时，应选用低阶单元（只有角结点的线性单元），通过加密网格和选用非协调单元来提高求解精度。

2.7.3.4　网格质量

网格质量是指网格几何形状的合理性，其好坏将影响计算精度，质量太差的网格甚至会中止计算。直观上看，网格各边长度或各个内角相差不大、网格面不过分扭曲、边结点位于边界等分点附近的网格质量较好。在重点研究的结构关键部位，应保证划分高质量网格，即使是个别质量很差的网格也会引起很大的局部误差。而在结构次要部位，网格质量可适当降低。当模型中存在质量很差的扭曲网格（over-distorted mesh）时，计算过程将无法进行。单元质量评价一般可采用以单元的边长比、面积比或体积比以正三角形、正四面体、正六面体为参考基准。理想单元的边长比为1，可接受单元的边长比的范围是线性单元长宽比小于3、二次单元长宽比小于10。对于同形态的单元，线性单元对边长比的敏感性较高阶单元高，非线性比线性分析更敏感。另外，扭曲度和网格合理疏密过渡也对网格质量有影响。

2.7.4　ANSYS 提供的网格划分方法

ANSYS 提供网格映射划分、扫掠划分、自由划分和自动划分的策略。

映射划分（Mapped Mesh）用于面、体的网格划分，可使用三角形、四边形、四面体、五面体和六面体，通过指定单元边长、网格数量等参数对网格进行严格控制。映射划分只用于规则的几何图素，对于裁剪曲面或者空间自由曲面等复杂几何体则难以控制。

面映射网格划分需满足以下条件：（1）该面必须是三条或四条边，面的对边必须划分为相同数目的单元或与一个过渡形状网格的划分匹配；（2）该面如果有三条边，则划分的单元必须为偶数且各边单元数相等；（3）网格划分必须设置为映射网格，结果得到全部四边形网格单元或三角形单元的映射网格，依赖于当前单元类型和单元形状设置。如果边的数目多于四条，可以通过合并或连接线使面中连接线的数目减少到四条。

　　体映射网格划分需满足条件：（1）该体的外形应为块状（六个面）、楔形（五个面）或四面体；（2）体的对边必须划分相同的单元数或分割符合过渡网格形式适用于六面体网格划分；（3）如果体是棱柱或四面体，三角形面上的单元分割数必须是偶数。组成体的面数超过上述条件限制时，需减少面数以进行映射网格划分。可以对面进行加或连接操作，如果连接面有交界线，则线必须连接在一起，且必须连接面后连接线。

　　扫掠划分用于实体的网格划分，可以从体的一个边界面网格扫掠贯穿整个体（该体必须存在且未划分网格）生成体单元。如果源面网格由平面四边形网格组成，则扫掠生成空间六面体网格；如果面由平面三角形网格组成，则扫掠生成楔形单元；如果源面由平面三角形和四边形网格组成，则扫掠生成的体由楔形体和六面体共同填充。这些划分方式需要先建立一个已划分网格的面，然后利用该面进行旋转、拉伸、偏移等。很多时候，需要将一个体进行切割，分成许多个适合划分的体。

　　自由网格划分（Free Mesh）特别适合对于空间自由曲面和复杂三维实体划分网格，ANSYS 按照优化算法，采用三角形和四边形共同填充曲面，采用四面楔形体、五面柱形体和六面体共同填充三维实体。

　　自动划分（Auto Mesh）则是通过在任意曲面上生成三角形或者四边形，对任意几何体生成四面体或者六面体的网格。通过在划分网格工具（Mesh Tools）中设置 Smart size 的级数来控制网格疏密，级数值越小、网格越密。

　　网格重划分（Remesh）是在每一步计算过程中，检查各单元法向来判定各区域的曲率变化情况，在曲率较大变形剧烈的区域单元，进行网格加密重新划分，如此循环直到满足网格单元的曲率要求为止。网格重划分的思想是通过网格加密的方法来提高分析的精度和效率。

　　网格自适应划分（Adaptive Refinement）的思想是在计算过程中，升高不满足分析条件的低阶单元的阶次来提高分析的精度和效率，应用比较广泛。自适应网格划分必须采用适当的单元，在保证单元阶次的基础上，原本已形成的单元刚度矩阵等特性保持不变，才能同时提高精度和效率。

2.8　划分单元网格的注意事项

　　在进行结构计算之前，首先要考虑的问题就是结构的离散化，即单元网格的划分。划分单元数目的多少以及疏密分布将直接影响计算的工作量和计算精度。单元的划分没有统一的模式和要求，通常与研究对象的形状、性质、结构、载荷位置及大小应力集中部位或重点部位、施工过程及模型、计算精度和计算工具的能力等因素有关。一般情况下，划分单元数目越多以及计算精度越高，计算工作量越大和计算时间也越久。因此，在划分单元网格时，除了要参考单元数目的密集程度，还要考虑单元划分得合理与否。

2.8.1　合理安排单元网格的疏密分布

　　在划分单元网格时，对于结构的不同部位网格疏密应有所不同。在可能出现应力集中的部位和位移变化较大的部位，网格应密一些；对于应力的位移变化相对较小的部位，网格可以疏一些。在边界比较曲折的部位，网格可以密一些，即单元要小一些；在边界比较平滑的部位，网格可疏一些，即单元可以大一些。使得能在保证计算精度的前提下，减少单元划分的数目。还应注意相邻单元网格反差不宜过大，从大到小应具有过渡性。在重要的部位，易发生应力集中，应力、位移变化剧烈，这些部位单元必须划分得小些；而对于次要的部位，以及应力和位移变化的比较平缓的部位，单元可以划得大一些。

2.8.2 为突出重要部位的单元二次划分

为突出重要部位及满足计算精度要求，可分两次计算划分单元。第一次计算时，可把凹槽附近的网格划分得比其他部位略为密一些，以便大致反映裂缝对应力分布的影响，其目的还是算出次要部位的应力及位移。

在结构受力复杂、应力和位移状态不易预估时，可以先用比较均匀的单元网格进行第一次预算，然后根据预算结果，对需要详细了解的重要部位，再重新划分单元，进行第二次有目标的计算。

2.8.3 划分单元的个数

依照计算要求的精度和计算机的容量进而确定划分单元的个数，根据误差分析，应力误差与单元大小成正比，位移误差与单元尺寸的平方成正比，单元分得越多，块越小，精度越高，但需要的计算机容量也就越大，因此需要根据实际情况而定。

2.8.4 单元形状的合理性

在离散化过程中，单元应尽量规则。对于三角形单元以等边三角形为最好，应尽量避免出现大钝角（一般大于120°）或小锐角（一般小于15°）。锐角越小则误差越大，一般误差与锐角余弦成正比或与其正弦成反比。对于矩形单元，以正方形单元最为理想，相反，越是长条形的单元其误差越大。计算误差的大小除与单元形状有关外，还与相邻单元之间单元大小的相互关系有关。相邻单元间面积越接近则误差越小，相反，面积相差越悬殊则误差越大。

2.8.5 不同材料界面处及载荷突变点、支撑点的单元划分

当计算对象由两种或两种以上材料构成时，应以材料性质发生变化的不同材料界面作为单元的边界，不能让这种界面处于同一单元内部。在离散化过程中应将某些特殊点，如集中载荷作用点、载荷突变点、支撑点等取为单元的结点。

2.8.6 曲线边界的处理

曲线边界的处理，应尽可能减小几何误差。

2.8.7 充分利用结构及载荷的对称性减少计算量

结构的对称性是指结构的几何形状、支撑条件和材料性质都对某轴对称。也就是说，当结构绕对称轴对折时，左右两部分完全重合。这种结构称为对称结构，结构的对称是对称性利用的前提。利用对称性时，有时还要用到载荷的正对称和反对称概念。正对称载荷是指将结构绕对称轴对折后，左右两部分的载荷作用点相重合，方向相同，载荷数值相

等。反对称载荷，是指将结构绕对称轴对折后，左右两部分的载荷作用点相重合，方向相反，载荷数值相等。为了利用结构的对称性，在单元的划分上也应是对称的。

2.9 选 择

如果有一个大模型，需要有选择性地对模型的部分数据（如点、线、面、单元等）进行操作，利用 ANSYS 选择功能，可以很方便地选择这些数据。ANSYS 软件把在分析阶段所定义的所有数据都存储在数据库内，该数据库的设计使得可以选择其中的一部分数据而不损坏其他数据。利用选择功能的典型例子是在指定载荷时，通过选择某一表面上的所有结点，可以很方便地把一个压力作用在子集所有的结点而不是作用在每个单独的结点。

GUI 方式下选择路径是：

Utility Menu→Select→Entities

鼠标选点后显示出选择实体对话框。从对话框中，可以在其他选项中选择欲选择的实体类型以及选择它们的准则，如可以选定"Elements"和"By Num/Pick"，意思是通过编号或拾取来选取单元。例如，选择在某个表面上的与面相关的结点：

Utility Menu→Select→Entities→第一框内选 Areas→第二框内选 By Num/Pick→From Full：用鼠标选取表面→OK

Utility Menu→Select→Entities→Nodes→Attached→Areas All→Select All→OK

选择由多种属性（如材料、单元类型、实常数、截面类型等）组成的有限元模型中第 n 种属性对应的单元：

Utility Menu→Select→Entities→第一框内选 Elements→第二框内选 By Num/Pick→By Attributes→用鼠标选点需要选择的属性（如 Material Num 表示材料号；Elem Type Num 表示单元类型号；Real Set Num 表示实常数号；Section ID Num 表示截面类型号）第三框内输入：n→OK

选择其他数据命令类似。要把所有的实体恢复到它们的全部的集合中，用下面的命令：

Utility Menu→Select→Everything

2.10 加载和求解

2.10.1 定义分析类型和分析选项

运用 SOLUTION 处理器定义分析类型和分析选项：

Main Menu→Solution→Analysis Type→New Analysis

可以根据载荷条件和要计算的响应选择分析类型。在 ANSYS 结构分析中，可以进行静态分析（static）、模态分析（modal）、谐响应分析（harmonic）、瞬态分析（transient）、谱分析（spectrum）、线性屈曲（eigen buckling）和子结构（substructuring CMS）七种类型的分析。

分析选项允许自定义分析类型。如果执行静态或瞬态分析，可利用求解控制对话框为该分析定义许多选项。可以指定一个新分析或重新开始分析，但绝大多数情况是进行一个新的分析。允许用户在结束点或放弃点恢复分析的单构架的重启动分析对静态（或稳态）以及瞬态分析可用，允许用户在任意点恢复分析的多构架的重启动分析对静态或全瞬态结构分析可用。在第一次求解后，不能改变分析类型和分析选项。

2.10.2 加载

运用 SOLUTION 处理器定义加载，包括边界条件（约束、支承或边界区域规定）和其他外部或内部作用载荷：

Main Menu→Solution→Define Loads→Apply

在 ANSYS 术语中，载荷包括边界条件和外部或内部作用力函数。不同学科中的载荷实例为：（1）热分析，温度、热流速率、对流、内部热生成和无限表面；（2）磁场分析，磁势、磁通量、磁场段、源流密度和无限表面；（3）电场分析，电势（电压）、电流、电荷、电荷密度和无限表面；（4）结构分析，位移、速度、加速度、力、压力、温度（热应变）和重力；（5）流体分析，速度和压力。载荷分为自由度约束、力、表面载荷、体积载荷、惯性载荷和耦合场载荷六类。

（1）自由度约束是指施加于模型的位移边界条件。例如，在结构分析中，自由度约束被指定为位移、对称边界条件或反对称边界；在热力分析中，自由度约束被指定为温度和对流换热边界条件。

（2）力是指施加于模型结点的集中载荷。例如，在结构分析中，力被指定为力和力矩；在热力分析中，力被指定为热流速率。

（3）表面载荷是指施加于某个表面上的分布载荷。例如，在结构分析中，表面载荷为压力；在热力分析中，表面载荷为对流和热通量。

（4）体积载荷是指体积或场载荷。例如，在热力分析中，体积载荷为热生成速率；在结构分析中，体积载荷为温度和积分通量。

（5）惯性载荷是指由物体惯性引起的载荷，如重力加速度、角速度和角加速度。惯性载荷主要在结构分析中使用。

（6）耦合场载荷是指以上载荷的一种特殊情况，从一种分析得到的结果作为另一种分析的载荷。例如，热分析中的温度场应用于结构分析。

这些载荷绝大多数可施加到实体模型（关键点、线和面）或有限元模型（结点和单元）。在开始求解时，将实体模型载荷自动转换到有限元模型。

2.10.3 实体模型载荷与有限元模型载荷区别及优缺点

ANSYS 载荷既可以施加到实体模型上（点、线、面、体），也可以施加到有限元模型上（结点、单元）。然而在进入求解器时，程序会自动将实体模型载荷传递到有限元模型上。但对具体问题，施加的方便程度是不同的，实体模型载荷与有限元模型载荷各有优缺点，因此可以根据需要来选择。

2.10.3.1　直接在实体模型加载的优缺点

直接在实体模型加载的优点如下。

（1）实体模型的载荷独立于有限元网格。网格的清除、重新划分、局部细化等不影响已施加的实体模型载荷。

（2）实体通常拾取比较方便。这是因为与有限元模型相比实体模型包含的对象通常更少。

直接在实体模型加载的缺点如下。

（1）ANSYS网格划分命令生成的单元处于当前激活的单元坐标系中，网格划分命令生成的结点使用总体笛卡尔坐标系。因此，实体模型和有限元模型可能具有不同的坐标系和加载方向。在自由度分析中，规定载荷施加于主自由度，实体模型载荷不太方便（仅能在结点而不能在关键点定义主自由度）。当使用约束扩展选项时，在关键点施加约束很困难，不能显示所有实体模型载荷。

（2）注意事项：可以人为传递实体模型载荷，传递的实体模型载荷将代替已有结点或单元载荷，不管它们的加载顺序如何。

（3）删除实体模型载荷，也删除相应的有限元载荷，线或面的对称或反对称条件通常会引起结点旋转，会影响属于约束线或面上结点的约束、结点力、耦合和约束方程。

2.10.3.2　直接在有限元网格模型加载的优缺点

直接在有限元网格模型加载的优点：因为将载荷直接施加在主结点，所以在具有自由度耦合分析中不会产生问题。不必担心约束扩展，可简单地选择所需结点，并指定适当的约束。

直接在有限元网格模型加载的缺点：任何有限元网格的修改都使载荷无效，需要删除先前的载荷并在新网格上重新施加载荷，使用图形拾取施加载荷不方便。除非只施加到几个结点或单元上。

2.10.4　加载应注意的问题

加载应注意的问题如下。

（1）如果载荷施加到实体模型，则载荷独立于有限元网格。即可以改变单元网格而不影响施加的载荷，当更新网格后不必重新施加载荷。另外，在实体上施加载荷要容易得多，尤其是通过图形拾取时。

（2）ANSYS网格划分命令生成的单元处于当前激活的单元坐标系中。网格划分命令生成的结点使用整体笛卡尔坐标系。因此，当实体模型和有限元模型具有不同的坐标系和加载方向时，载荷施加到实体模型不是很方便。

（3）尽量避免将实体模型载荷与有限元模型载荷、耦合或约束方程混合使用。

（4）载荷施加到有限元模型时，任何有限元网格的修改都使载荷无效，需要删除先前的载荷并在新网格上重新施加载荷。

（5）施加对称边界条件：

Main Menu→Solution→Define Loads→Apply→Structural→Displacement→Symmetry B. C.

对称边界是指结构物的几何形状与所受外力均关于某个边界线（面）镜像对称。在ANSYS结构分析中，对称边界条件指平面外移动和平面内旋转被设置为零时的边界条件，如图2-9所示。由于对称性，所以仅将物体的四分之一离散即可，在对称边施加对称边界约束。

（6）施加反对称边界条件：

Main Menu→Solution→Define Loads→Apply→Structural→Displacement→Antisymm B. C.

反对称边界是指结构物的几何形状关于某个边界线（面）镜像对称，而其所受外力关

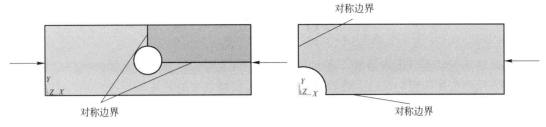

图 2-9 对称边界条件

于此边界线（面）镜像反对称。在 ANSYS 结构分析中，反对称边界条件指平面内移动和平面外旋转被设置为零时的边界条件。

2.10.5 将压力载荷施加于梁上

将压力载荷施加于梁单元，使用 GUI 命令路径：

Main Menu→Solution→Apply→Structural→Pressure→On Beams

施加侧向压力，其大小为单位长度的力。通过调整载荷方向键（load key）的值，设定沿侧面不同方向的压力（通过观察压力箭头的方向判断）。压力既可以沿单元长度线性变化，也可以指定在梁单元的部分区域。具体命令可以查询 ANSYS 的帮助文件。

2.10.6 体积载荷

用于施加体积载荷的 GUI 路径：

Main Menu→Solution→Loads→Apply→Load Type→On Volumes

2.10.7 惯性载荷

施加惯性载荷的命令：

Main Menu→Solution→Apply→Gravity

注意：对物体施加一加速度场（如重力场），要施加作用于负 Y 方向的重力，应指定一个正 Y 方向的加速度。

2.10.8 加快求解速度的方法

在大规模结构计算中，计算速度是一个非常重要的问题。在如何提高计算速度上，应充分利用 ANSYS 的 Map 和 Sweep 分网技术，尽可能获得六面体网格，这一方面减小解题规模，另一方面提高计算精度。

在生成四面体网格时，尽可能用纯四面体单元而不要用退化的四面体单元。比如 186 号单元为 20 结点，可以退化为 10 结点四面体单元，而 187 号单元为专门设计的 10 结点单元，在此情况下用 187 号单元将优于 186 号单元选择正确的求解器。对大规模问题（大于 10 万结点），建议采用 PCG 法。此法比默认的直接法计算速度要快 10 倍以上（前提是计算机内存较大）。对于工程问题，可将 ANSYS 缺省的求解精度从 1E-8（1×10^{-8}）改为 1E-4（1×10^{-4}）或 1E-5（1×10^{-5}）即可。

2.11　后　处　理

后处理是指检查分析的结果。这可能是分析中最重要的一环，这是因为用户总是试图搞清楚作用载荷如何影响设计，设计是否可行以及网格划分的好坏等。

建立有限元模型并获得解后，就想要得到一些关键问题答案，例如某个区域的应力有多大，零件的温度如何随时间变化？ANSYS软件的后处理可回答这些问题。分析结果可使用通用后处理器和时间历程后处理器。

2.11.1　通用后处理器

通用后处理器（General Postproc）允许检查整个模型在某一载荷步的结果。在静态结构分析中，可显示结构的位移、应变和应力分布。在稳态热分析中，可显示物体的温度、热流分布。可以云图、等值线图和矢量图等多种方式绘制。例如，变形后的形状结果显示命令：

Main Menu→General Postproc→Plot Results→Deformed Shape→Def + Undeformed→OK

变形后的 x 方向应力结果显示：

Main Menu→General Postproc→Plot Results→Contour Plot→Nodal Solu→Stress→x Component of Stress→OK

2.11.2　时间历程后处理器

时间历程后处理器（TimeHist Postproc）可以检查模型中指定结点的特定计算结果相对于时间、频率或其他结果项的变化规律并以曲线画出。在瞬态热分析中，可以用曲线表示某一特定点的温度与时间的关系。在非线性结构分析中，可以用图形表示某一特定结点的受力与其变形的关系。一般，需要预先确定结点号或者结点的坐标等，然后使用相关命令画出关于此结点的结果项的变化曲线。如果预定一个三维坐标值 (x, y, z)，但是不确定此处的结点号，可以用变量参数来代替的方法：Utility Menu→Parameters→Scalar Parameters→在选填框中输入：p_name = node (x, y, z)（其中：p_name 为变量参数名，由英文字母组成，x, y, z 为具体的三维坐标值）→Accept→Close。此时 p_name 保存了与坐标值 x、y、z 最为接近的结点号。

2.11.3　将计算结果旋转到不同坐标系中

在求解计算中，计算结果数据包括位移、应力、应变等。这些数据以结点坐标系（缺省情况下为整体直角坐标系）存储。然而，某些结果数据希望以特定坐标形式（如柱坐标系）输出图形，而不论激活的结果坐标系为何种坐标系。使用结果坐标系转换命令（Main Menu→General Postproc→Options For Outp），可以将激活的结果坐标系转换成特定坐标形式。

2.11.4　ANSYS输出图片处理

在实际工作中经常需要将 ANSYS 中的各种图像截取成图片贴到报告或文章中。但是

ANSYS 的默认设置是黑色背景不适合打印，文章中最好使用白色背景的图片。比较实用的方法是使用 PNG 格式的图片，该文件比较小，而且比较清晰。

（1）输出灰度云图，命令为：

Utility Menu→PlotCtrls→Redirect Plots→to PNG file→在选择框内的"Force White BG and Black FG"栏→点击小框，切换为"On"→把 Pixle resolution 换成 1200→OK

（2）将彩色云图转换为彩色等值线，屏幕画出彩色等值线图：

Utility Menu→PlotCtrls→Device option→Vector mode→点击小框，切换为"On"→OK

（3）输出灰度等值线图，命令为：

Utility Menu→PlotCtrls→Redirect Plots→to PNG file→在选择框内的"Vector Mode（wireframe）"栏→点击小框，切换为"On"→在选择框内的"Force White BG and Black FG"栏→点击小框，切换为"On"→把 Pixle resolution 换成 1200→OK

（4）设置等值线参数。缺省情况下，ANSYS 从要显示的数据中自动选择最大值和最小值，并以 9 条等值线按均匀间隔显示数据的变化，但有时为观察方便，需要用户设置均匀等值线设置，命令为：

Utility Menu→PlotCtrls→Style→Contours→Uniform Contours，出现选项框，其中选项的意义如下。

1）NCONT。等值线数目，缺省情况为 9 条，可小于或等于 128 条，当为 128 条时，等值线就成了连续光滑的阴影效果。

2）VMIN。等值线的最小值。如 VMIN＝AUTO，则根据 NCONT 自动在最小值和最大范围内计算等值线的值；如 VMIN＝USER，则采用上一次的值。

3）VINC。等值线间的增量，缺省为（VMAX-VMIN）／NCONT。

4）VMAX。等值线的最大值，如果指定了 VMIN 和 VINC 则此值将被忽略。

（5）设置等值线的文字标注：

Utility Menu→PlotCtrls→Style→Contours→Contour Labeling，出现选项框，其中选项的意义如下。

1）WN。为输出窗口数，缺省值为 1。

2）KEY。为文字标注控制参数。KEY＝0 或 1（缺省），则采用文字或颜色标注等值线，且有图例标注；KEY＝-1，不进行文字标注且无图例，但用颜色标识；KEY＝N，则每隔 N 个单元显示其文字注解。

（6）对等值线中的等值线符号的疏密进行调整：

Utility Menu→PlotCtrls→Style→Contours→Contours Labeling→出现选项框，在 Key Vector mode contour label 中选中 on every Nth elem，然后在 N＝输入框中填入合适的数值，其值越大，图中的 label 越少，调整直到疏密合适。

（7）消去输出的等值线图上的字母：

Utility Menu→PlotCtrl→Style→Contours→Contour Labeling→将 KEY 设置为 Off。但是屏幕上云图的图标也消失。

（8）消去屏幕上不需要的字母，可以用：

Utility Menu→Plotctrls→Window Controls→Window Options→将框内各种不需要的输出字母后的框改为 Off 就可以了。

（9）设置变形放大系数：

Utility Menu→PlotCtrls→Style→Displacement Scaling，出现选项框，其中选项的意义是：DMULT 为变形放大系数。当采用缺省的 AUTO 或 0 时，自动缩放位移，其最大位移值以 5% 的模型最大长度进行显示；当 DMULT = 1 时，不对位移进行缩放；当 DMULT = FACTOR（数值），则通过该 FACTOR 值缩放；当 DMULT = OFF 时，则删除位移缩放；当 DMULT = USER 时，则采用用户设置值。

（10）文字大小可以通过修改命令：

Utility Menu→PlotCtrls→Font Controls

图中具体的文字大小效果需要测试。

（11）抓图：

Utility Menu→PlotCtrls→Capture Image

2.12　区分分析类型原则

区分分析类型原则如下。

（1）如果在相对较长时间内载荷是一个常数，则选择静力分析否则为动态分析。

（2）如果激励频率小于结构最低阶固有频率的 1/3，则可以进行静力分析。

（3）线性分析是假设忽略载荷对结构刚度变化的影响。典型特征是小变形，弹性范围内的应变和应力，无诸如两物体接触或分离时的刚度突变等，即应力及应变为线性变化。

（4）如加载引起结构刚度的显著变化必须进行非线性分析，典型因素有应变超过弹性范围（塑性）、大变形、两体间接触等。

❧❧❧

本 章 小 结

ANSYS 有两种模式：一种是交互菜单模式；另一种是非交互模式。进入 ANSYS 系统后会有六个窗口，提供使用者与软件之间的交流。其中，最常用的窗口是：

（1）应用命令菜单（Utility Menu），它包含各种应用命令，如文件控制（File）、对象选择（Select）、资料列表（List）、图形显示（Plot）、图形控制（PlotCtrls）、工作界面设定（WorkPlane）等；

（2）主菜单（Main Menu），它包含分析过程的主要命令，如建立模块、施加荷载和边界条件、分析类型的选择、求解过程控制等。

ANSYS 解题的基本内容（流程顺序可换）：

（1）运行前处理器，包括选定工作的学科领域、选择单元类型、选定材料属性、几何建模、网格划分；

（2）运行求解处理器，包括载荷条件设置、边界条件设置、求解类型与参数设置、求解；

（3）运行后处理器，包括画位移、应力、温度等信息的云图，以及画变量与时间相关曲线。

复习思考题

2-1 ANSYS 软件有哪些功能模块，在 GUI 方式下的六个窗口有何功能和特点？

2-2 ANSYS 系统中，是否提供给使用者编辑回退（Undo）功能，在图形界面操作 ANSYS 应注意哪些事项？

2-3 采用有限元方法解题，通常有哪些基本内容？

2-4 对于结构受力分析问题，应当如何把握单元网格疏密？

2-5 对于已经划分二维实体单元网格的面积图元，采用 Copy 命令对面积图元进行复制后，单元网格是否也随之进行复制或映射？

2-6 对于一个立方体，采用 reflect 命令，选择 YZ 平面为镜像面进行反射后，形成两个贴合立方体，两个立方体在公共边界上是什么关系（布尔 Add、布尔 Glue、布尔 Overlap 或没有关系）？

2-7 进行平移工作平面的平移时，某方向的平移值是指沿整体 x、y、z 坐标系的值还是指沿工作平面 Wx、Wy、Wz 坐标系的值？

2-8 在一个钢质圆筒的侧壁加焊一个铜质手把，ANSYS 建模时，需要执行布尔 Add 运算命令。这种说法对吗？

2-9 用工作平面对体积图元进行切割（Devide）操作后，切割后形成的两个体积图元在其界面上是否具有类似黏结（Glue）的连接关系？

2-10 如果要模拟在一杯溶液中放入一块金属，当溶液和金属块已经完成建模后，用一条什么布尔运算命令能最简洁地实现以上物体的几何位置相容要求？

2-11 在题 2-10 中，当溶液和金属块已经完成网格划分后，如果要选择金属块某个表面上的所有结点进行操作，使用 ANSYS 的什么命令最简洁方便？

2-12 只要建模时采用了柱坐标，在 General Postproc 模块中，可以直接以柱坐标方式显示圆环内的计算结果。这种说法对吗？

2-13 建好一个由四根立柱，四根横梁的框架后，利用 Copy 命令将其复制成一座高 10 层的结构模型后，用梁单元划分网格。在结构模型的底部施加固定约束、在顶部施加合理的水平力后开始计算。然后系统出现报错信息：在水平方向产生了太大位移。请分析错误发生的原因。

2-14 在 ANSYS 中，常用两种抓图方法：

（1）Utility Menu→PlotCtrls→Capture Image；

（2）Utility Menu→PlotCtrls→Hard Copy。

2-15 试比较输出图形的差异，并与"2.11.4 ANSYS 输出图片处理"介绍的方法比较。

上机作业练习

2-1 利用三个关键点 1（0，0，0），2（50，90，0），3（0，180，0）形成一段小于 180° 的弧线。操作步骤：

Main Menu→Preprocessor→Modeling→Create→Key points→In Active CS→依次输入三个关键点的坐标：1（0，0，0）→Apply→2（50，90，0）→Apply→3（0，180，0）→OK

Main Menu→Preprocessor→Modeling→Create→Lines→Arcs→Through 3 KPs→依次拾取：关键点 1→关键点 3→关键点 2→OK（ANSYS 要求拾取关键点的顺序为：起点、终点、中间点）

参考图请扫二维码。

题 2-1 参考图

2-2 建立一条直线作为引导线，将题 2-1 中的小段弧线拖拉生成一片圆弧形曲面。操作步骤：

　　Main Menu→Preprocessor→Modeling→Create→Key points→In Active CS→关键点 4 的坐标：4（0，0，100）→OK

　　Main Menu→Preprocessor→Modeling→Create→Lines→Straight line→依次拾取：关键点 1→关键点 4→OK（形成一条直线）

　　Main Menu→Preprocessor→Modeling→Operate→Extrude→Lines→Along Lines→拾取小段弧线→Apply→拾取直线→OK（形成一片圆弧形曲面）

参考图请扫二维码。

题 2-2 参考图

2-3 在圆柱坐标系下，移动上述圆弧形曲面 60°，共 6 次，观察结果图形。操作步骤如下。

（1）将当前激活的直角坐标系转为柱坐标系。

　　Utility Menu→WorkPlane→Change Active CS to→Global Cylinderical（注：窗口下方显示 Csys = 1，Secn = 1 表示为：Cylindrical = 1）

（2）复制上述圆弧形曲面 60°，共 6 次。

　　Main Menu→Preprocessor→Modeling→Copy→Areas→拾取圆弧形曲面→OK→在选择框内，Number of Copies：6；X-offset in Active CS（现在是 R 方向）：Y-offset in Active CS（现在是 θ 方向）：60→OK

参考图请扫二维码。

题 2-3 参考图

2-4 将一空心圆球与一个同心的立方体进行 ANSYS 布尔相减、相交、相搭接运算，观察结果图形。空心圆球的内半径为 80 mm，外半径为 100 mm。立方体各边长相等，为 180 mm（注：为了避免与前面的数据冲突，先退出 ANSYS，然后再次进入 ANSYS）。操作步骤如下。

（1）Main Menu→Preprocessor→Modeling→Create→Volumes→Sphere→Hollow Sphere→在选择框内输入：Rad-1：100；Rad-2：80→OK

　　Main Menu→Preprocessor→Modeling→Create→Volumes→Block→By Dimensions→在选择框内：X1，X2 X-coordinates：－90，90；Y1，Y2 Y-coordinates：－90，90；Z1，Z2 Z-coordinates：－90，90→OK

（2）为了重复使用数据，先保存数据，起名 v2. DBF。

　　Utility Menu→File→Save as→v2→OK

（3）进行 ANSYS 布尔相减运算。

　　Main Menu→Preprocessor→Modeling→Operate→Booleans→Subtract→Volumes→拾取空心圆球→Apply→拾取立方体→OK（提示：如果不容易拾取空心圆球和拾取立方体，可以在拾取框内填体号。空心圆球先建为 1 号，立方体后建为 2 号）

（4）先读入预先保存的数据 v2. DBF。

　　Utility Menu→File→Resume from→v2→OK

（5）进行 ANSYS 布尔相交运算。

　　Main Menu→Preprocessor→Modeling→Operate→Booleans→Intersect→Common→Volumes→Pick All

（6）先读入预先保存的数据 v2. DBF。

　　Utility Menu→File→Resume from→v2→OK

（7）进行 ANSYS 布尔相搭接运算。

　　Main Menu→Preprocessor→Modeling→Operate→Booleans→Overlap→Volumes→Pick All

（8）为了清楚观察结果，可以重画体积。

　　Utility Menu→Plot→Volumes

参考图请扫二维码。

题 2-4 参考图

2-5 将一个有 4 根立柱、4 根横梁的结构物复制生成一座 x 方向 3 排、y 方向 5 排、高 10 层的结构物。设立柱高度 2 m，短横梁（x 方向）的长度 1.5 m，长横梁（y 方向）的长度 1.8 m。先设计 8 个关键点的关键点号和坐标值：1（0，0，0），2（1.5，0，0），3（1.5，0，2），4（0，0，2），5（0，1.8，0），6（1.5，1.8，0），7（1.5，1.8，2），8（0，1.8，2）（注：为了避免与前面的数据冲突，先退出 ANSYS，然后再次进入 ANSYS）。操作步骤如下。

（1）Main Menu→Preprocessor→Modeling→Create→Key points→In Active CS→依次输入 8 个关键点的关键点号和坐标值，每个点输入后→Apply，最后→OK

（2）连接形成 8 条直线。

　　Main Menu→Preprocessor→Modeling→Create→Lines→Straight line→依次拾取：关键点 1 与关键点 4；关键点 2 与关键点 3；关键点 5 与关键点 8；关键点 6 与关键点 7；关键点 3 与关键点 4；关键点 7 与关键点 8；关键点 4 与关键点 8；关键点 3 与关键点 7→OK

（3）复制以上框架，沿 x 方向的增量为 1.5，共 3 次。

　　Main Menu→Preprocessor→Modeling→Copy→Lines→Pick All→在选择框内，Number of Copies：3；X-offset in Active CS：1.5（其他为空）→OK

（4）复制以上已经复制的框架，沿 y 方向的增量为 1.8，共 5 次。

　　Main Menu→Preprocessor→Modeling→Copy→Lines→Pick All→在选择框内，Number of Copies：5；X-offset in Active CS：1.8（其他为空）→OK

（5）复制以上已经复制的框架，沿 z 方向的增量为 2，共 10 次。

　　Main Menu→Preprocessor→Modeling→Copy→Lines→Pick All→在选择框内，Number of Copies：10；Z-offset in Active CS：2（其他为空）→OK

（6）点击模型控制工具条最后一个"自由按钮"，进入动态模型模式，按住鼠标右键图形随手腕的旋动而作三维旋转已经复制的框架。

（7）压缩模型元素的编号。

　　Main Menu→Preprocessor→Numbering Ctrls→弹出 Compress Numbers 对话框。在对话框中的下拉框中选择选项 All→OK，所有元素的序号进行压缩并关闭对话框。

参考图请扫二维码。

题 2-5 参考图

2-6 利用反射命令，生成一个"人"字形的帐篷，帐篷高 2 m，宽 1.6 m，长 4 m。帐篷面设计为平面（注：为了避免与前面的数据冲突，先退出 ANSYS，然后再次进入 ANSYS）。操作步骤如下。

（1）先设计 4 个关键点的关键点号和坐标值：1（0.8，0，0），2（0，2，0），3（0.8，0，4），4（0，2，4）。

　　Main Menu→Preprocessor→Modeling→Create→Key points→In Active CS→依次输入 4 个关键点的关键点号和坐标值，每个点输入后→Apply，最后→OK

（2）连接 4 个关键点形成面。

　　Main Menu→Preprocessor→Modeling→Create→Areas→Arbtriary→Throuht KPs→依次拾取：关键点 1 与关键点 3 与关键点 4 与关键点 2→OK

（3）利用反射命令，反射面是 YZ 平面。

　　Main Menu→Preprocessor→Modeling→Reflect→Areas→Pick All→在选择框内，Plane of symmetry 选中 YZ plane 框→OK

参考图请扫二维码。

题 2-6 参考图

2-7 利用倒角和拖拉命令，生成一个 U 形旋转容器。容器底面半径 50 mm，顶面半径 60 mm，容器高度 100 mm（为了避免与前面的数据冲突，先退出 ANSYS，然后再次进入 ANSYS）。操作步骤如下。

（1）先设计 4 个关键点的关键点号和坐标值：1（0，0，0），2（50，0，0），3（60，100，0），4（0，100，0）。

Main Menu→Preprocessor→Modeling→Create→Key points→In Active CS→依次输入 4 个关键点的关键点号和坐标值，每个点输入后→Apply，最后→OK

（2）连接形成两条直线。

Main Menu→Preprocessor→Modeling→Create→Lines→Straight line→依次拾取：关键点 1 与关键点 2；关键点 2 与关键点 3→OK

（3）在两条直线之间倒角。

Main Menu→Preprocessor→Modeling→Create→Lines→Lines Fillet→依次拾取两条直线→OK→在选择框内第一栏显示：NL1，NL2，Intersection Lines：1，2；在选择框第二栏 Fillet radius 框内输入：10→OK

Main Menu→Preprocessor→Modeling→Operate→Extrude→Lines→About Axis→拾取带有倒角的三条线→Apply→拾取关键点 1 与关键点 4→在选择框栏 Arc length in degrees 框内输入：360→OK

参考图请扫二维码。

题 2-7 参考图

2-8　自下向上实体建模建立连杆模型，尺寸如图 2-10 所示，长度单位为 m。连杆的厚度为 0.15 m。

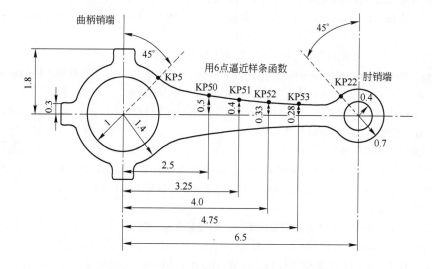

图 2-10　题 2-8 连杆模型图（单位：m）

使用 ANSYS 的操作步骤如下。

（1）Main Menu→Preference→选中 Structural→OK，指定分析范畴为结构分析。

（2）Utility Menu→File→Change Jobname，输入文件名 c-rod。

（3）定义单元类型为 10 结点四面体实体结构单元 SOLID187。

Main Menu→Preprocessor→Element Type→Add/Edit/Delete ...→Add→Solid→Tet 10Node 187→OK→Close

（4）定义材料特性。

Main Menu→Preprocessor→Material Props→Material Models→Structural→Linear→Elastic→Isotropic→input EX：200e9，PRXY：0.3→OK

（5）创建两个圆面。

Main Menu→Preprocessor→Modeling-Create→Areas→Circle→By Dimensions ...→Rad1 = 1.4；Rad2 = 1；Theta1 = 0；Theta2 = 180→Apply→然后设置 THETA1 = 45→OK

（6）打开面编号。

　　　Utility Menu→PlotCtrls→Numbering . . .→设置 AREA：on→OK

（7）创建两个矩形面。

　　　Main Menu→Preprocessor→Modeling-Create→Areas-Rectangle→By Dimensions . . .→X1 = -0.3，X2 = 0.3，Y1 = 1.2，Y2 = 1.8→Apply→X1 = -1.8，X2 = -1.2，Y1 = 0，Y2 = 0.3→OK

（8）偏移工作平面到给定位置：X=6.5。

　　　Utility Menu→WorkPlane→Offset WP to→XYZ Locations +在输入窗口输入6.5，0，0→OK

（9）将激活的坐标系设置为工作平面坐标系。

　　　Utility Menu→WorkPlane→Change Active CS to→Working Plane

（10）创建另两个圆面。

　　　Main Menu→Preprocessor→Modeling-Create→Areas-Circle→By Dimensions . . .→RAD1 = 0.7；RAD2 = 0.4；THETA1 = 0；THETA2 = 180→Apply→第二个圆 THETA2 = 135→OK

（11）对面组分别执行布尔相搭接运算。

　　　Main Menu→Preprocessor→Modeling-Operate→Booleans-Overlap→Areas→首先选择左侧面组（可以通过拉框选择）→Apply→然后选择右侧面组，单击→OK

（12）将激活的坐标系设置为总体笛卡尔坐标系。

　　　Utility Menu→WorkPlane→Change Active CS to→Global Cartesian

（13）定义4个新的关键点（注意：已经存在若干关键点，假定新关键点序号从50开始）。

　　　Main Menu→Preprocessor→Modeling→Create→Keypoints→In Active CS . . .→第一个关键点50，X=2.5，Y=0.5→Apply→第二个关键点51，X=3.25，Y=0.4→Apply→第三个关键点52，Y=0.33→Apply→第四个关键点53，X=4.75，Y=0.28→OK

（14）将激活的坐标系设置为总体柱坐标系。

　　　Utility Menu→WorkPlane→Change Active CS to→Global Cylindrical

（15）通过一系列关键点创建曲线。

　　　Main Menu→Preprocessor→Modeling→Create→Lines→Splines→With Options→Spline thru KPs→按顺序拾取6个关键点：KP5、KP50、KP51、KP52、KP53、KP22→OK→设置：XV1 = 1；YV1 = 135；XV6 = 1；YV6 = 45→OK（由6个取样关键点拟合形成一条曲线，在圆柱坐标系下，YV1 表示起始点的切线方向角度，YV2 表示结束点的切线方向角度）

（16）关闭面编号，打开关键点编号。

　　　Utility Menu→PlotCtrls→Numbering . . .→设置 AREA：off→设置 KP：on→OK

（17）在图中关键点1和18之间创建直线。

　　　Main Menu→Preprocessor→Modeling-Create→Lines→Lines→Straight Line→拾取的两个关键点1和18→OK

保存到 c-rod-lines. dbf 备用：Utility Menu→File→Save as→c-rod-lines→OK

（18）连线成面。

　　　Main Menu→Preprocessor→Modeling→Create→Areas→Arbitrary→By lines→顺序拾取模型的所有外边线→OK

（19）由面拉伸成体。

　　　Main Menu→Preprocessor→Modeling→Operate→Extrude→Areas→By XYZ Offset→Pick all→Z 偏移量：DZ=0.15→OK

（20）关闭 Working Plane 的坐标显示。

　　　Utility Menu→WorkPlane→点击 Display Working Plane 使 Working Plane 的坐标显示消失

（21）将激活的坐标系设置为总体笛卡尔坐标系。

Utility Menu→WorkPlane→Change Active CS to→Global Cartesian

（22）沿坐标 *XZ* 平面镜像反射生成整个模型。

Main Menu→Preprocessor→Modeling→Reflect→Volumes→Pick All→拾取 "X-Z plane"→OK

（23）黏结所有体。

Main Menu→Preprocessor→Modeling→Operate→Booleans→Glue→Volumes→Pick All

（24）为了下次使用这些数据，保存到 c-rod-volume. db。

Utility Menu→File→Save as→c-rod-volume→OK

参考图请扫二维码。

题 2-8 参考图

2-9　复杂 3D 实体建模。

问题描述：训练创建实体的方法，将工作平面平移及旋转，布尔运算（相减、黏结、搭接等），模型体素的合并。轴承系统装配及建模过程如图 2-11 所示。

图 2-11　轴承系统装配及建模过程

使用 ANSYS 的操作步骤如下。

（1）指定分析范畴为结构分析。

Main Menu→Preference→选中 Structural→OK

（2）设置文件名。

Utility Menu→File→Change Jobname，输入 "Bear base"

（3）创建基座模型。

1）生成长方体。

Main Menu→Preprocessor→Create→Block→By Dimensions→输入 X1=0，X2=3，Y1=0，Y2=1，Z1=0，Z2=3→OK

2）平移并旋转工作平面。

Utility Menu→WorkPlane→Offset WP by Increments→X，Y，Z Offsets 输入 2.25，1.25，0.75→Apply→XY，YZ，ZX Angles 输入 0，-90，0→OK

3）创建圆柱体。

Main Menu→Preprocessor→Create→Cylinder→Solid Cylinder→Radius 输入 0.75/2，Depth 输入：-1.5→OK

4）拷贝生成另一个圆柱体。

Main Menu→Preprocessor→Copy→Volume 拾取圆柱体，点击 Apply，DZ 输入 1.5，然后点击 OK

5）从长方体中减去两个圆柱体。

Main Menu→Preprocessor→Operate→Booleans→Subtract→Volumes→首先拾取被减的长方体→点击 Apply→然后拾取减去的两个圆柱体→OK

6）使工作平面与总体笛卡尔坐标系一致。

　　Utility Menu→WorkPlane→Align WP with→Global Cartesian

7）创建支撑部分。

①显示工作平面。

　　Utility Menu→WorkPlane→Display Working Plane

②建立立方体。

　　Main Menu→Preprocessor→Modeling→Create→Volumes→Block→By 2 corners & Z

在创建实体块的参数表中输入下列数值：

　　WP X＝0，WP Y＝1，Width＝1.5，Height＝1.75，Depth＝0.75→OK Toolbar：SAVE_DB

8）偏移工作平面到轴瓦支架的前表面。

　　Utility Menu→WorkPlane→Offset WP to→Keypoints＋→在刚创建的实体块的左上角拾取关键点→OK

9）创建轴瓦支架的上部。

　　Main Menu→Preprocessor→Modeling→Create→Volumes→Cylinder→Partial Cylinder

在创建圆柱的参数表中输入下列参数：

　　WP X－0，WP Y＝0，Rad1＝0，Theta1＝0，Rad2－1.5，Theta2＝90，Depth＝－0.75→OK

10）在轴承孔的位置创建圆柱体为布尔操作生成轴孔做准备。

　　Main Menu→Preprocessor→Modeling→Create→Volume→Cylinder→Solid Cylinder→输入下列参数：

WP X＝0，WP Y＝0，Radius＝1，Depth＝－0.1875→Apply（形成一个圆盘体）→接着输入：WP X＝0，WP Y＝0，Radius＝0.85，Depth＝－2→OK（形成一个圆柱体）

11）从轴瓦支架"减"去圆柱体形成轴孔。

　　Main Menu→Preprocessor→Modeling→Operate→Subtract→Volumes，然后执行下列步骤：

①拾取构成轴瓦支架的两个体，作为布尔"减"操作的母体→Apply；

②拾取圆盘体作为"减"去的对象→Apply；

③拾取步骤①中的两个体→Apply；

④拾取圆柱体→OK；

⑤保存数据，Toolbar：SAVE_DB。

（4）合并重合的关键点。

　　Main Menu→Preprocessor→Numbering Ctrls→Merge Items→将 Label 设置为"Keypoints"→OK

（5）在底座的上部前面边缘线的中点建立一个关键点。

　　Main Menu→Preprocessor→Modeling→Create→Keypoints→KP between KPs→拾取如图 2-12 所示的两个关键点→OK→RATI＝0.5→OK

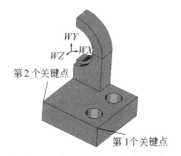

图 2-12　轴承座选两个关键点

（6）创建一个三角面并形成三棱柱。

Main Menu→Preprocessor→Modeling→Create→Areas→Arbitrary→Through KPs→如图 2-13 所示，拾取轴承孔座与整个基座的交点→Apply→拾取轴承孔上下两个体的交点→Apply→拾取基座上，在上步建立的关键点→OK，完成了三角形侧面的建模。

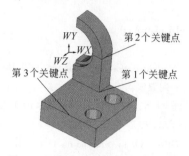

图 2-13　轴承座选取的三个关键点

（7）沿面的法向拖拉三角面形成一个三棱柱。

Main Menu→Preprocessor→Modeling Operate→Extrude→Areas→Along Normal→拾取三角面→OK→输入 DIST=−0.15→OK

（8）保存数据。

Toolbar：SAVE_DB

（9）关闭显示工作平面。

Utility Menu→WorkPlane→Display Working Plane

（10）沿坐标平面镜射生成整个模型。

Main Menu→Preprocessor→Modeling→Reflect→Volumes→Pick All→拾取 Y-Z plane→OK

（11）黏结所有体。

Main Menu→Preprocessor→Modeling→Operate→Booleans→Glue→Volumes，拾取 All

（12）合并重合的关键点。

Main Menu→Preprocessor→Numbering Ctrls→Merge Items→将 Label 设置为"All"→OK

（13）压缩重合的关键点、线、面号。

Main Menu→Preprocessor→Numbering Ctrls→Compress Numbers→选 All→OK

（14）为了下次使用这些数据，保存到 Bear base. db。

Utility Menu→File→Save as→Bear base. db→OK

（15）退出系统。

2-10　参数化程序设计语言 APDL 类似于高级编程语言，由多种命令组成。其中，有参数、数组表达式、函数、循环与分支、重复执行命令和注释语句等，也可以通过表达式的结果或参数的方式进行赋值。以下是 APDL 文本文件 ellipse. inp 的内容。将此文件调入 ANSYS：

Utility Menu→Files→Read Input from…（从 ellipse. inp 所在路径读入此文件）

看看得到什么结果（其中:! 后为注释内容，必须在西文方式下输入字符"!"。文件中有几条命令并未加注释，请点开 ANSYS 的 help 或者上网查阅这些命令的意义）。

```
finish
/clear
! 蒙皮技术创建椭圆抛物面
/filename, ellipse. inp
```

```
/title，蒙皮技术创建椭圆抛物面
A2＝9              ！变量 A2 存椭圆的短半轴长度平方
B2＝16             ！变量 B2 存椭圆的长半轴长度平方
!
/COM，Structural     ！选结构分析
/PREP7              ！进入前处理器
! 定义单元类型
ET，1，SHELL181      ！4 结点 181 壳单元
! 定义材料属性
mp，ex，1，3.25e10    ！第一号材料的弹性模量 E＝3.25e10
mp，prxy，1，0.3      ！第一号材料的弹性模量泊松比 ν＝0.3
mp，dens，1，2700     ！第一号材料的密度 den＝2700
! 开始外层循环
＊do，i，1，20
  x＝i－10
  ksel，none
! 开始内层循环
    ＊do，j，1，20
    y＝j－10
    z＝x＊x/A2＋y＊y/B2   ！椭圆抛物面方程为：z＝x^2/A2＋y^2/B2
    k，x，y，z
    ＊enddo
! 内层循环结束
  bsplin，all
＊enddo
! 外层循环结束
allsel，all
cm，linecomp，line
! 蒙皮创建曲面
askin，linecomp
```

参考图请扫二维码。

题 2-10 参考图

3 弹性力学平面实体的有限单元法

本章学习要点

　　本章主要介绍了弹性力学平面问题的基本方程及其应力、应变、位移和载荷的基本知识。讨论了平面应力和平面应变问题的几何形状与受力特点，以及形函数的特点和采用虚功原理形成单元刚度矩阵的基本原理。要求掌握总刚度矩阵的基本性质、载荷等效移植、边界条件的处理方法等基本概念；了解单元组装过程及各种常用的平面单元的特点；熟悉有限元解的收敛性的条件。

思政课堂

北京大兴国际机场

　　北京大兴国际机场，位于北京市大兴区榆垡镇、礼贤镇和河北省廊坊市广阳区之间，北距天安门 46 km、南距雄安新区 55 km，为 4F 级国际机场、世界级航空枢纽、国家发展新动力源。2014 年 12 月 26 日，北京新机场项目开工建设；2018 年 9 月 14 日，北京新机场项目定名"北京大兴国际机场"；2019 年 9 月 25 日，北京大兴国际机场正式通航；2019 年 10 月 27 日，北京大兴国际机场航空口岸正式对外开放，实行外国人 144 h 过境免签、24 h 过境免办边检手续政策。

　　北京大兴国际机场航站楼工程是机场建设的核心工程，无论是工程的规模体量，还是技术的复杂程度，均为国际类似工程之最。它是目前世界最大的单体航站楼，世界最大的单体减隔震建筑，世界首座实现高铁下穿的机场航站楼，世界首座三层出发双层到达、实现便捷"三进两出"的航站楼。航站楼核心区是这项超级工程中结构最复杂、功能最强大、施工难度最大的部位。北京大兴国际机场航站楼采用了全新的功能布局和流程设计，采用集中式构型规划组织旅客人流，建筑设计上采用了超大平面布置，主航站楼首层混凝土楼板尺寸达 565 m×437 m，近似于方形，面积约 16 万平方米。主航站楼建筑面积为 60 万平方米，地下二层、地上四层（局部五层），屋盖投影面积达 18 万平方米，屋面最高点标高为 50.9 m，室内呈超大平面、超大空间的建筑特点。

　　在北京大兴国际机场航站楼建设中，面对史无前例的建造难题，建设团队通过技术创新，解决了超大平面混凝土结构施工关键技术、超大平面层间隔震综合技术、超大平面复杂空间曲面钢网格结构屋盖施工技术、超大平面不规则曲面双层节能型金属屋面施工技术、超大平面航站楼屋盖大吊顶装修施工关键技术、超大型多功能航站楼机电工程综合安装技术等难题，为解决机场建设的世界级难题交上了完美的"中国方案"，取得了举世瞩目的施工成果。北京大兴国际机场建成后，取得了诸多荣誉，并被英国卫报誉为"新世界七大奇迹之首"。

北京大兴国际机场的机场跑道在国内首次采用"全向型"布局，在航空器地面引导、低能见度条件运行等多方面运用世界领先航行新技术，确保了运行效率和品质。机场在全球枢纽机场中首次实现了场内通用车辆100%新能源，是我国国内可再生能源利用率最高的机场。北京大兴国际机场在建设过程中广泛应用了有限元分析方法，设计人员使用有限元分析方法对机场的建筑结构进行了分析，确定了结构的受力情况和变形情况，为机场建筑的安全和稳定提供了保障；使用有限元分析方法对机场的地基基础进行了分析，确定了地基承载力和变形情况，为机场建设提供了可靠的基础数据；使用有限元分析方法对机场周边的风场进行了分析，确定了机场的风险等级和安全措施，为机场的安全运营提供了保障。

北京首都国际机场3号航站楼为奥运而生，寓意"东方巨龙"的庞然大物通航之后，就承载着重大的历史使命。而北京大兴国际机场在设计上考虑到了北京首都国际机场的设计理念，融合了中国的设计元素，勾出了"浴火凤凰"的设计理念，形成了"龙凤配"。北京大兴国际机场是新时期党中央和国务院共同决策的国家重大标志性工程，是国家发展的新动力源，它将引领中国民航机场建设的新发展方向。

3.1 弹性力学平面问题的基本方程

弹性力学也称为弹性理论，是从1678年胡克发表胡克定律开始逐渐发展的。它主要研究弹性体在外力或温度变化等因素作用下所产生的应力、应变和位移，从而为工程结构或构件的强度、刚度设计提供理论依据。弹性力学是基于微分单元体的平衡条件建立控制微分方程组，把复杂形状弹性体的受力和变形分析问题归结为偏微分方程组的边值问题。弹性力学的基本方程式包括平衡方程、几何方程、物理方程。弹性力学要求所研究的材料满足：（1）线弹性；（2）均匀连续；（3）小变形。

3.1.1 弹性力学基础

弹性力学理论内容十分丰富，但其理论都是建立在以下五个基本假设的基础上。

（1）连续性假设：认为整个物体的内部是充满物质的，其中没有间隙。这样，物体内的应力、应变和位移分布都是连续的，是坐标的连续函数。

（2）均匀性假设：整个物体是由同一种材料组成的，各个部分具有相同的物理性质。

（3）各向同性假设：物体的力学性能沿各个方向都是相同的，弹性模量、泊松比等均不随方向改变而变化。

（4）完全弹性假设：当使弹性体发生变形的外力去掉后，物体能恢复到变形前的状态，而且没有任何残余变形，同时材料符合胡克定律。

（5）微小变形假设：物体受力后，其变形和各点位移远远小于物体的原有几何尺寸。

上面五个基本假设给弹性力学的理论研究带来便利，并且误差不大，例如均匀性假设，可以实现任取弹性体的一小部分进行研究，建立微分关系式，并将关系式扩展到整个变形体；微小变形假设，可以实现在物体变形后建立平衡方程时，使用原来的几何尺寸，而不考虑构件尺寸的变化，这样可以忽略一些线性项，使得方程成为线性方程。

弹性理论包括许多的基本概念，这些基本概念是理论的基石，因此在介绍弹性理论前，有必要先向读者介绍一些基本的概念，为以后的学习做好铺垫。

3.1.2　基本变量

弹性力学中的基本变量为体力、面力、应力、位移、应变，各自的定义如下。

（1）体力。体力是分布在物体体积内的力，如重力和惯性力。沿直角坐标轴的体力分量可以表示为 x、y、z。

（2）面力。面力是分布在物体表面上的力，例如接触压力、流体压力。沿直角坐标轴的面力分量可以表示为 $\bar{x}$、$\bar{y}$、$\bar{z}$。

（3）应力。物体在外力作用下，内部各质点之间产生相互作用的力称为内力。这与以往学过的刚体力学中的力有所不同。一个刚体受力后，整体发生位移，刚体各个质点的位移都一样，因此质点之间没有相互作用力，这好比大家排成队列，按同一步幅前进，人和人之间没有相互挤压一样。但是，如果每个人的步幅不一样，人与人之间就要发生磕碰，如此一来便产生了内力。像这样的单位面积的内力被定义为应力。

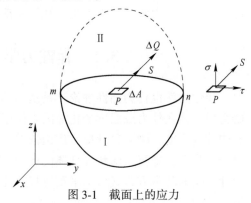

如图 3-1 所示，将物体假想用一个截面 mn 截开，研究下半部分的平衡。根据力的平衡原则，为与外力平衡，在截面 mn 上必然作用有内力。在 mn 截面上取包含 P 点的微小面积 ΔA，作用于 ΔA 面积上的内力为 ΔQ。

令 ΔA 无限减小且趋于 P 点时，ΔQ 的极限 S 就是物体在 P 点的应力，即：

$$\lim_{\Delta A \to 0} \frac{\Delta Q}{\Delta A} = S$$

图 3-1　截面上的应力

应力 S 在其作用截面上的法向分量称为正应力，用 σ 表示；在其作用截面上的切向分量称为剪应力，用 τ 表示。

显然，点 P 在不同截面上的应力是不同的。为分析点 P 的应力状态，即通过 P 点的各个截面上应力的大小和方向，在 P 点取出的一个平行六面体，六面体的各棱边平行于坐标轴，如图 3-2 所示。

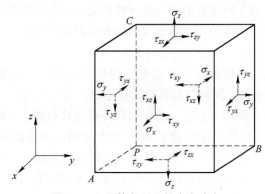

图 3-2　六面体各面上的应力分布

将每个面上的应力分解为一个正应力和两个剪应力，分别与三个坐标轴平行。用六面体表面的应力分量来表示 P 点的应力状态。应力分量的下标约定如下。

1）第一个下标表示应力的作用面，第二个下标表示应力的作用方向。如 τ_{xy}，第一个下标 x 表示剪应力作用在垂直于 x 轴的面上，第二个下标 y 表示剪应力指向 y 轴方向。

2）正应力由于作用表面与作用方向垂直，用一个下标。如 σ_x 表示正应力作用于垂直于 x 轴的面上，指向 x 轴方向。

应力分量的方向定义如下：

1）如果某截面上的外法线是沿坐标轴的正方向，这个截面上的应力分量以沿坐标轴正方向为正；

2）如果某截面上的外法线是沿坐标轴的负方向，这个截面上的应力分量以沿坐标轴负方向为正。

剪应力互等：$\tau_{xy} = \tau_{yx}$，$\tau_{yz} = \tau_{zy}$，$\tau_{zx} = \tau_{xz}$。

物体内任意一点的应力状态可以用六个独立的应力分量 σ_x、σ_y、σ_z、τ_{xy}、τ_{yz}、τ_{zx} 来表示。

（4）位移。位移就是位置的移动。物体内任意一点的位移，用位移在 x、y、z 坐标轴上的投影 u、v、w 表示。

（5）应变。物体的形状改变可以归结为长度和角度的改变。各线段的单位长度的伸缩称为正应变，用 ε 表示。两个垂直线段之间的直角的改变，用弧度表示，称为剪应变，用 γ 表示。物体内任意一点的变形，可以用 ε_x、ε_y、ε_z、γ_{xy}、γ_{yz}、γ_{zx} 六个应变分量表示。

3.1.3 平面应力和平面应变问题

弹性体在满足一定条件时，其变形和应力的分布规律可以用在某一平面内的变形和应力的分布规律来代替，这类问题称为平面问题。平面问题分为平面应力问题和平面应变问题。

3.1.3.1 平面应力问题

平面应力问题示意图如图 3-3 所示。

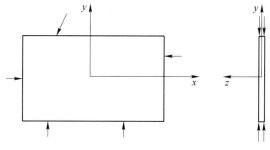

图 3-3 平面应力问题示意图

设有很薄的等厚薄板，只在板边上受到平行于板面并且不沿厚度变化的面力，体力也平行于板面且不沿厚度变化。设板的厚度为 t，在板面上：

$$\left(\sigma_z\right)_{z = \pm\frac{t}{2}} = 0, \qquad \left(\tau_{zx}\right)_{z = \pm\frac{t}{2}} = 0, \qquad \left(\tau_{zy}\right)_{z = \pm\frac{t}{2}} = 0$$

由于平板很薄，外力不沿厚度变化，因此在整块板上有：

$$\sigma_z = 0, \quad \tau_{zx} = 0, \quad \tau_{zy} = 0$$

剩下平行于 xy 平面的三个应力分量 σ_x、σ_y、τ_{xy} 未知。

3.1.3.2 平面应变问题

设有一很长的柱形体，支撑情况不沿长度变化，在柱面上受到平行于横截面而且不沿长度变化的面力，体力也如此分布。以柱体的任一横截面为 xy 平面，任一纵线为 z 轴。假定该柱体为无限长，则任一截面都可以看做对称面。由对称性可知：

$$\tau_{zx} = 0, \quad \tau_{zy} = 0, \quad w = 0$$

由于没有 z 方向的位移，z 方向的应变 $\varepsilon_z = 0$。

未知量为平行于 xy 平面的三个应力分量 σ_x、σ_y、τ_{xy}，物体在 z 方向处于自平衡状态。平面应变问题示意图如图 3-4 所示。

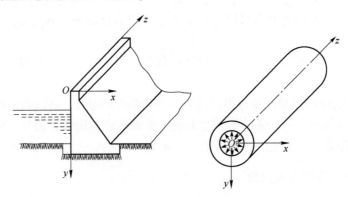

图 3-4 平面应变问题示意图

3.1.4 平衡方程

弹性力学中，在物体中取出一个微小单元体建立平衡方程。平衡方程代表了力的平衡关系，建立了应力分量和体力分量之间的关系。对于平面问题，在物体内的任意一点有：

$$\frac{\partial \sigma_x}{\partial x} + \frac{\partial \tau_{yx}}{\partial y} + X = 0$$

$$\frac{\partial \sigma_y}{\partial y} + \frac{\partial \tau_{xy}}{\partial x} + Y = 0 \qquad (3-1)$$

3.1.5 几何方程

由几何方程可以得到位移和变形之间的关系。对于平面问题，在物体内的任意一点有：

$$\varepsilon_x = \frac{\partial u}{\partial x}, \quad \varepsilon_y = \frac{\partial v}{\partial y}, \quad \gamma_{xy} = \frac{\partial u}{\partial y} + \frac{\partial v}{\partial x} \qquad (3-2)$$

当位移分量为零时，由位移 $u = 0$，$v = 0$ 可以得到应变分量为零。反过来，应变分量为零，则位移分量不一定为零。应变分量为零时的位移称为刚体位移。刚体位移代表了物体在平面内的移动和转动。

由
$$\frac{\partial u}{\partial x} = 0, \qquad \frac{\partial v}{\partial y} = 0, \qquad \frac{\partial u}{\partial y} + \frac{\partial v}{\partial x} = 0$$

通过积分，可以得到刚体位移为以下形式：

$$u = u_0 - \omega y$$
$$v = v_0 + \omega x$$

式中　u_0——物体在 x 方向上的刚体平移；

　　　v_0——物体在 y 方向上的刚体平移；

　　　ω——物体绕 z 轴的刚体转动。

3.1.6　物理方程

物理方程是一种本构方程（constitutive equation），它表示应力分量与应变分量之间的内在联系。对于各向同性材料，弹性力学问题的物理方程可用广义虎克定律表示。对于平面应力问题和平面应变问题，其形式并不相同，问题的解也不相同。

平面应力问题的物理方程：

$$\varepsilon_x = \frac{1}{E}(\sigma_x - \mu\sigma_y), \qquad \varepsilon_y = \frac{1}{E}(\sigma_y - \mu\sigma_x), \qquad \gamma_{xy} = \frac{2(1+\mu)}{E}\tau_{xy} \qquad (3\text{-}3)$$

平面应变问题的物理方程：

$$\varepsilon_x = \frac{1-\mu^2}{E}\left(\sigma_x - \frac{\mu}{1-\mu}\sigma_y\right), \qquad \varepsilon_y = \frac{1-\mu^2}{E}\left(\sigma_y - \frac{\mu}{1-\mu}\sigma_x\right)$$

$$\gamma_{xy} = \frac{2(1+\mu)}{E}\tau_{xy} \qquad (3\text{-}4)$$

在平面应力问题的物理方程中，将 E 替换为 $\dfrac{E}{1-\mu^2}$、μ 替换为 $\dfrac{\mu}{1-\mu}$，可以得到平面应变问题的物理方程；在平面应变问题的物理方程中，将 E 替换为 $\dfrac{E(1+2\mu)}{(1+\mu)^2}$、$\mu$ 替换为 $\dfrac{\mu}{1+\mu}$，可以得到平面应力问题的物理方程。

求解弹性力学平面问题，可以归结为在任意形状的平面区域 Ω 内已知控制微分方程、在位移边界 S_μ 上约束已知、在应力边界 S_σ 上受力条件已知的边值问题，如图3-5所示。然后以应力分量或位移为基本未知量求解。

如果以位移作为未知量求解，求出位移后，由几何方程可以计算出应变分量，得到物体的变形情况；再由物理方程计算出应力分量，得到物体的应力分布，就完成了对弹性力学平面问题的分析。

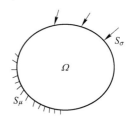

图 3-5　弹性力学问题中的位移边界 S_μ 与应力边界 S_σ 示意图

3.1.7 虚功原理

变形体的虚功原理的简明表述为：变形体中满足平衡
的力系在任意满足协调条件的变形状态上做的虚功等于零，即体系外力的虚功与内力的虚功之和等于零。

虚功原理是虚位移原理和虚应力原理的总称，其二者都可以被看作是与某些控制方程相等效的积分"弱"形式。虚位移原理是平衡方程和力的边界条件的等效积分"弱"形式；虚应力原理则是几何方程和位移边界条件的等效积分"弱"形式。

根据能量守恒原理，则有外力所做虚功 W_e，应该等于内力虚功，即 $W_e = W_i$。

如果不计微小的能量损耗，则外力虚功 W_e 全部转换为结构相应增加的结构变形能 U，即：

$$W_e = U$$

而内力所做的虚功也等于结构相应增加的结构变形能 U，即：

$$W_i = U$$

所以

$$W_e = W_i$$

这就是变形体的虚功原理。

根据 $W_e = \delta^{*T} F$ 和虚应变定义，得到：

$$\Delta U_i = \int_V \varepsilon^{*T} \sigma dV \tag{3-5}$$

（1）结构平衡的必要、充分条件。结构在外载荷作用下处于平衡状态则在结构上的力在任意虚位移上所做的虚功之和等于零，反之亦然。

（2）虚功原理一般表达式。由虚功原理得：$\Delta A_e + \Delta A_i = 0$，将 $A = \sum_{i=1}^{3}\sum_{j=1}^{3} \sigma_{ij}\varepsilon_{ij}$、$\Delta U_i = -W_i$ 以及式（3-5）代入得到：

$$\int_V \varepsilon^{*T} \sigma dV = \delta^{*T} F \tag{3-6}$$

式（3-6）即为虚功原理的一般表示式，它通过虚位移和虚应变表明了外力与应力之间的关系，该公式是得到解决各种实际问题的有限元公式的基础，处于根部的地位，其他则可以看作是支干的作用，虚功原理也是最基本的能量原理，它是用功能的概念阐述结构的平衡条件。值得说明的是，虚功原理、加权残值法都可以起到根基作用，这里以虚功原理作为根基作用。

虚功原理的应用条件为：

（1）力系在变形过程中始终保持平衡；

（2）变形是连续的，不出现搭接和裂缝；

（3）虚功原理既适合手变形体，也适合于刚体。

3.2 单元分类

有限元一般分为连续介质实体单元和结构单元。

3.2.1 实体单元形状

一维实体单元（通常是表面单元）：一般为二结点与三结点单元，如图 3-6 所示。结构分析时，每个结点有位移自由度，数量由单元性质决定。

二维实体单元：一般为三角形与四边形单元，如图 3-7 所示。结构分析时，每个结点有两个位移自由度。

图 3-6　一维实体单元示意图

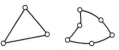

图 3-7　二维实体单元示意图

三维实体单元：一般为四面体、五面体与六面体单元，如图 3-8 所示。结构分析时，每个结点有三个位移自由度。

3.2.2　结构单元形状

杆单元：为二结点的直线单元，如图 3-9 所示。结构分析时，空间杆单元每个结点有三个位移自由度。

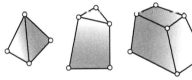

图 3-8　三维实体单元示意图

图 3-9　杆单元示意图

梁单元：为二结点或三结点的曲线单元，如图 3-10 所示。结构分析时，每个结点有三个线位移自由度和三个角位移自由度。

壳单元：为四结点或八结点的空间曲面单元，如图 3-11 所示。结构分析时，每个结点有三个线位移自由度和三个角位移自由度。此外，还有薄壳单元、厚壳单元以及分层壳单元等多种形式。

图 3-10　梁单元示意图

图 3-11　壳单元示意图

3.2.3　连续介质实体单元的特点

单元剖分区域与实际问题的几何尺寸对应，将连续区域剖分为若干相互连接、不重叠的单元。单元结点必须赋予与实际物理相同的坐标值，其自由度与实际问题的维数对应。

3.2.4　结构单元的特点

结构单元的特点如下。

（1）单元剖分区域是指根据实际结构特点，将架、框架和梁、板、壳剖分为若干互相连接的杆、梁、板壳单元。单元结点的自由度一般既有位移，也有转角。

（2）求解有限元方程后，可以得到各结点的位移和转角值，并且可以直接计算相应的等效内力，例如轴力、切力、弯矩、扭矩等。但是，连续的场函数值（应力应变等）只能通过结构力学基本假定（如中性面假定）来进行近似计算。

（3）对于桁架、框架和梁、板、壳结构，要注意单元剖分的意义。一般不要将杆、梁沿纵（轴）向剖分为平行的细杆、梁，可以将梁沿横向剖分为一系列较短的杆、梁。

3.3 平面问题三结点三角形单元的有限元格式

3.3.1 三结点三角形单元的形函数

根据有限单元法的基本思路，将弹性体离散成有限个单元体的组合，以结点的位移作为未知量。弹性体内实际的位移分布可以用单元内的位移分布函数来分块近似地表示。在单元内的位移变化可以假定一个函数来表示，这个函数称为单元位移函数或单元位移模式。对于弹性力学平面问题，单元位移函数可以用多项式表示：

$$u = a_1 + a_2x + a_3y + a_4x^2 + a_5xy + a_6y^2 + \cdots$$
$$v = b_1 + b_2x + b_3y + b_4x^2 + b_5xy + b_6y^2 + \cdots \tag{3-7}$$

多项式中包含的项数越多，就越接近实际的位移分布，越精确。具体取多少项由单元形式来确定，即以结点位移来确定位移函数中的待定系数。

三结点三角形单元如图 3-12 所示，其结点 I、J、M 的坐标分别为 (x_i, y_i)、(x_j, y_j)、(x_m, y_m)，结点位移分别为 u_i、v_i、u_j、v_j、u_m、v_m。六个结点位移只能确定六个多项式的系数，所以三结点三角形单元的位移函数如下：

$$\left. \begin{array}{l} u = a_1 + a_2x + a_3y \\ v = a_4 + a_5x + a_6y \end{array} \right\} \tag{3-8}$$

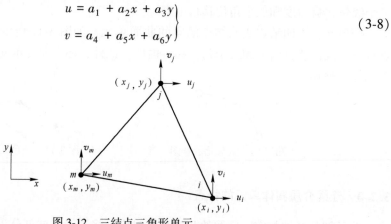

图 3-12 三结点三角形单元

将三个结点上的坐标和位移分量代入式（3-8）就可以将六个待定系数用结点坐标和位移分量表示出来。将水平位移分量和结点坐标代入式（3-8）中的第一式，得：

$$u_i = a_1 + a_2x_i + a_3y_i$$

$$u_j = a_1 + a_2x_j + a_3y_j$$

$$u_m = a_1 + a_2x_m + a_3y_m$$

写成矩阵形式：

$$\begin{Bmatrix} u_i \\ u_j \\ u_m \end{Bmatrix} = \begin{bmatrix} 1 & x_i & y_i \\ 1 & x_j & y_j \\ 1 & x_m & y_m \end{bmatrix} \begin{Bmatrix} a_1 \\ a_2 \\ a_3 \end{Bmatrix} \tag{3-9}$$

令

$$\begin{bmatrix} 1 & x_i & y_i \\ 1 & x_j & y_j \\ 1 & x_m & y_m \end{bmatrix} = \boldsymbol{T}$$

则有

$$\begin{Bmatrix} a_1 \\ a_2 \\ a_3 \end{Bmatrix} = \boldsymbol{T}^{-1} \begin{Bmatrix} u_i \\ u_j \\ u_m \end{Bmatrix} \tag{3-10}$$

其中，$\boldsymbol{T}^{-1} = \dfrac{\boldsymbol{T}^*}{|T|}$，$|T| = 2A$，$A$ 为三角形单元的面积。

$\boldsymbol{T}$ 的伴随矩阵为：

$$\boldsymbol{T}^* = \begin{bmatrix} x_j y_m - x_m y_j & y_j - y_m & x_m - x_j \\ x_m y_i - x_i y_m & y_m - y_i & x_i - x_m \\ x_i y_j - x_j y_i & y_i - y_j & x_j - x_i \end{bmatrix}^{\mathrm{T}} \tag{3-11}$$

令

$$\boldsymbol{T}^* = \begin{bmatrix} a_i & b_i & c_i \\ a_j & b_j & c_j \\ a_m & b_m & c_m \end{bmatrix}^{\mathrm{T}} = \begin{bmatrix} a_i & a_j & a_m \\ b_i & b_j & b_m \\ c_i & c_j & c_m \end{bmatrix} \tag{3-12}$$

则

$$\begin{Bmatrix} a_1 \\ a_2 \\ a_3 \end{Bmatrix} = \frac{1}{2A} \begin{bmatrix} a_i & a_j & a_m \\ b_i & b_j & b_m \\ c_i & c_j & c_m \end{bmatrix} \begin{Bmatrix} u_i \\ u_j \\ u_m \end{Bmatrix} \tag{3-13}$$

同样，将垂直位移分量与结点坐标代入式（3-8）中的第二式，可得：

$$\begin{Bmatrix} a_4 \\ a_5 \\ a_6 \end{Bmatrix} = \frac{1}{2A} \begin{bmatrix} a_i & a_j & a_m \\ b_i & b_j & b_m \\ c_i & c_j & c_m \end{bmatrix} \begin{Bmatrix} v_i \\ v_j \\ v_m \end{Bmatrix} \tag{3-14}$$

将式（3-13）、式（3-15）代入式（3-8），整理后可得：

$$u = \frac{1}{2A} \big[(a_i + b_i x + c_i y) u_i + (a_j + b_j x + c_j y) u_j + (a_m + b_m x + c_m y) u_m \big]$$

$$v = \frac{1}{2A} \big[(a_i + b_i x + c_i y) v_i + (a_j + b_j x + c_j y) v_j + (a_m + b_m x + c_m y) v_m \big]$$

令 $\qquad N_i = \dfrac{1}{2A}(a_i + b_i x + c_i y)$（下标 i、j、m 轮换）

可得 $\qquad \begin{Bmatrix} u \\ v \end{Bmatrix} = \begin{bmatrix} N_i & 0 & N_j & 0 & N_m & 0 \\ 0 & N_i & 0 & N_j & 0 & N_m \end{bmatrix} \begin{Bmatrix} u_i \\ v_i \\ u_j \\ v_j \\ u_m \\ v_m \end{Bmatrix}$ （3-15）

单元内任意一点的位移记为：

$$a = \begin{Bmatrix} u \\ v \end{Bmatrix}$$

单元的结点位移记为：

$$\delta^e = \begin{Bmatrix} \delta_i \\ \delta_j \\ \delta_m \end{Bmatrix} = \begin{bmatrix} u_i & v_i & u_j & v_j & u_m & v_m \end{bmatrix}^{\mathrm{T}}$$

单元内的位移函数可以简写成：

$$a = \boldsymbol{N}\{\delta\}^e \qquad (3\text{-}16)$$

$\boldsymbol{N}$ 称为形状函数矩阵，$N(x, y)$ 称为形函数。

选择单元位移函数应满足以下条件：

（1）反映单元的刚体位移与常量应变；

（2）相邻单元在公共边界上的位移连续，即单元之间不能重叠，也不能脱离。

由式（3-8）可以将单元位移表示成以下的形式：

$$u = a_1 + a_2 x - \frac{a_5 - a_3}{2}y + \frac{a_5 + a_3}{2}y$$

$$v = a_4 + a_6 y + \frac{a_5 - a_3}{2}x + \frac{a_5 + a_3}{2}x$$

以上两式反映了刚体位移和常应变。单元位移函数是线性插值函数，因此单元边界上各点的位移可以由两个结点的位移完全确定。两个单元的边界共用两个结点，所以边界上的位移连续。形函数 N_i 具有以下性质：

（1）在单元结点上形函数的值为 1 或 0。

即 $\qquad N_i(x_j,\ y_j) = \begin{cases} 1 & i = j \\ 0 & i \neq j \end{cases}$

（2）在单元中的任意一点上，三个形态函数之和等于 1。

即 $\sum\limits_{i=1}^{m} N_i = 1$，$m$ 表示单元的结点总数。

3.3.2 单元载荷移置

载荷移置 $[K]\{g\}=\{R\}$ 通过总刚集成形成了有限元方程。其中，列阵 R 的元素为结点载荷，是集中力。但载荷除了集中力外，还有面力和体力，即使是集中力也不一定作用在结点上。因此，需要将各种载荷转化为结点载荷，这就是载荷移置的目的和任务。载荷移置遵循能量等效原则，即原载荷与移置产生的结点载荷在虚位移上所做的虚功相等。对于给定的位移函数，这种移置的结果是唯一的。在线性位移函数时，可按静力等效（算术平均）原则进行移置。

载荷移置是在结构的局部区域内进行的。根据圣维南原理，这种移置可能在局部产生误差，但不会影响整个结构的力学特性。

有限单元法的求解对象是单元的组合体，因此作用在弹性体上的外力，需要移置到相应的结点上成为结点载荷。载荷移置要满足静力等效原则。静力等效是指原载荷与结点载荷在任意虚位移上做的虚功相等。根据单元内任意一点位移的插值公式，单元的虚位移可以用结点的虚位移 δ^{*e} 表示：

$$a^* = N\delta^{*e} \tag{3-17}$$

令结点载荷为：

$$F^e = \begin{bmatrix} X_i & Y_i & X_j & Y_j & X_m & Y_m \end{bmatrix}^T$$

3.3.2.1 集中力的移置

在单元内任意一点作用集中力 $P = \begin{Bmatrix} P_x \\ P_y \end{Bmatrix}$。

由虚功相等可得：

$$(\delta^{*e})^T F^e = (\delta^{*e})^T N^T P$$

由于虚位移是任意的，则：

$$F^e = N^T P \tag{3-18}$$

例 3-1 在均质、等厚的三角形单元 ijm 内部的任意一点 $p(x_p, y_p)$ 上作用有集中载荷。

$$F^e = \begin{bmatrix} X_i & Y_i & X_j & Y_j & X_m & Y_m \end{bmatrix}^T = \begin{bmatrix} N_i & & N_j & & N_m & \\ & N_i & & N_j & & N_m \end{bmatrix}^T \begin{Bmatrix} P_x \\ P_y \end{Bmatrix}$$

$$\begin{Bmatrix} X_i \\ Y_i \\ X_j \\ Y_j \\ X_m \\ Y_m \end{Bmatrix} = \begin{Bmatrix} N_i & 0 \\ 0 & N_i \\ N_j & 0 \\ 0 & N_j \\ N_m & 0 \\ 0 & N_m \end{Bmatrix}_p \cdot \begin{Bmatrix} P_x \\ P_y \end{Bmatrix}$$

3.3.2.2 体力的移置

令单元所受的均匀分布体力为 $p_v = \begin{Bmatrix} X \\ Y \end{Bmatrix}$。

由虚功相等可得：

$$(\delta^{*e})^T F^e = \iint (\delta^*)^T N^T p_v t \mathrm{d}x \mathrm{d}y$$

$$F^e = \iint N^T pt \mathrm{d}x \mathrm{d}y \tag{3-19}$$

3.3.2.3 分布面力的移置

设在单元的边上分布有面力 $p_s = [\overline{X},\ \overline{Y}]^T$，同样可以得到结点载荷：

$$F^e = \int_s N^T p_s t \mathrm{d}s \tag{3-20}$$

例 3-2 设有均质、等厚的三角形单元 ijm，受到沿 y 方向的重力载荷 q_y 的作用。求均布体力移置到各结点的载荷。

$$F^e = \begin{bmatrix} X_i & Y_i & X_j & Y_j & X_m & Y_m \end{bmatrix}^T$$

$$= \iint \begin{bmatrix} N_i & 0 & N_j & 0 & N_m & 0 \\ 0 & N_i & 0 & N_j & 0 & N_m \end{bmatrix}^T \begin{Bmatrix} 0 \\ q_y \end{Bmatrix} t \mathrm{d}x \mathrm{d}y$$

$$X_i = 0,\ X_j = 0,\ X_m = 0$$

$$Y_i = \iint N_i q_y t \mathrm{d}x \mathrm{d}y = q_y t \iint N_i \mathrm{d}x \mathrm{d}y$$

$$\iint N_i \mathrm{d}x \mathrm{d}y = \iint \frac{1}{2A}(a_i + b_i x + c_i y)\,\mathrm{d}x \mathrm{d}y$$

$$= \frac{1}{2A}(a_i A + b_i A x_c + c_i A y_c)$$

$$= A \frac{1}{2A}(a_i + b_i x_c + c_i y_c) = \frac{1}{3}A$$

$$Y_i = \frac{1}{3} q_y A t$$

同理，$Y_j = \frac{1}{3} q_y A t$，$Y_m = \frac{1}{3} q_y A t$。

说明将均布体力移置到结点时，将总体力按照结点总数算术平均分配到各结点。

例 3-3 在均质、等厚的三角形单元 ijm 的 ij 边上作用有沿 x 方向的均布载荷 $q_x = q$，如图 3-13 所示。求移置后的结点载荷。

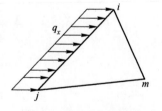

图 3-13 单元 ij 边上作用沿 x 方向均布载荷

$$F^e = \begin{bmatrix} X_i & Y_i & X_j & Y_j & X_m & Y_m \end{bmatrix}^T$$

$$= \int_\Gamma \begin{bmatrix} N_i & & N_j & & N_m & \\ & N_i & & N_j & & N_m \end{bmatrix}^T \begin{Bmatrix} q_x \\ 0 \end{Bmatrix} \mathrm{d}\Gamma$$

取局部坐标 s，在 i 点 $s = 0$，在 j 点 $s = 1$，L 为 ij 边的长度。在 ij 边上，以局部坐标表示的插值函数为：

$$N_i = 1 - \frac{s}{L}, \qquad N_j = \frac{s}{L}, \qquad N_m = 0$$

$$X_i = \int_0^L \left(1 - \frac{s}{L}\right) qt\mathrm{d}s = qt\left(s - \frac{s^2}{2L}\right)\Bigg|_0^L = \frac{1}{2}qtL$$

$$X_j = \int_0^L \frac{s}{L} qt\mathrm{d}s = qt\frac{s^2}{2L}\Bigg|_0^L = \frac{1}{2}qtL$$

说明将均布面力移置到各结点时，作用面上的各结点将总面力按照算术平均分配。

3.3.3 单元刚度矩阵

设形函数矩阵：

$$\boldsymbol{N} = \begin{bmatrix} N_i & 0 & N_j & 0 & N_m & 0 \\ 0 & N_i & 0 & N_j & 0 & N_m \end{bmatrix}$$

设单元结点位移向量：

$$\boldsymbol{\delta}^{\mathrm{e}} = \begin{bmatrix} u_i & v_i & u_j & v_j & u_m & v_m \end{bmatrix}^{\mathrm{T}}$$

根据单元内任意一点位移 u、v 的插值公式：

$$u = N_1 u_1 + N_2 u_2 + N_3 u_3 = \sum_{i=1}^{n} N_i u_i, \quad v = N_1 v_1 + N_2 v_2 + N_3 v_3 = \sum_{i=1}^{n} N_i v_i$$

可以合并写成统一的向量公式：

$$\boldsymbol{a} = \begin{Bmatrix} u \\ v \end{Bmatrix} = \begin{bmatrix} N_i & 0 & N_j & 0 & N_m & 0 \\ 0 & N_i & 0 & N_j & 0 & N_m \end{bmatrix} \begin{Bmatrix} u_i \\ v_i \\ u_j \\ v_j \\ u_m \\ v_m \end{Bmatrix} = \boldsymbol{N}\boldsymbol{\delta}^{\mathrm{e}}$$

或者简记为：

$$\boldsymbol{a} = \boldsymbol{N}\boldsymbol{\delta}^{\mathrm{e}}$$

由弹性力学的几何方程可以得到单元的应变表达式：

$$\boldsymbol{\varepsilon} = \begin{Bmatrix} \dfrac{\partial u}{\partial x} \\[2mm] \dfrac{\partial v}{\partial y} \\[2mm] \dfrac{\partial u}{\partial y} + \dfrac{\partial v}{\partial x} \end{Bmatrix} = \frac{1}{2A} \begin{bmatrix} b_i & 0 & b_j & 0 & b_m & 0 \\ 0 & c_i & 0 & c_j & 0 & c_m \\ c_i & b_i & c_j & b_j & c_m & b_m \end{bmatrix} \begin{Bmatrix} u_i \\ v_i \\ u_j \\ v_j \\ u_m \\ v_m \end{Bmatrix} \qquad (3\text{-}21)$$

记为：

$$\boldsymbol{\varepsilon} = \boldsymbol{B}\boldsymbol{\delta}^{\mathrm{e}}$$

其中，B 矩阵称为应变矩阵。

B 矩阵可以表示为分块矩阵的形式 $B = \begin{bmatrix} B_i & B_j & B_m \end{bmatrix}$

$$B_i = \frac{1}{2A} \begin{bmatrix} b_i & 0 \\ 0 & c_i \\ c_i & b_i \end{bmatrix} \tag{3-22}$$

由物理方程，可以得到单元的应力表达式：

$$\sigma = D\varepsilon = DB\delta^e \tag{3-23}$$

其中，D 称为弹性矩阵，对于平面应力问题：

$$D = \frac{E}{1-\mu^2} \begin{bmatrix} 1 & \mu & 0 \\ \mu & 1 & 0 \\ 0 & 0 & \dfrac{1-\mu}{2} \end{bmatrix}$$

定义 $S = DB$ 为应力矩阵。将应力矩阵分块表示为：

$$S = \begin{bmatrix} S_i & S_j & S_m \end{bmatrix}$$

$$S_i = DB_i = \frac{E}{2A(1-\mu^2)} \begin{bmatrix} b_i & \mu c_i \\ \mu b_i & c_i \\ \dfrac{1-\mu}{2}c_i & \dfrac{1-\mu}{2}b_i \end{bmatrix} \tag{3-24}$$

应用虚功原理可以建立单元结点位移与结点力的关系矩阵，称为单元刚度矩阵。

虚功原理：在外力作用下处于平衡状态的弹性体，如果发生了虚位移，则所有外力在虚位移上做的虚功等于内应力在虚应变上做的虚功。

单元的结点力记为：

$$F^e = \begin{bmatrix} U_i & V_i & U_j & V_j & U_m & V_m \end{bmatrix}^T$$

单元的虚应变为：

$$\varepsilon^* = B\delta^{*e}$$

单元的外力虚功为：

$$(\delta^{*e})^T F^e$$

单元的内力虚功为：

$$\iint \varepsilon^{*T} \sigma t \mathrm{d}x \mathrm{d}y$$

由虚功原理可得：

$$(\delta^{*e})^T F^e = \iint \varepsilon^{*T} \sigma t \mathrm{d}x \mathrm{d}y \tag{3-25}$$

$$\varepsilon^{*T} = (B\delta^{*e})^T = (\delta^{*e})^T B^T$$

$$\sigma = S\delta^e = DB\delta^e$$

$$(\delta^{*\mathrm{e}})^{\mathrm{T}} F^{\mathrm{e}} = (\delta^{*\mathrm{e}})^{\mathrm{T}} \iint \boldsymbol{B}^{\mathrm{T}} \boldsymbol{D} \boldsymbol{B} t \mathrm{d}x \mathrm{d}y \boldsymbol{\delta}^{\mathrm{e}}$$

$$F^{\mathrm{e}} = \iint \boldsymbol{B}^{\mathrm{T}} \boldsymbol{D} \boldsymbol{B} t \mathrm{d}x \mathrm{d}y \boldsymbol{\delta}^{\mathrm{e}} \qquad (3\text{-}26)$$

定义 $\boldsymbol{k}^{\mathrm{e}} = \iint \boldsymbol{B}^{\mathrm{T}} \boldsymbol{D} \boldsymbol{B} t \mathrm{d}x \mathrm{d}y$ 为单元刚度矩阵。

在等厚度的三结点三角形单元中，$\boldsymbol{B}$ 和 $\boldsymbol{D}$ 的分量均为常量，则单元刚度矩阵可以表示为：

$$\boldsymbol{k}^{\mathrm{e}} = \boldsymbol{B}^{\mathrm{T}} \boldsymbol{D} \boldsymbol{B} t A \qquad (3\text{-}27)$$

单元刚度矩阵表示为分块矩阵：

$$\boldsymbol{k}^{\mathrm{e}} = \begin{bmatrix} k_{ii} & k_{ij} & k_{im} \\ k_{ji} & k_{jj} & k_{jm} \\ k_{mi} & k_{mj} & k_{mm} \end{bmatrix}$$

$$\boldsymbol{k}_{rs} = \boldsymbol{B}_r^{\mathrm{T}} \boldsymbol{D} \boldsymbol{B}_s \qquad (3\text{-}28)$$

$$\boldsymbol{k}_{rs} = \begin{bmatrix} k_{rx,\,sx} & k_{rx,\,sy} \\ k_{ry,\,sx} & k_{ry,\,sy} \end{bmatrix} \qquad (3\text{-}29)$$

3.3.4 单元刚度矩阵的物理意义

假设单元的结点位移如下：

$$\boldsymbol{\delta}^{\mathrm{e}} = \begin{bmatrix} 1 & 0 & 0 & 0 & 0 & 0 \end{bmatrix}^{\mathrm{T}}$$

由 $F^{\mathrm{e}} = K^{\mathrm{e}} \delta^{\mathrm{e}}$，得到结点力如下：

$$\begin{Bmatrix} U_i \\ V_i \\ U_j \\ V_j \\ U_m \\ V_m \end{Bmatrix} = \begin{Bmatrix} k_{ix,\,ix} \\ k_{iy,\,ix} \\ k_{jx,\,ix} \\ k_{jy,\,ix} \\ k_{mx,\,ix} \\ k_{my,\,ix} \end{Bmatrix} \qquad (3\text{-}30)$$

式中　$k_{ix,ix}$——i 结点在水平方向产生单位位移时，在结点 i 的水平方向上需要施加的结点力；

$k_{iy,ix}$——i 结点在水平方向产生单位位移时，在结点 i 的垂直方向上需要施加的结点力。

选择不同的单元结点位移，可以得到单元刚度矩阵中每个元素的物理含义：

（1）$k_{rx,sx}$ 为 s 结点在水平方向产生单位位移时，在结点 r 的水平方向上需要施加的结点力；

（2）$k_{ry,sx}$ 为 s 结点在水平方向产生单位位移时，在结点 r 的垂直方向上需要施加的结点力；

（3）$k_{rx,sy}$ 为 s 结点在垂直方向产生单位位移时，在结点 r 的水平方向上需要施加的结点力；

（4）$k_{ry,sy}$ 为 s 结点在垂直方向产生单位位移时，在结点 r 的垂直方向上需要施加的结点力。

因此，单元刚度矩阵中每个元素都可以理解为刚度系数，即在结点产生单位位移时需要施加的力。

3.3.5　单元刚度矩阵的性质

（1）单元刚度矩阵的物理意义。表达单元抵抗变形的能力，其元素值为单位位移所引起的结点力，与普通弹簧的刚度系数具有同样的物理本质。例如，子块 k_{ij}：

$$\left[k_{ij} \right] = \begin{bmatrix} k_{ij}^{11} & k_{ij}^{12} \\ k_{ij}^{21} & k_{ij}^{22} \end{bmatrix}$$

其中，上标 1 表示 x 方向自由度；2 表示 y 方向自由度。后一上标代表单位位移的方向，前一上标代表单位位移引起的结点力方向。如，k_{ij}^{11} 表示 j 结点产生单位水平位移时在 i 结点引起的水平结点力分量，k_{ij}^{21} 表示 j 结点产生单位水平位移时在 i 结点引起的竖直结点力分量，其余类推。显然，单元的某结点某自由度产生单位位移引起的单元结点力向量，生成单元刚度矩阵的对应列元素。

（2）单元刚度矩阵为对称矩阵。由功的互等定理中的反力互等可以知道：

$$k_{13}^{12} = k_{31}^{21}$$

所以，$\boldsymbol{k}^e$ 为对称矩阵。

（3）单元刚度矩阵与单元位置无关（但与方位有关）。

（4）奇异性。单元分析中没有给单元施加任何约束，单元可有任意的刚体位移，即在 $\boldsymbol{F}^e = \boldsymbol{k}^e \boldsymbol{\delta}^e$ 中，给定的结点力不能唯一地确定结点位移，可知单元刚度矩阵不可求逆。

3.3.6　整体分析步骤

得到了单元刚度矩阵后，要将单元组装成一个整体结构，形成整体刚度矩阵后进行求解。根据结点载荷平衡的原则，整体分析包括以下四个步骤：

（1）组装整体刚度矩阵；

（2）根据支撑条件修改整体刚度矩阵；

（3）解方程组，求出基本未知量，即结点位移；

（4）根据结点位移，求出单元的应变和应力。

3.3.7　刚度矩阵组装的物理意义

一个划分为 6 个结点、4 个单元的结构的整体刚度矩阵组装如图 3-14 所示。得到了每个单元的单元刚度矩阵后，要集成为整体刚度矩阵。由单元刚度矩阵的物理意义可知，单元刚度矩阵的系数是由单元结点产生单位位移时引起的单元结点力。使结点 3 产生单位位移时，在单元（1）中的结点 2 上引起结点力。由于结点 2、3 同时属于单元（1）、（3），在单元（2）中的结点 2 上同样也引起结点力。因此，在整体结构中当结点 3 产生位移时，结点 2 上的结点力应该是单元（1）、（2）在结点 2 上的结点力的叠加。

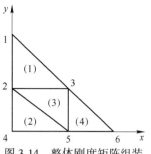

图 3-14　整体刚度矩阵组装

刚度矩阵组装的过程就是结构中相关单元结点力的叠加，整体刚度矩阵的系数是相关单元的单元刚度矩阵系数的集成。结点 3 在整体刚度矩阵的对应系数应该是单元（1）、（3）、（4）中对应系数的集成。

3.3.8　刚度矩阵组装的规则

按照数学推演的逻辑，首先需要将单元刚度矩阵放大到与整体刚度矩阵具有相同的阶数，在此过程中将单元刚度矩阵的每个子块放到在整体刚度矩阵中的对应位置上，得到单元的扩大刚度矩阵。

由于单元刚度矩阵按照局部编号顺序建立，单元刚度矩阵系数取决于单元结点的局部编号顺序。因此，将单元刚度矩阵的子块转移到扩大刚度矩阵时，必须知道单元结点的局部编号与该结点在整体结构中的总体编号之间的拓扑关系，才能确定单元刚度矩阵中的每个子块在整体刚度矩阵中的位置。将单元刚度矩阵中的每个子块按总体编码顺序重新排列后，可以得到单元的扩大矩阵。假定单元结点的局部编号与整体编号的对应关系见表 3-1。

表 3-1　单元结点的局部编号与整体编号的对应关系

单元编号	单元结点局部编号	单元结点整体编号	单元编号	单元结点局部编号	单元结点整体编号
1	i	3	3	i	5
1	j	1	3	j	3
1	m	2	3	m	2
2	i	5	4	i	3
2	j	2	4	j	5
2	m	4	4	m	6

单元（2）的单元扩大矩阵 $\boldsymbol{k}^{(2)}$ 的分块矩阵形式见表 3-2，只列出非零的分块。

对于单元（2）的单元扩大矩阵 $\boldsymbol{k}^{(2)}$，其分块矩阵形式如下（只列出非零的分块）：由于单元结点局部编号 i 对应于单元结点整体编号 5，因此原单元矩阵中元素下标中含 i（行号或列号）的元素需要移动到扩大矩阵中的第 5 行或第 5 列位置。同理，由于单元结点局部编号 j 对应于单元结点整体编号 2，因此原单元矩阵中元素下标中含 j 的元素需要移动到扩大矩阵中的第 2 行或第 2 列位置；单元结点局部编号 m 对应单元结点整体编号 4，原单元矩阵中元素下标中含 m 的元素需要移动到扩大矩阵中的第 4 行或第 4 列位置。

表 3-2　单元（2）的单元扩大矩阵 $k^{(2)}$ 的分块矩阵形式

局部编号	整体编号	1	j 2	3	m 4	i 5	6
	1						
j	2		$k_{jj}^{(2)}$		$k_{jm}^{(2)}$	$k_{ji}^{(2)}$	
	3						
m	4		$k_{mj}^{(2)}$		$k_{mm}^{(2)}$	$k_{mi}^{(2)}$	
i	5		$k_{ij}^{(2)}$		$k_{im}^{(2)}$	$k_{ii}^{(2)}$	
	6						

将全部单元的扩大矩阵相加得到整体刚度矩阵：

$$k^{e} = k^{(1)} + k^{(2)} + k^{(3)} + k^{(4)}$$

整体刚度矩阵见表 3-3。

表 3-3　整体刚度矩阵

整体编号	1	2	3	4	5	6
1	$k_{jj}^{(1)}$	$k_{jm}^{(1)}$	$k_{ji}^{(1)}$			
2	$k_{mj}^{(1)}$	$k_{mm}^{(1)}$ $+k_{jj}^{(2)}$ $+k_{mm}^{(3)}$	$k_{mi}^{(1)}$ $+k_{mj}^{(3)}$	$k_{jm}^{(2)}$	$k_{ji}^{(2)}$ $+k_{mi}^{(3)}$	
3	$k_{ij}^{(1)}$	$k_{im}^{(1)}$ $+k_{jm}^{(3)}$	$k_{ii}^{(1)}$ $+k_{jj}^{(3)}$ $+k_{ii}^{(4)}$		$k_{ji}^{(3)}$ $+k_{ij}^{(4)}$	$k_{im}^{(4)}$
4		$k_{mj}^{(2)}$		$k_{mm}^{(2)}$	$k_{mi}^{(2)}$	
5		$k_{ij}^{(2)}$ $+k_{im}^{(3)}$	$k_{ij}^{(3)}$ $+k_{ji}^{(4)}$	$k_{im}^{(2)}$	$k_{ii}^{(2)}$ $+k_{ii}^{(3)}$ $+k_{jj}^{(4)}$	$k_{jm}^{(4)}$
6			$k_{mi}^{(4)}$		$k_{mj}^{(4)}$	$k_{mm}^{(4)}$

但是，应当注意在有限元程序中并不真正形成单元的扩大刚度矩阵，而是采用边组装边消元的求解策略。

3.3.9　约束条件的处理

整体刚度矩阵结构的约束和载荷情况如图 3-15 所示。结点 1、4 上有水平方向的位移约束，结点 4、6 上有垂直方向的约束，结点 3 上作用有集中力（P_x，P_y）。

整体刚度矩阵 K 求出后，结构上的结点力可以表示为：

$$\{F\} = K\delta$$

根据力的平衡，结点上的结点力与结点载荷或约束反力平衡。用 P 表示结点载荷和支杆反力，则可以得到结点的平衡方程：

$$K\delta = P \tag{3-31}$$

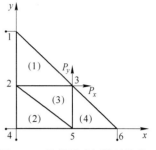

图 3-15 整体刚度矩阵结构的约束和载荷情况

这样构成的结点平衡方程，在右边向量 P 中存在未知量，因此在求解平衡方程之前，要根据结点的位移约束情况修改方程式 (3-31)。先考虑结点 n 有水平方向位移约束，与 n 结点水平方向对应的平衡方程为：

$$K_{2n-1,1}u_1 + K_{2n-1,2}v_1 + \cdots + K_{2n-1,2n-1}u_n + K_{2n-1,2n}v_n + \cdots = P_{2n-1} \tag{3-32}$$

根据支撑约束情况，将方程式 (3-32) 代入下面的约束方程，得：

$$u_n = \bar{u} \tag{3-33}$$

式中　$\bar{u}$——支撑约束处的给定位移值。

通过施加充分的位移约束并在整体刚度矩阵 K 中进行修正变换，可以使得该矩阵非奇异并能在求解有限元方程后在支撑约束处输出给定位移。

3.3.10　整体刚度矩阵的特点与存储方法

用有限元方法分析复杂工程问题时，结点的数目比较多，整体刚度矩阵的阶数通常也是很高的。那么，在进行计算时是否要保存整体刚度矩阵的全部元素？能否根据整体刚度矩阵的特点提高计算效率？

整体刚度矩阵具有以下几个显著的特点，分别是稀疏性、带状性、奇异性与对称性。

（1）稀疏性。互无关联的结点在总体刚度矩阵中产生零元，网格划分越细，结点越多，这种互无关联的结点也越多，且所占比例越来越大，总体刚度矩阵越稀疏。有限元分析中，同一结点的相关结点通常最多 8 个，如果以 6 个计，当结构划分有 50 个结点时，总体刚度矩阵中一行的零子块与该行子块总数之比为 6/50；100 个结点时为 6/100。

（2）带状性。整体刚度矩阵中的非零元素分布在以主对角线为中心的带形区域内，其集中程度与结点编号方式有关。

描述带状性的一个重要物理量是半带宽 B，定义为包括对角线元素在内的半个带状区域中每行具有的元素个数，其计算式为：

$$B = (\text{相关结点号最大差值} + 1) \times \text{结点自由度数}$$

显然，半带宽与结构总体结点编码密切相关，总体刚度矩阵中带状区域的半带宽变为：

$$B = (6 + 1) \times 2 = 14$$

为了节省计算机的存储量与计算时间，应使半带宽尽可能地小，即总体编号应沿短边进行且尽量使相邻结点差值最小。

（3）奇异性与对称性。类似于对单元刚度矩阵的分析可知，整体刚度矩阵是奇异矩阵。此外，整体刚度矩阵也是对称矩阵，编程时可以利用这一特点。

3.4　线性代数方程组解法

由于有限元分析需要使用较多的单元和结点，导致总刚度方程组的阶数很高。一般而言，有限元分析需要的时间主要用于求解总刚度方程组。因此，有限元求解的效率很大程度上取决于线性方程组的解法。利用总刚度矩阵的对称、稀疏、带状分布等特点是提高方程求解效率的关键。

线性方程组的解法分为直接解法和迭代解法两大类。直接解法以高斯消去法为基础，一般适合于求解方程数小于 10 万的问题。迭代解法有高斯-赛德尔迭代、超松弛迭代和共轭梯度法等。当方程组的阶数过高时，为避免舍入误差和消元时有效数字损失等对计算精度的影响，可以选择迭代解法。

3.5　有限元解的收敛性

有限元方法的本质是在有限的单元内部进行分片插值，由单元层面所得的数值结果很难与问题的真实解完全相同，因而有限元解一般都是近似解。然而，当网格逐步加密、单元尺度无限变小时有限元解必须保证能收敛到真实解。在弹性力学的研究范畴内，为了保证有限元解的收敛性，各单元内假定的位移场（试探函数）应满足以下条件。

（1）包括常数项，单元内各点的位移一般包括两部分：一部分由单元自身变形引起；另一部分是由其他单元变形时通过结点传递过来的，这部分位移与单元本身变形无关，它使单元发生整体移动，各点移动大小相等，故称为刚体位移。由于刚体位移与点的位置无关，因此在位移函数中应该有常数项来反映这种位移。

（2）包括一次项，单元内各点的应变也分为两部分：一部分是与点的位置有关的变量应变；另一部分是与坐标位置无关的常应变。对于小变形问题，当单元尺寸缩小时，单元各点应变趋于相等，这时常应变为主要部分。为了反映这种应变状态位移函数中就应该包括一次项，这是因为一次项求导后为常数。

（3）尽量保证位移的连续性，弹性体实际变形时各点位移是连续的，即弹性体内部不会出现材料的裂缝和重叠，因此离散后的组合体位移也应该连续。对于多项式位移函数，它在单元内部的连续性是自然满足的，关键是要求跨单元之间也应连续，即变形后相邻单元之间既不互相脱离，又不互相嵌入。充分条件（协调条件）协调单元满足上述三个条件的目的就是要满足有限元解的收敛性。协调单元的有限元解一定是收敛的，但非协调单元的解不一定不收敛。

（4）几何各向同性单元的位移分布不应与人为选取的坐标方位有关，即位移函数中坐标 x、y 应该是能够互换的。

3.6　六结点三角形单元

图 3-16 所示为六结点三角形单元。结点 i、j、k 位于三角形顶点，结点 l、m、n 位于各边中点。单元内假定位移场的形式为 x、y 的完全二次多项式：

$$u = \alpha_1 + \alpha_2 x + \alpha_3 y + \alpha_4 x^2 + \alpha_5 xy + \alpha_6 y^2$$

$$v = \alpha_7 + \alpha_8 x + \alpha_9 y + \alpha_{10} x^2 + \alpha_{11} xy + \alpha_{12} y^2 \quad (3\text{-}34)$$

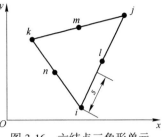

α_1，$\cdots$，α_{12} 可以由六个结点上的 u、v 值唯一确定。

显然 u、v 单元内连续，且包含了 x、y 的完全一次多项式，收敛条件（1）～（3）得到满足，沿单元边界（如 ilj 边）x、y 是 s 的一次函数，故 u、v 是 s 二次函数，完全被这条边上三个结点处的函数值所决定，故协调条件（4）也得到满足。

图 3-16　六结点三角形单元

3.7　四结点矩形单元

在进行有限元分析时，单元离散化会带来计算误差。一般地，可以采用两种方法来降低单元离散化产生的误差：

（1）提高单元划分的密度，被称为 h 方法（h-method）；

（2）提高单元位移函数多项式的阶次，被称为 p 方法（p-method）。

在平面问题的有限单元中，可以选择四结点的矩形单元，来提高单元位移函数多项式的阶次。如图 3-17 所示，一个四结点的矩形单元，单元的边与 x、y 轴平行，长度分别为 $2a$ 和 $2b$，取四个角点为结点。假定单元内的位移场是 x、y 的双线性函数：

$$u = \alpha_1 + \alpha_2 x + \alpha_3 y + \alpha_4 xy$$

$$v = \alpha_5 + \alpha_6 x + \alpha_7 y + \alpha_8 xy$$

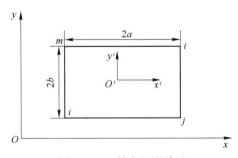

图 3-17　四结点矩形单元

显然 u、v 在单元内连续，且包含了完全一次多项式，收敛条件（1）～（3）得以满足。此外，沿单元边界（如 ij 边），y 为常数，u、v 是 x 的线性函数，完全被该边上两个结点处的函数值所决定，条件（4）也得到满足。

系数 $\alpha_1 \sim \alpha_8$ 可以由结点上的位移值唯一确定，也可以用"凑"的方法得出单元的形函数。为方便建立一单元局部坐标系，原点位于矩形中心 O'、x'、y' 轴分别与 x、y 轴平行。四个形函数可写成：

$$N_i = \frac{1}{4}\left(1 - \frac{x'}{a}\right)\left(1 - \frac{y'}{b}\right)$$

$$N_j = \frac{1}{4}\left(1 + \frac{x'}{a}\right)\left(1 - \frac{y'}{b}\right)$$

$$N_l = \frac{1}{4}\left(1 + \frac{x'}{a}\right)\left(1 + \frac{y'}{b}\right)$$

$$N_m = \frac{1}{4}\left(1 - \frac{x'}{a}\right)\left(1 + \frac{y'}{b}\right) \tag{3-35}$$

其他的有限元表达式，如应变矩阵、单元刚度矩阵以及单元荷载向量的形成方法与常应变三角元的方法相同，不再赘述。

同常应变三角元相比，矩形单元的假定位移场中增加了 xy 项，这使得在某种情况下矩形单元的精度会较常应变三角元有所改善。特别是当真实解的位移场恰好是 x、y 的双线性函数时，矩形单元可以给出精确解，而常应变三角元则做不到这一点。但是也要看到，矩形单元的二次项是不完全的，其中缺失了 x^2 和 y^2 项。当真实位移场具有 x^2 或 y^2 分布规律时，矩形单元的效果未必比三角元好。为了提高矩形单元的精度，可以增加结点个数，同时增加插值多项式的项数。三结点三角形单元与四结点矩形单元的比较见表 3-4。

表 3-4   三结点三角形单元与四结点矩形单元比较

单元类型	优　点	缺　点
三结点三角形单元	适应复杂形状，单元大小过渡方便	计算精度低
四结点矩形单元	单元内的应力、应变是线性变化的，计算精度较高	不能适应曲线边界和非正交的直线边界

3.8 有限元解的误差

有限元方法是通过计算机完成的。一般地，计算所得数值解的误差是以下四个因素综合影响的结果。

（1）插值误差。这是在单元内用多项式代替真实解（在整个求解域内则表现为用有限自由度代替了无限自由度）所引起的。这个因素在位移为基本未知量的协调单元中将导致"刚度偏大、位移偏小"的结果。

（2）边界形状以及边界条件的误差。即使采用了带边结点的高阶单元，单元的曲边边界仍由其本身的函数特性限制，不可能做到与实际曲线边界完全吻合。边界形状的误差使得实际边界条件不能得到精确满足。这种误差一般只在边界附近影响较大（奇点除外）。

（3）数值误差。这种"误差"来源于各种单元公式的计算，尤其是在后面介绍的等参数单元中使用数值积分带来的误差。但是应当注意，有时如果利用得好，数值积分带来的误差可以与插值误差在一定程度"抵消"，但处理不当也将影响解的精度。

（4）截断误差。可以加大计算机的字长（如用双精度量使其减少）。

本 章 小 结

弹性力学中的基本变量为体力、面力、应力、位移、应变。平面应力问题和平面应变问题的区别在于几何形状与受力特点的不同。形函数的基本特点是在单元结点上形函数的值为 1 或为 0。在单元中的任意一点上，三个形态函数之和等于 1。弹性力学中一般采用虚功原理（也可以采用加权残值法）形成单元刚度矩阵。整体刚度矩阵是通过组装各单元刚度矩阵而形成，它的基本性质有稀疏性、带状性、奇异性与对称性（施加边界条件前）。以位移为基本未知量的有限元方程只包含结点力，对于分布载荷和体积载荷必须进行等效移植，使其成为等效结点力。只有施加了充分的自由度约束后，整体刚度矩阵才是非奇异并且可解的。施加边界条件有多种方法，在利用对称性与反对称性质进行网格划分后，应当在相应边界上采用对称与反对称边界条件。整体刚度矩阵的非零元素分布在以对角线为中心的带形区域内，这种矩阵称为带形矩阵。在包括对角线元素的半个带形区域内，每行具有的元素个数称为半带宽。使直接联系的相邻结点的最大点号差最小，可以减小半带宽、减少内存占用并且提高计算效率。线性方程组的解法分为直接解法和迭代解法两大类。直接解法以高斯消去法为基础，一般适合于求解方程数小于十万的问题。迭代解法有高斯-赛德尔迭代、超松弛迭代和共轭梯度法等。有限元解收敛的充要条件是同时满足完备性和连续性条件。各种常用的平面单元是三角形单元和四边形单元，它们满足完备性和连续性条件的要求，前者易于划分网格并适应复杂边界形状，后者计算精度较高。

复习思考题

3-1　具有什么几何和载荷特征的弹性力学问题可以用平面单元来建模？

3-2　"水立方"的屋顶和墙面可以简化成平面应力问题吗？

3-3　与三角形三结点单元相比较，三角形六结点单元具有什么优点？

3-4　采用平面单元时，单元可以有什么形状？是否可以创建五边形单元？

3-5　如果用手工方法建有限元网格，需要准备哪些数据？

3-6　如果一个平面弹性体的边界上面作用有集中力，划分网格需要注意什么问题？用 ANSYS 软件时，如何解决这个问题？

3-7　弹性力学的有限元方法可以看成采用分片多项式插值位移的方法，那么插值函数是否必须是多项式？

3-8　图 3-18 的结构可以按照平面应变问题建模和计算吗？

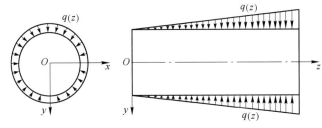

图 3-18　平面应变问题分析结构

3-9　一个弹性力学平面问题，采用三角形三结点单元进行网格划分，如图 3-19 所示。试设计一种结点编号方案，使最大半带宽值为最小（即使直接联系的相邻结点的最大点号差最小）。

3-10　弹性力学的结构有限单元法中，结构总刚度矩阵在未加约束前具有什么特点？

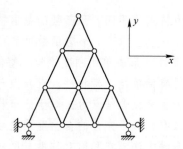

图 3-19   弹性力学平面问题的三角形三结点单元网格划分

3-11   假设一个球形潜水仓深潜于水中，但是没有触地。对于这个有限元模型如何施加位移约束？

3-12   在静力分析中，对于一块仅施加左右方向拉伸位移载荷的矩形板，只要约束矩形板的左右端面，不约束板的上下方向也可以完成计算。这种说法对吗？

3-13   ANSYS 提交分析作业时，如果出现错误提示信息 "elements have missing property definitions（单元没有定义材料特性）"。究其原因，你认为是没有定义材料特性还是没有给单元赋予材料属性？

3-14   线性方程组的解法中的迭代解法需要形成总刚度矩阵吗？

3-15   目前，有限单元方法分为显式方法（explicit method）和隐式方法（implicit method）两大类。请上网查询这两种方法各有什么特点？适合求解什么类型问题？

上机作业练习

3-1   线性分布载荷作用下的悬臂梁应力计算。

问题描述：一根悬臂梁的横截面为矩形，长度 2 m，厚×高 = 单位厚度×0.6 m。材料的弹性模量 200 GPa，泊松比为 0.3。用平面四结点实体 182 单元离散，取长度单位 mm，力单位分布载荷 N，应力单位 MPa，按照平面应变处理。单位厚度上的线性分布载荷如图 3-20 所示。

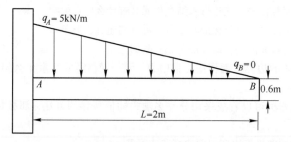

图 3-20   悬臂梁单位厚度上的线性分布载荷

ANSYS 菜单操作步骤如下。

（1）指定分析范畴为结构分析。

　　　　Main Menu→Preference→选中 Structural→OK

（2）设置文件名。

　　　　Utility Menu→File→Change Jobname，输入 "Cantilever_beam"

（3）Utility Menu→File→Change Title：Stress in a Cantilever_beam

（4）选择单元类型。

　　　　Main Menu→Preprocessor→Element Type→Add/Edit/Delete→Add→Solid Quad 4node 182→OK→Options→K3：Plane Strain→OK→Close

（5）定义材料参数。

　　　　Main Menu→Preprocessor→Material Props→Material Models→Structural→Linear→Elastic→Isotropic

→input EX：200e3，PRXY：0.3→OK

（6）生成关键点。

Main Menu→Preprocessor→Modeling→Create→Key Points→In Active CS→依次输入四个点的坐标：1（0，0，0）→Apply→2（2000，0，0）→Apply→3（2000，600，0）→Apply→4（0，600，0）→OK

（7）生成面。

Main Menu→Preprocessor→Modeling→Create→Areas→Arbitrary→Through KPS→依次连接四个关键点，1→2→3→4→OK（注意：上面两步也可简化为：Main Menu：Preprocessor→Modeling→Create→Areas→Rectangle→By two corners→WP X，WP Y 均输入 0，Width 输入 2000，Height 输入 600→OK）

（8）设定单元长度为100。

Main Menu→Preprocessor→Meshing→Size Cntrls→ManualSize→Global→Size→将弹出 Global Element Sizes→在对话框中的 Element edge length 对话框中输入 100→OK，完成单元尺寸的设置并关闭对话框

（9）划分网格。

Main Menu→Preprocessor→Meshing→Mesh→Areas→Mapped→将弹出 Mesh Areas 拾取对话框→Pick All

（10）给模型左边施加固定约束。

Main Menu→Solution→Define Loads→Apply→Structural→Displacement→On lines→选左边线→OK→第一行：ALL DOF→第四行 VALUE 选 0：→OK

（11）设置函数参数。

Utility Menu→Parameters→Functions→Define/Edit→在下方的下拉列表框（第三框）内选择 X 作为设置的变量；在 Result 窗口中出现 {X}，写入所施加的线性分布载荷函数：5000 * （2000-{X}）/2000→点击 File→Save→输入 my_q（文件扩展名：func）→Close

（12）读入函数参数。

Utility Menu→Parameters→Functions→Read from file：将需要的 my_q. func 文件打开，任给一个参数名 qq→OK

（13）用箭头表示表面分布载荷。

Utility Menu→PlotCtrls→Symbols→Show pres and convect as→将表框内的 Face outline 下拉改为 arrows→OK

（14）在梁上边施加线性分布载荷。

Main Menu→Solution→Define Loads→Apply→Structural→Pressure→On Lines→拾取梁的上边线→OK→在下拉列表框中选择：Existing table→Apply→选择需要的载荷参数名 qq→OK

（15）为显示出线性分布载荷箭头，先保存载荷工况文件。

Solution→Load step opts→Write LS File 输入文件名：1（此时或者滚动中间滚轮，可以显示出线性分布载荷，其箭头沿着长度有长短不同）

（16）分析计算。

Main Menu→Solution→Solve→Current LS→OK

（17）位移结果显示。

Main Menu→General Postproc→Plot Results→Deformed Shape→选择 Def + Undeformed→OK

（18）x 方向应力结果显示。

Main Menu→General Postproc→Plot Results→Contour Plot→Nodal Solu→Stress→X Component of stress→OK

（19）退出系统。

  Utility Menu→File→Exit→Save Everything→OK

参考图请扫二维码。

3-2 无限长厚壁圆筒受内压分析。

  问题描述：一无限长厚壁圆筒，如图 3-21 所示，内壁承受压力 $p=$
1 MPa。几何尺寸为：$R_1=100$ mm，$R_2=150$ mm。材料常数为：$E=210$
GPa，泊松比为 0.3。为平面应变问题，取横截面八分之一，设置对称
边界条件。求圆筒内外半径的变化量及径向与环向应力分布。

ANSYS 菜单操作步骤如下。

（1）指定分析范畴为结构分析。

  Main Menu→Preference→Structural

（2）设置文件名。

  Utility Menu→File→Change Jobname，输入 "Thick walled cylinder
under pressure"

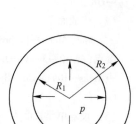

图 3-21 厚壁筒受内压分析

（3）选择单元类型。

  Main menu→Preprocessor→Element Type→Add/Edit/Delete→Add→Solid→Quad 4node 182→OK→
Options→K3→选择 Plane Strain→OK

（4）定义材料参数。

  Main menu→Preprocessor→Material Props→Material Models→Structural→Linear→Elastic→Isotropic
→EX：210e3，PRXY：0.3→OK

（5）生成八分之一圆环。

  Main menu→Preprocessor→Modeling→Create→Areas→Circle→Partial annulus→在 Part annular circ
area 选择对话框中输入，Rad-1=10，Rad-2=15，Theta-1=0，Theta-2=45→OK

（6）设定单元长度为 10。

  Main Menu→Preprocessor→Meshing→Size Cntrls→ManualSize→Global→Size→将弹出 Global
Element Sizes→在对话框中的 Element edge length 对话框中输入 10→OK

（7）划分网格。

  Main Menu→Preprocessor→Meshing→Mesh→Areas→Free→将弹出 Mesh Areas 拾取对话框→
Pick All

（8）存储文件 T-Wall-mesh. DB 备用。

  ·Utility Menu→Files→Save As→T-Wall-mesh. DB→OK

（9）在水平截面边界线和 45°的斜边界线设置对称约束边界条件。

  Main Menu→Solution→Define Loads→Apply→Structural→Displacement→Symmetry BC→On Lines→
拾取水平边界线→Apply→拾取 45°的斜边界线→OK

（10）对内壁加载。

  Main Menu→Solution→Define Loads→Apply→Pressure→On lines→用鼠标拾取内壁的弧线→Apply
→弹出 Apply pres on lines→在弹出的界面中 Load pres value 域中填入 1→OK，模型上出现红色的箭
头，代表压力已经加上

（11）计算求解。

  Main Menu→Solution→Current Ls→OK

（12）求内外半径的变化。

  Utility Menu→List→Results→Nodal solution→DOF solution→ALL DOFs→OK，位移可以表示内外
径的变化量

（13）先将结果坐标系转为柱坐标，则 X 方向即为径向，Y 方向即为周向。

Main Menu→General Postproc→Options for Outp→Rsys→Global cylindric

（14）观察径向（X）应力。

Main Menu→General Postproc→Plot Results→Contour Plot→Nodal Solu→X Component of stress→OK

（15）观察周向（Y）应力。

Main Menu → General Postproc → Plot Results → Contour Plot → Nodal Solu → Y Component of stress→OK

（16）退出系统。

参考图请扫二维码。

题 3-2 参考图

4 弹性力学轴对称问题的有限单元法

第 4 章数字资源

本章学习要点

本章主要介绍了轴对称问题的有限单元法的基本知识及基建模原理。要求了解轴对问题的结点自由度、应变分量和应力分量等基本概念，熟悉轴对称问题的有限单元计算方法。

思政课堂

"天问一号"火星探测器

"天问一号"，是由中国航天科技集团公司下属中国空间技术研究院负责总研制的探测器，负责执行中国第一次火星探测任务。"天问一号"于 2020 年 7 月 23 日在文昌航天发射场由长征五号遥四运载火箭发射升空，成功进入预定轨道。2021 年 2 月 10 日，"天问一号"与火星交会，成功实施捕获制动进入环绕火星轨道。对预选着陆区进行了 3 个月的详查后，于 2021 年 5 月 15 日成功实现软着陆在火星表面。2021 年 5 月 22 日，"祝融号"火星车成功驶上火星表面，开始巡视探测。2021 年 11 月 8 日，"天问一号"环绕器成功实施第五次近火制动，准确进入遥感使命轨道，开展火星全球遥感探测。

"天问一号"火星探测器由着陆巡视器和环绕器组成，着陆巡视器包括进入舱和"祝融号"火星车，总重量达到 5 t 左右。环绕探测是火星探测的主要方式之一，也是行星探测开始阶段的首选方式。环绕器要完成的主要科学探测任务包括火星大气电离层分析及行星际环境探测、火星表面和地下水冰的探测、火星土壤类型分布和结构探测、火星地形地貌特征及其变化探测、火星表面物质成分的调查和分析五大方面。"天问一号"环绕器搭载了七台有效载荷，用于火星科学探测，包括中分辨率相机、高分辨率相机、环绕器次表层探测雷达、火星矿物光谱分析仪、火星磁强计、火星离子与中性粒子分析仪和火星能量粒子分析仪七个部分。

"祝融号"火星车要完成的科学探测任务有火星巡视区形貌和地质构造探测，火星巡视区土壤结构（剖面）探测和水冰探查，火星巡视区表面元素、矿物和岩石类型探查，以及火星巡视区大气物理特征与表面环境探测。相较于国外的火星车，"祝融号"火星车的移动能力更强大，设计也更复杂。火星车搭载了六台科学载荷，包括火星表面成分探测仪、多光谱相机、导航地形相机、火星车次表层探测雷达、火星表面磁场探测仪、火星气象测量仪。

有限元分析方法在"天问一号"火星探测器的研发过程中应用广泛。有限元分析方法在"天问一号"着陆过程中极为重要，可以被用来模拟和评估探测器在着陆时所受到的惯性载荷和地面冲击效应，并预测着陆脚所承受的载荷分布，为制定安全的着陆方案提供技术支撑；有限元分析方法可预测探测器在运行过程中所受到的外界应力和相应变形情况，并帮助优化探测器的力学稳定性和耐久性；有限元分析方法可以帮助模拟和评估探测器结构在不同工作条件下的受力情况和变形情况，特别是对于高温、高压等极端环境下的结构设计更加关键。

"天问一号"在火星上首次留下中国印迹，首次实现通过一次任务完成火星环绕、着陆和巡视三大目标，使我国成为世界上第二个独立掌握火星着陆巡视探测技术的国家。"天问一号"对火星的表面形貌、土壤特性、物质成分、水冰、大气、电离层、磁场等的科学探测，实现了中国在深空探测领域的技术跨越而进入世界先进行列。

"天问一号"火星探测任务成功后，我国将成为世界上第一个通过一次任务实现火星环绕和着陆巡视探测的国家，也将成为世界上第二个实现火星车安全着陆和巡视探测的国家。"天问一号"任务是我国建设航天强国进程中的重大标志性工程，是中国航天走向更远深空的里程碑工程。"天问一号"任务的顺利完成使我国在太空探测领域迈出了一大步，并且为我国开展载人登月计划打下了坚实的基础，也是我国建设社会主义现代化强国迈出的重大意义的一步，同时也是为党的二十大的胜利召开献礼。

4.1　弹性力学轴对称问题的有限元方程

工程中有一类结构，其几何形状、约束条件以及所受外力都对称于某一轴，其所有的应力、应变及位移也都对称于此轴。这种问题称为轴对称问题。研究轴对称问题时通常采用圆柱坐标系 (r, θ, z)，也就是以 r 取代 x、以 θ 取代 y、以 z 轴为对称轴。应当注意：在 ANSYS 软件中，当采用圆柱坐标系时，仍显示 (x, y, z)。图 4-1 所示为轴对称体及其坐标系，通过 z 轴的一个纵向截面称为子午面，也就是对称面，如图 4-2 所示。弹性力学轴对称问题的分析方法是以子午面的应力、应变和变形值表示其他各径向截面的数值。因此，从有限元分析的角度来看，轴对称问题属于平面问题。

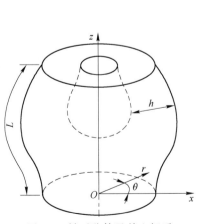

图 4-1　轴对称体及其坐标系

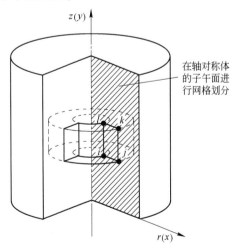

图 4-2　轴对称体的子午面

由于对称性，轴对称问题共有 4 个应力分量：

$$\boldsymbol{\sigma} = \begin{Bmatrix} \sigma_r \\ \sigma_\theta \\ \sigma_z \\ \tau_{zr} \end{Bmatrix} \tag{4-1}$$

式中　σ_r——沿半径方向的正应力，称为径向应力；

　　　σ_θ——沿 θ 方向的正应力，称为环向正应力或切向正应力；

　　　σ_z——沿 z 方向的正应力，称为轴向正应力；

　　　τ_{zr}——在圆柱面上沿 z 方向作用的剪应力。

同样，轴对称问题共有四个应变分量：

$$\boldsymbol{\varepsilon} = \begin{Bmatrix} \varepsilon_r \\ \varepsilon_\theta \\ \varepsilon_z \\ \gamma_{zr} \end{Bmatrix} \tag{4-2}$$

式中　ε_r——沿半径方向的正应变，称为径向正应变；

　　　ε_θ——沿 θ 方向的正应变，称为环向正应变或切向正应变；

　　　ε_z——沿 z 方向的正应变，称为轴向正应变；

　　　γ_{zr}——沿 r 和 z 方向的剪应变。

在轴对称问题中，弹性体内任意一点上，不存在切向位移，只存在径向位移（$u_r = u$）和轴向位移（$u_z = w$），两个位移分量表示为：

$$\boldsymbol{f} = \begin{bmatrix} u_r & u_z \end{bmatrix}^T = \begin{bmatrix} u & w \end{bmatrix}^T \tag{4-3}$$

在讨论弹性力学平面问题的有限单元法时，先由将弹性体划分为有限个单元的组合体，由虚功方程得到单元刚度矩阵，集成后得到整体刚度矩阵。在这里，用虚功方程直接得到轴对称问题的有限元列式。

由虚功方程可得，外力虚功等于内力虚功或虚应变能：

$$\iiint \boldsymbol{\varepsilon}^{*T} \boldsymbol{\sigma} dx dy dz = \iiint \delta^{*T} F dx dy dz + \iint_s \delta^{*T} p ds \tag{4-4}$$

式中　F——体力；

　　　p——面力；

　　　ε^*——虚应变；

　　　δ^*——虚位移。

将弹性体离散后，作用在弹性体上的外载荷移置到结点上，在每个结点上外力只有径向分量 F_{r1}，F_{r2}，$\cdots$，F_{rn}，轴向分量 F_{z1}，F_{z2}，$\cdots$，F_{zn}，即：

$$F = \begin{bmatrix} F_{r1} & F_{z1} & F_{r2} & F_{z2} & \cdots & F_{rn} & F_{zn} \end{bmatrix}^T \tag{4-5}$$

每个结点的虚位移也只有径向分量 u_1^*，u_2^*，$\cdots$，u_n^*，轴向位移分量 w_1^*，w_2^*，$\cdots$，w_n^*，即：

$$\delta^* = \begin{bmatrix} u_1^* & w_1^* & u_2^* & w_2^* & \cdots & u_n^* & w_n^* \end{bmatrix}^T \tag{4-6}$$

在单元中由虚位移引起的虚应变为：

$$\varepsilon^{*e} = B\delta^{*e} \qquad (4-7)$$

单元中的实际应力为：

$$\sigma^e = DB\delta^e \qquad (4-8)$$

离散后的单元组合体的虚功方程为：

$$\delta^{*T}F = \sum_{i=1}^{n} \iiint_e (\delta^{*e})^T B^T DB\delta^e dxdydz \qquad (4-9)$$

$$\delta^{*T}F = \sum_{i=1}^{n} (\delta^{*e})^T \iiint_e B^T DB dxdydz\delta^e \qquad (4-10)$$

$K^e = \iiint_e B^T DB dxdydz$ 就是单元刚度矩阵。

对于轴对称问题：

$$K^e = \int_0^{2\pi} \iint B^T DB rdrdzd\theta = 2\pi \iint B^T DB rdrdz \qquad (4-11)$$

将式（4-11）代入式（4-10）可得：

$$\delta^{*T}F = \delta^{*T} \sum_e (G^T K^e G) \{\delta\} \qquad (4-12)$$

$K = \sum_e (G^T K^e G)$ 称为整体刚度矩阵，得到方程组：

$$K\delta = F \qquad (4-13)$$

4.2 轴对称三结点单元位移函数

轴对称问题分析中所使用的三结点单元，在对称面上是三角形，在整个弹性体中是三棱圆环，各单元中圆环形铰相连接，如图4-3所示。参照平面问题的三角形单元位移函数，轴对称问题的三结点三角形单元位移函数取为：

$$\left.\begin{array}{c} u = a_1 + a_2 r + a_3 z \\ w = a_4 + a_5 r + a_6 z \end{array}\right\} \qquad (4-14)$$

按照平面问题三角形单元的分析过程，将结点坐标和结点位移代入式（4-14）得到：

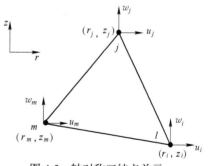

图4-3 轴对称三结点单元

$$\left\{\begin{array}{c} a_1 \\ a_2 \\ a_3 \end{array}\right\} = \frac{1}{2A} \begin{bmatrix} a_i & a_j & a_m \\ b_i & b_j & b_m \\ c_i & c_j & c_m \end{bmatrix} \left\{\begin{array}{c} u_i \\ u_j \\ u_m \end{array}\right\} \qquad (4-15)$$

$$\begin{Bmatrix} a_4 \\ a_5 \\ a_6 \end{Bmatrix} = \frac{1}{2A} \begin{bmatrix} a_i & a_j & a_m \\ b_i & b_j & b_m \\ c_i & c_j & c_m \end{bmatrix} \begin{Bmatrix} w_i \\ w_j \\ w_m \end{Bmatrix} \tag{4-16}$$

其中

$$A = \frac{1}{2} \begin{vmatrix} 1 & r_i & z_i \\ 1 & r_j & z_j \\ 1 & r_m & z_m \end{vmatrix} \tag{4-17}$$

$$a_i = r_j z_m - z_m r_j, \qquad b_i = z_j - z_m, \qquad c_i = r_m - r_j$$

定义形态函数为：

$$N_i = \frac{1}{2A}(a_i + b_i r + c_i z) \quad （下标 i、j、m 轮换） \tag{4-18}$$

用矩阵表示的单元位移为：

$$f = \begin{Bmatrix} u \\ w \end{Bmatrix} = \begin{bmatrix} N_i & 0 & N_j & 0 & N_m & 0 \\ 0 & N_i & 0 & N_j & 0 & N_m \end{bmatrix} \begin{Bmatrix} u_i \\ w_i \\ u_j \\ w_j \\ u_m \\ w_m \end{Bmatrix} \tag{4-19}$$

4.3 轴对称三结点单元刚度矩阵

轴对称问题的几何方程为：

$$\begin{Bmatrix} \varepsilon_r \\ \varepsilon_\theta \\ \varepsilon_z \\ \gamma_{zr} \end{Bmatrix} = \begin{Bmatrix} \dfrac{\partial u}{\partial r} \\[2mm] \dfrac{u}{r} \\[2mm] \dfrac{\partial w}{\partial z} \\[2mm] \dfrac{\partial u}{\partial z} + \dfrac{\partial w}{\partial r} \end{Bmatrix} \tag{4-20}$$

由式（4-19）得：

$$\frac{\partial u}{\partial r} = \frac{1}{2A}(b_i u_i + b_j u_j + b_m u_m) \tag{4-21a}$$

$$\frac{u}{r} = \frac{1}{2A}(f_i u_i + f_j u_j + f_m u_m) \tag{4-21b}$$

其中，$f_i = \frac{a_i}{r} + b_i + \frac{cz_i}{r}$（下标 i、j、m 轮换）。

$$\frac{\partial w}{\partial z} = \frac{1}{2A}(c_i w_i + c_j w_j + c_m w_m) \tag{4-21c}$$

$$\frac{\partial u}{\partial z} = \frac{1}{2A}(c_i u_i + c_j u_j + c_m u_m) \tag{4-21d}$$

$$\frac{\partial w}{\partial r} = \frac{1}{2A}(b_i w_i + b_j w_j + b_m w_m) \tag{4-21e}$$

用几何矩阵表示单元的应变：

$$\varepsilon = \boldsymbol{B} \delta^e \tag{4-22}$$

$$\boldsymbol{B} = \begin{bmatrix} \boldsymbol{B}_i & \boldsymbol{B}_j & \boldsymbol{B}_m \end{bmatrix} \tag{4-23}$$

$$\boldsymbol{B}_i = \frac{1}{2A} \begin{bmatrix} b_i & 0 \\ f_i & 0 \\ 0 & c_i \\ c_i & b_i \end{bmatrix} \quad （下标 i、j、m 轮换） \tag{4-24}$$

由于在 f_i 是坐标 r、z 的函数，ε_θ 分量在单元中不为常量，其他三个应变分量在单元中仍为常量。由轴对称问题的物理方程，得到弹性矩阵：

$$\boldsymbol{D} = \frac{E(1-\mu)}{(1+\mu)(1-2\mu)} \begin{bmatrix} 1 & \dfrac{\mu}{1-\mu} & \dfrac{\mu}{1-\mu} & 0 \\ \dfrac{\mu}{1-\mu} & 1 & \dfrac{\mu}{1-\mu} & 0 \\ \dfrac{\mu}{1-\mu} & \dfrac{\mu}{1-\mu} & 1 & 0 \\ 0 & 0 & 0 & \dfrac{1-2\mu}{2(1-\mu)} \end{bmatrix} \tag{4-25}$$

令 $\dfrac{\mu}{1-\mu} = A_1$，$\dfrac{1-2\mu}{2(1-\mu)} = A_2$，则弹性矩阵为：

$$\boldsymbol{D} = \frac{E(1-\mu)}{(1+\mu)(1-2\mu)} \begin{bmatrix} 1 & A_1 & A_1 & 0 \\ A_1 & 1 & A_1 & 0 \\ A_1 & A_1 & 1 & 0 \\ 0 & 0 & 0 & A_2 \end{bmatrix} \tag{4-26}$$

由弹性矩阵 $\boldsymbol{D}$ 和几何矩阵 $\boldsymbol{B}$ 可以得到应力矩阵 $\boldsymbol{S}$，并计算出单元内的应力分量：

$$\boldsymbol{S} = \boldsymbol{DB}$$

$$S = \begin{bmatrix} S_i & S_j & S_m \end{bmatrix}$$

$$S_i = DB_i = \frac{E(1-\mu)}{2(1+\mu)(1-2\mu)A} \begin{bmatrix} b_i + f_i & A_1 c_i \\ A_1 b_i + f_i & A_1 c_i \\ A_1(b_i + f_i) & c_i \\ A_2 c_i & A_2 b_i \end{bmatrix} \tag{4-27}$$

式（4-27）下标 i、j 轮换，可得到 S_i、S_j。由应力矩阵可知，除剪应力 τ_{zr} 为常量，其他三个正应力分量都是 r、z 的函数。

单元刚度矩阵为：

$$K^e = 2\pi \iint B^T DB r \mathrm{d}r \mathrm{d}z \tag{4-28}$$

单元刚度矩阵的分块矩阵为：

$$K_{rs} = 2\pi \iint B_r^T DB_s r \mathrm{d}r \mathrm{d}z \tag{4-29}$$

由于几何矩阵中的元素不是常量，单元刚度矩阵需要通过积分得到。为简化计算，可以用三角形单元形心位置的坐标 r_c、z_c 代替 B 矩阵中的变量 r、z：

$$r_c = \frac{1}{3}(r_i + r_j + r_m)$$

$$z_c = \frac{1}{3}(z_i + z_j + z_m)$$

应变矩阵变成：

$$\bar{B} = \begin{bmatrix} \bar{B}_i & \bar{B}_j & \bar{B}_m \end{bmatrix}$$

$$\bar{B}_i = \frac{1}{2A} \begin{bmatrix} b_i & 0 \\ \dfrac{a_i}{r_c} + b_i + c_i z_c & 0 \\ 0 & c_i \\ c_i & b_i \end{bmatrix} \tag{4-30}$$

单元刚度矩阵的近似表达式为：

$$\bar{K}^e = 2\pi r_c \bar{B}^T D \bar{B} \tag{4-31}$$

单元刚度矩阵的分块矩阵近似表达式为：

$$\bar{K}_{rs} = 2\pi r_c \bar{B}_r^T D \bar{B}_s \tag{4-32}$$

$$\bar{K}_{rs} = \frac{\pi E(1-\mu) r_c}{2(1+\mu)(1-2\mu)A} \begin{bmatrix} b_r b_s + \bar{f}_r \bar{f}_s + A_1(b_r \bar{f}_s + \bar{f}_r b_s) + A_2 c_r c_s & A_1(b_r c_s + \bar{f}_r c_s) + A_2 c_r b_s \\ A_1(c_r b_s + c_r \bar{f}_s) + A_2 b_r c_s & c_r c_s + A_2 b_r b_s \end{bmatrix}$$

$$\tag{4-33}$$

4.4　轴对称单元的结点载荷移置

单元上的体力为 p，与平面问题相同，由虚功方程可以得到结点载荷：

$$R^e = 2\pi \iint N^T p r \mathrm{d}r \mathrm{d}z \qquad (4\text{-}34)$$

作用在单元上的面力为 $\bar{p}$，结点载荷为：

$$R^e = 2\pi \int_s N^T \bar{p} r \mathrm{d}s \qquad (4\text{-}35)$$

轴对称问题分析中，如果直接定义结点载荷，载荷值是实际弹性体上绕对称轴一周的载荷累计结果。

4.5　ANSYS 对于轴对称问题建模的要求

对称轴必须与总体笛卡尔坐标的 y 轴重合，总体笛卡尔坐标 y 方向代表轴向、x 方向代表径向、z 方向代表周向。分析模型必须建立在 xOy 平面的第一和第四象限中，不允许负的 x 方向结点坐标出现。如果结构沿对称轴包含有孔，不要忘记在 y 轴和二维轴对称模型间留适当的距离。在 ANSYS 中应采用平面单元求解轴对称问题，但是要进行单元参数调整：

Main Menu→Preprocessor→Element Type→Add/Edit/Delete→Add→select Solid 4node 182→OK→Option→K3：Axisymmetric→OK

4.6　ANSYS 建模概述

ANSYS 使用的模型可分为实体模型和有限元模型两类。基于 CAD 技术表达结构的几何形状，即实体模型，该类模型可以在其中填充结点和单元，也可以在模型边界上施加载荷和约束。

而有限元模型是由结点和单元组成的，专门供有限元分析程序计算用的一类模型，不单独依存几何模型。实体模型并不参与有限元分析，所有施加在实体模型边界上的载荷或约束必须传递到有限元模型上，即在结点和单元上进行求解，结点解为基础解包括位移、温度等，单元解为扩充解包括应力、应变等。

ANSYS 程序提供了三种创建模型的方法，分别是直接建模、实体建模、导入 CAD 模型。

4.6.1　直接建模

直接建模方法是在 ANSYS 显示窗口直接创建结点和单元，模型中没有实体（点、线、面）出现，其特点如下所述。

直接建模的优点：（1）适合于小型模型、简单模型以及规律性较强的模型；（2）可实现对每个结点和单元编号的完全控制。

直接建模的缺点：（1）需人工处理的数据量大，效率低；（2）不能使用自适应网格划分功能；（3）网格修正非常困难；（4）不适合进行优化设计；（5）容易出错。

4.6.2　实体建模

实体建模是先创建由关键点、线段、面和体构成的几何模型，然后利用 ANSYS 网格划分工具对其进行网格划分，生成结点和单元，最终建立有限元模型的一种建模方法。

实体建模的优点是：（1）适合于复杂模型，尤其适合于 3D 实体建模；（2）需人工处理的数据量小，效率高；（3）允许对结点和单元实施不同的几何操作；（4）支持布尔操作（相加、相减、相交等）；（5）支持 ANSYS 优化设计功能；（6）可以进行自适应网格划分；（7）可以进行局部网格划分；（8）便于修改和改进。

实体建模的缺点是：（1）有时需要大量的 CPU 处理时间；（2）对小型、简单的模型有时很繁琐；（3）在特定的条件下可能会失败（即程序不能生成有限元网格）。

4.6.3　导入 CAD 模型

导入 CAD 模型的方法是利用 CAD 系统在网格划分和几何模型建立方面的优势，预先将实体模型划分为有限元模型或几何模型，然后通过一定的格式或接口直接导入 ANSYS。导入到 ANSYS 中的有限元模型在使用之前一般需要经过检验和修正。

ANSYS 中建立几何建模相对其他 CAD 软件更复杂，特别对于存在大量曲面的复杂模型。因此，除非模型便于使用参数化建模方法而且需要反复建立，一般不在 ANSYS 中建立极为复杂的模型。

为了弥补几何建模能力的不足，ANSYS 提供了与其他 CAD 软件的接口，用来导入其他 CAD 软件建立的几何模型。通过这样的接口，ANSYS 实现了与其他 CAD 软件的分工，而更专注于 CAE 分析。ANSYS 支持导入的模型文件格式有 IGES、CATLA V4、CATIA V5、Pro/E、UG 和 Parasolid。

本 章 小 结

物体的几何形状、约束情况及所受的外力都对称于空间的某一根轴，因此所有应力、应变和位移也对称于该轴，这类问题称为轴对称问题。研究轴对称问题时通常采用圆柱坐标系 (r, θ, z)，以 z 轴为对称轴。应当注意：在 ANSYS 软件中，当采用圆柱坐标系时，仍显示 (x, y, z)。通过 z 轴的一个纵向截面称为子午面，轴对称问题建模就是在这个对称面上进行，但是为了保证径向坐标恒正，模型必须建立在第一象限或第四象限。从有限元分析的角度来看，轴对称问题属于一类特殊的平面问题。与其他平面问题有限元相比，轴对称单元的形状和形函数所用相同，但是应变矩阵以及单元刚度矩阵阶数不同。在使用商业有限元软件的轴对称单元时，应当与平面问题单元相区分。

复习思考题

4-1 一瓶装满液体的圆柱形酒瓶垂直掉落在平坦的地面上，酒瓶底面恰好与地面全部接触。此问题可以作为轴对称问题求解吗？如果酒瓶是倾斜撞到地面呢？

4-2 用有限元分析轴对称问题时，只要是一个纵向截面，单元模型可以建立在 xOy 面内的任何区域。这种说法对吗？

4-3 在轴对称体子午面边界上的一点，施加了一个集中力。这是否意味着在轴对称体上的相应位置点上作用了一个集中力？

上机作业练习

4-1 带圆槽的圆柱试样受到均布拉力作用。

问题描述：圆柱试样长为 300 mm，半径 $R = 50$ mm，边缘处的圆槽半径 $r = 10$ mm。圆柱试样的左、右边受到均匀分布拉力 $q = 1$ MPa 的作用。材料的弹性模量为 $E = 200$ GPa，泊松比为 0.3。轴对称问题可取 $\frac{1}{4}$ 区域（见图 4-4 中的阴影区域）建立模型，在边界上施加对称的边界约束条件。

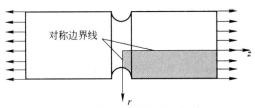

图 4-4　带槽的圆柱试样拉伸

ANSYS 菜单操作步骤如下。

（1）指定分析范畴为结构分析。

Main Menu→Preference→选中 Structural→OK

（2）设置文件名。

Utility Menu→File→Change Jobname，输入"Circular bar with a notch"

（3）Utility Menu→File→Change Title：Stresses in a circular bar with a notch

（4）选择单元类型。

Main Menu→Preprocessor→Element Type→Add/Edit/Delete→Add→Solid Quad 4node 182→OK→Options→K3：Axisymmetric→OK→Close

（5）定义材料参数。

Main Menu→Preprocessor→MaterialProps→MaterialModels→Structural→Linear→Elastic→Isotropic→EX：200e3，PRXY：0.3→OK

（6）生成矩形和圆形。

Main Menu→Preprocessor→Modeling→Create→Areas→Rectangular→By 2 corners→输入：WPX=0，WPY=0，Width=50，Height=150→OK

Main Menu→Preprocessor→Modeling→Create→Areas→Circle→Solid Circle→输入：WPX：50，WPY：0，Radius：10→OK

（7）通过布尔减运算，用矩形布尔减去圆形，生成具有孔的板。

Main Menu→Preprocessor→Modeling→Operate→Booleans→Subtract→Areas→先拾取矩形→Apply→再拾取圆形→OK

（8）设定单元长度。

Main Menu→Preprocessor→Meshing→Size Cntrls→ManualSize→Global→Size→将弹出 Global Element Sizes→在对话框中的 Element edge length 对话框中输入"2"→OK

（9）划分网格。

Main Menu→Preprocessor→Meshing→Mesh→Areas→Free→将弹出 Mesh Areas 拾取对话框→Pick All

（10）保存网格造型数据，备用。

Utility Menu→File→Save as→Circular bar mesh. db→OK

（11）施加对称位移约束。

Main Menu→Solution→Define Loads→Apply→Structural→Displacement→Symmetry B. C. →On lines →拾取模型的两条对称边界线→OK

（12）施加指定均布拉力载荷（正值表示压载荷）。

Main Menu→Solution→Define Loads→Apply→Structural→Pressure→On lines→拾取受拉伸的边线 →Value：-1→OK

（13）分析计算。

Main Menu→Solution→Solve→Current LS→OK

（14）观察 X 应力。

Main Menu→General Postproc→Plot Results→Contour Plot→Nodal Solu→X Component of stress→OK

（15）观察 Y 应力。

Main Menu → General Postproc → Plot Results → Contour Plot → Nodal Solu → Y Component of stress→OK

（16）退出系统。

参考图请扫二维码。

题 4-1 参考图

4-2　厚壁球壳受内压问题。

问题描述：设球壳外半径 R_1 = 200 mm，内半径 R_2 = 100 mm。内压力 p = 0.5 MPa。材料弹性模量 E = 200 GPa，泊松比为 0.3。厚壁球壳受内压问题可视为一个轴对称问题。在 ANSYS 中取 $\frac{1}{4}$ 圆环建立模型（见图 4-5），并在直边界上施加适当的对称约束条件。

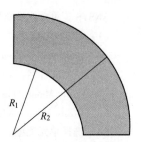

图 4-5　厚壁球壳受内压

ANSYS 菜单操作步骤如下。

（1）指定分析范畴为结构分析。

Main Menu→Preference→选中 Structural→OK

（2）设置文件名。

Utility Menu→File→Change Jobname，输入：Thick Walled Vessel under inner pressure

（3）选择单元类型。

Main Menu→Preprocessor→Element Type→Add/Edit/Delete→Add→Solid Quad 4node 182→OK→ Options→K3：Axisymmetric→OK→Close

（4）定义材料参数。

Main Menu→Preprocessor→Material Props→Material Models→Structural→Linear→Elastic→Isotropic →EX：200e3，PRXY：0.3→OK

（5）生成四分之一矩形和圆形。

Main Menu→Preprocessor→Modeling→Create→Areas→Circle→Partial Annulus→依次输入：WPX = 0、WPY = 0、外半径 Rad-1 = 200、起始角 Theta-1 = 0、内半径 Rad-2 = 100、终止角 Theta-2 = 90 →OK

（6）设定单元长度。

　　Main Menu→Preprocessor→Meshing→Size Cntrls→ManualSize→Global→Size→将弹出 Global Element Sizes→在对话框中的 Element edge length 对话框中输入"20"→OK

（7）划分网格。

　　Main Menu→Preprocessor→Meshing→Mesh→Areas→Free→将弹出 Mesh Areas 拾取对话框→Pick All

（8）保存网格造型数据，备用。

　　Utility Menu→File→Save as→mesh. db→OK

（9）施加对称位移约束。

　　Main Menu→Solution→Define Loads→Apply→Structural→Displacement→Symmetry B. C. →On lines→拾取图 4-5 中左边直边线和下边直边线→OK

（10）施加指定均布拉力载荷（正值表示压载荷）。

　　Main Menu→Solution→Define Loads→Apply→Structural→Pressure→On lines→拾取内圆弧线→Value：0. 5→OK

（11）分析计算。

　　Main Menu→Solution→Solve→Current LS→OK

（12）先将结果坐标系转为柱坐标，则 X 方向即为径向，Y 方向即为周向。

　　Main Menu→General Postproc→Options for Outp→Rsys→Global cylindric

（13）将对称面沿旋转轴旋转 360°，形成实体图。

　　Utility Menu→PlotCtrls→Style→Symmetry Expansion→2D Axi-Symmetic→Full Expansion→OK

（14）观察径向（X）应力。

　　Main Menu→General Postproc→Plot Results→Contour Plot→Nodal Solu→X Component of stress→OK

（15）观察周向（Y）应力。

　　Main Menu → General Postproc → Plot Results → Contour Plot → Nodal Solu → Y Component of stress→OK

题 4-2 参考图

（16）退出系统。

参考图请扫二维码。

4-3　实心圆球挤压接触问题。

　　问题描述：设实心圆球的直径为 $D=100$ mm，要求用大变形单元通过 100 级子增量步计算压下量为 40 mm 时材料内部的应力-应变分布。模具为 1 号材料的弹性模量为 $E=200$ GPa，泊松比为 0.3。圆球为 2 号材料，弹性模量为 $E=20$ GPa，泊松比为 0.38，接触面的摩擦系数 $f=0.2$，弹塑性材料的应力-应变关系为双线性：$\sigma_y=20$ MPa，$E_t=1$ GPa。分析题可知，问题可简化成轴对称问题。再根据对称性，可以以四分之一建立模型，如图 4-6 所示。

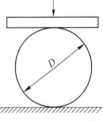

图 4-6　实心圆球侧挤压接触

　　ANSYS 菜单操作步骤如下。

（1）指定分析范畴为结构分析。

　　Main Menu→Preference→选中 Structural→OK

（2）设置文件名。

　　Utility Menu→File→Change Jobname，输入：Press of a solid ball

（3）选择单元类型。

　　Main Menu→Preprocessor→Element Type→Add/Edit/Delete→Add→select Solid Quad 4node 182→OK→Options→K3：Axisymmetric→OK→Close

（4）定义材料参数。

Main Menu→Preprocessor→Material Props→Material Models→Structural→Linear→Elastic→Isotropic →EX：200E3，PRXY：0.3→OK→Material→New Model…→（ID：2）→Structural→Nonlinear→ Inelastic→Rate independent→Isotropic hardening plasticity→Miese plasticity→Bilinear→input EX：20E3， PRXY：0.38→Yield Strss：20，Tang Mod：1000→OK

（5）生成四分之一圆面。

Main Menu→Preprocessor→Modeling→Create→Areas→Circle→Partial Annulus→依次输入圆心坐标：WPX = 0，WPY = 0→内径 Rad−1 = 0→起始角 Theta-1 = 0→外径 Rad-2 = 50→终止角 Theta-2 = 90 →OK

（6）生成二分之一矩形（压板）面。

Preprocessor→Modeling→Create→Areas→Rectangular→WPX = 0，WPY = 50→Width = 60→Height = 20→OK

（7）设置单元属性。

Main Menu→Preprocessor→Meshing→Mesh Attributes→Picked Areas→拾取：矩形面→Apply→ MAT Material number：1→Apply→Picked Areas→拾取：四分之一圆面→Apply→MAT Material number：2→OK

（8）网格划分。

Main Menu→Preprocessor→Meshing→Mesh Tool→（Size Controls）lines：Set→拾取矩形一条长直边：OK→input NDIV：12→Apply→另一条直边：OK→input NDIV：2→Apply→拾取圆弧一条曲边：OK→input NDIV：12→拾取圆弧另一条曲边：OK→input NDIV：10→OK→Mesh：Areas→Shape：Quad→Mapped→Mesh→Pick All→Close

（9）创建接触对。

圆球和模具在接触时，表面之间将构成线-线接触对。ANSYS 的接触对生成向导可以使用户非常方便地生成分析需要的接触对。在生成接触对的同时，ANSYS 程序将自动给接触对分配实常数号。

1）打开接触管理器。

Main Menu→Preprocessor→Modeling→Create→Contact Pair

2）单击接触管理器中的工具条上的最上左边按钮，将弹出 Contact Wizard 对话框。

3）在 Target Surface 条目下，用"Lines"。在 Target Type 条目下，选"Flexible"→单击 Pick Target 按钮→弹出 Select Line for Target 对话框，模具看成是刚度较大的目标体，拾取模具的矩形下边线→OK→单击 NEXT 进入下一个画面。

4）在 Contact Surface 条目下，用"Line"。在 Contact Element Type 条目下，选"Line-to-line"→单击 Pick Contact…按钮→弹出 Select Line for Contact 对话框，圆球看成是刚度较小的接触柔性体，拾取圆球的圆弧线→OK→单击 NEXT 进入下一个画面。

5）单击 Material ID 下拉框中的"1"，指定接触材料属性为定义的一号材料。并在 Coefficient Of Friction 文本框中输入"0.2"，指定摩擦系数为 0.2→设置摩擦的选项卡 Optional setting 单击按钮→对接触问题的其他选项进行设置。

6）在对话框中的 Normal Penalty Stiffness 文本框中输入"0.1"，指定接触刚度的处罚系数为 0.1。在 Friction 选项中的 Stiffness matrix 下拉框中选"Unsymmetric"选项，指定本实例的接触刚度为非对称矩阵。其余的设置保持缺省→OK→单击 Create 按钮关闭对话框，完成对接触选项的设置。

7）查看图中的信息，注意刚-柔接触对的外法线方向应该彼此对立，否则用 Flip Target Normals 调整，然后单击 Finish 关闭对话框。在接触管理器的接触对列表框中，将列出刚定义的接触对，其实常数为 3。

（10）给底平面线施加对称约束。

Main Menu→Solution→Define Loads→Apply→Structural→Displacement→Symmetry BC→On lines→

拾取圆球底面线→OK

（11）给左侧面线施加对称约束。

　　　Main Menu→Solution→Define Loads→Apply→Structural→Displacement→Symmetry BC→On lines→拾取圆球和矩形左侧面线→OK

（12）给作为工具的矩形上面线施加位移。

　　　Main Menu→Solution→Define Loads→Apply→Structural→Displacement→On lines→拾取矩形上面线→Apply→Uy：-20→OK

（13）分析参数设定。

　　　Main Menu→Solution→Analysis type→Sol'n Controls→Large deformation static；Number of Substeps=100；Max No of Substeps=100；Min No of Substeps=5→OK

（14）计算。

　　　Main Menu→Solution→Solve→Current LS→OK

（15）将对称面沿旋转轴旋转270°，形成实体剖面图。

　　　Utility Menu→PlotCtrls→Style→Symmetry Expansion→2D Axi-Symmetric→3/4 Expansion→OK

（16）位移结果。

　　　Main Menu→General Postproc→Plot Results→Deformed Shape…→select Def + Undeformed →OK

（17）输出 Von Mises 等效应力。

　　　Main Menu→General Postproc→Plot Results→Contour Plot→Nodal Solu→Stress→von Mises stress→OK

（18）输出等效塑性应变。

　　　Main Menu→General Postproc→Plot Results→Contour Plot→Nodal Solu→Plastic Strain→Equivalent plastic strain→OK

（19）退出系统。

参考图请扫二维码。

题 4-3 参考图

5 弹性力学空间问题的有限单元法

第 5 章数字资源

本章学习要点

本章主要介绍了弹性力学空间问题的有限单元法的基本知识，以及常应变四面体单元和六面体八结点单元的有限元公式。要求了解三维实体单元结点位移模式的特点、三维问题有限元法的主要难点等基本概念；熟悉用 ANSYS 三维实体单元进行建模与求解步骤。

思政课堂

"蛟龙号"

习近平总书记在党的二十大报告中指出，坚持把发展经济的着力点放在实体经济上，推进新型工业化，加快建设制造强国、质量强国、航天强国、交通强国、网络强国、数字中国。实施产业基础再造工程和重大技术装备攻关工程，支持专精特新企业发展，推动制造业高端化、智能化、绿色化发展。深海是国际海洋科技的热点领域，也是人类解决资源短缺、拓展生存发展空间的战略要地。深海科学探索和海洋战略资源开发都离不开海洋高新技术的支持。"蛟龙号"的下潜成功，不仅激发了民族的自豪感和自信心，也为凝心聚力提供了展示国家实力的舞台。深海技术的突破，预示着我国从海洋大国逐步迈向海洋强国。这将有助于提升我国在高科技领域的实力和创新能力，推动我国向创新型国家的转型。

"蛟龙号"是中国自主设计和自主集成研制的载人潜水器，也是"863"计划中的重大研究项目。"蛟龙号"长 8.2 m，宽 3.0 m，高 3.4 m，空重不超过 22 t，最大载重量 240 kg，最大航速 25 nmile/h，巡航速度 1 nmile/h。潜水器的最大深度为 7062.68 m，最大工作深度为 7000 m。理论上，其工作范围可以覆盖世界上 99.8% 的海洋。中国"蛟龙号"载人潜水器操控系统包括主要控制系统、航行控制系统、综合显控系统、水面监控系统，数据分析平台以及半物理仿真平台。

2002 年，国家科学技术部将深海载人潜水器研制列为国家高技术研究发展计划（"863"计划）重大专项，启动"蛟龙号"载人深潜器的自行设计、自主集成研制工作。2009—2012 年，接连取得 1000 m 级、3000 m 级、5000 m 级和 7000 m 级海试成功。"蛟龙号"载人潜水器 5000 m 级海试成功，是我国海洋科技发展的又一个重大里程碑式的事件。

2012 年 6 月，在马里亚纳海沟创造了下潜 7062 m 的中国乃至世界的载人深潜纪录。"蛟龙号"载人潜水器研制和海试成功，标志着我国系统地掌握了大深度载人潜水器设计、建造和试验技术，实现了从跟踪模仿向自主集成、自主创新的转变，跻身世界载人深潜先进国家行列。

2014 年 12 月 26 日，"蛟龙号"载人潜水器在西南印度洋执行第 88 潜次科考任务，这是"蛟龙号"在印度洋首次执行科学应用下潜。

2015 年 1 月 14 日，在西南印度洋龙旗热液区执行印度洋科考首航段的最后一次下潜，这也是其在这个航段的第 9 次下潜。3 月 17 日，搭乘"向阳红 09"船停靠国家深海基地码头，正式安家青岛。

2016 年 5 月 22 日，成功完成在雅浦海沟的最后一次科学应用下潜，最大下潜深度达 6579 m。

2017 年 3 月 4 日和 7 日，"蛟龙号"载人潜水器分别在西北印度洋卧蚕 1 号热液区和大糟热液区进行了中国大洋 38 航次第一航段的第 3 次下潜和第 4 次下潜。这两次下潜都在调查区域发现了热液喷口并获取了硫化物样品。5 月 23 日，"蛟龙号"完成在世界最深处下潜，潜航员在水下停留近 9 h，海底作业时间 3 h 11 min，最大下潜深度 4811 m。

通过多次海试，"蛟龙号"载人潜水器各项指标得到进一步检验，实现了中国载人深潜新的突破，标志着中国具备了到达全球 70% 以上海洋深处进行作业的能力，极大增强了我国科技工作者进军深海大洋、探索海洋奥秘的信心和决心。"蛟龙号"将在未来深海矿产资源勘探和深海科学研究中发挥开拓者的作用。

多数弹性力学问题需要按照三维空间问题来求解。三维弹性力学问题有限元法的基本步骤与平面问题的步骤一样，包括单元离散化、选择单元位移模式、单元分析、整体分析和方程求解。在分析三维问题时，所选择的单元主要为四面体单元和六面体单元。每个单元结点上定义有三个位移分量 u、v、w。

5.1 三维空间线弹性问题的应力应变关系

按照弹性力学给出的空间线弹性问题的应力应变关系为：

$$\begin{Bmatrix} \sigma_x \\ \sigma_y \\ \sigma_z \\ \tau_{yz} \\ \tau_{zx} \\ \tau_{xy} \end{Bmatrix} = \frac{E(1-\mu)}{(1+\mu)(1-2\mu)} \begin{bmatrix} 1 & \dfrac{\mu}{1-\mu} & \dfrac{\mu}{1-\mu} & 0 & 0 & 0 \\ \dfrac{\mu}{1-\mu} & 1 & \dfrac{\mu}{1-\mu} & 0 & 0 & 0 \\ \dfrac{\mu}{1-\mu} & \dfrac{\mu}{1-\mu} & 1 & 0 & 0 & 0 \\ 0 & 0 & 0 & \dfrac{1-2\mu}{2(1-\mu)} & 0 & 0 \\ 0 & 0 & 0 & 0 & \dfrac{1-2\mu}{2(1-\mu)} & 0 \\ 0 & 0 & 0 & 0 & 0 & \dfrac{1-2\mu}{2(1-\mu)} \end{bmatrix} \begin{Bmatrix} \varepsilon_x \\ \varepsilon_y \\ \varepsilon_z \\ \gamma_{yz} \\ \gamma_{zx} \\ \gamma_{xy} \end{Bmatrix}$$

$$(5\text{-}1)$$

$$
\begin{Bmatrix} \varepsilon_x \\ \varepsilon_y \\ \varepsilon_z \\ \gamma_{yz} \\ \gamma_{zx} \\ \gamma_{xy} \end{Bmatrix} = \frac{1}{E} \begin{bmatrix} 1 & -\mu & -\mu & 0 & 0 & 0 \\ -\mu & 1 & -\mu & 0 & 0 & 0 \\ -\mu & -\mu & 1 & 0 & 0 & 0 \\ 0 & 0 & 0 & 2(1+\mu) & 0 & 0 \\ 0 & 0 & 0 & 0 & 2(1+\mu) & 0 \\ 0 & 0 & 0 & 0 & 0 & 2(1+\mu) \end{bmatrix} \begin{Bmatrix} \sigma_x \\ \sigma_y \\ \sigma_z \\ \tau_{yz} \\ \tau_{zx} \\ \tau_{xy} \end{Bmatrix} \tag{5-2}
$$

5.2　常应变四面体单元

5.2.1　位移函数

一般空间实体的有限元分析的离散化采用三维实体单元，常应变四面体单元是最简单的三维实体单元。如图 5-1 所示，常应变四面体单元是四结点线性四面体元，四个角点 i、j、l、m 为结点，每个结点有三个自由度。单元的结点位移向量可以表示为：

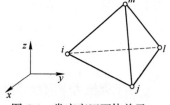

图 5-1　常应变四面体单元

$$
\boldsymbol{\delta}^e = [u_i,\ v_i,\ w_i,\ u_j,\ v_j,\ w_j,\ u_l,\ v_l,\ w_l,\ u_m,\ v_m,\ w_m]^T \tag{5-3}
$$

单元内部的位移插值函数为一次多项式，即只含常数项和 x、y、z 项。与平面常应变三角形单元插值公式类似，在单元内部某点 $P(x,\ y,\ z)$，其位移值可以通过结点位移值与相应结点的形函数相乘的内插公式表示为：

$$
u(x,\ y,\ z) = N_i u_i + N_j u_j + N_l u_l + N_m u_m
$$
$$
v(x,\ y,\ z) = N_i v_i + N_j v_j + N_l v_l + N_m v_m
$$
$$
w(x,\ y,\ z) = N_i w_i + N_j w_j + N_l w_l + N_m w_m \tag{5-4}
$$

其中，N_i、N_j、N_l、N_m 为定义在结点 i、j、l、m 的形函数。它们的表达式为：

$$
N_i = (a_i + b_i x + c_i y + d_i z)/(6V)
$$
$$
N_j = -(a_j + b_j x + c_j y + d_j z)/(6V)
$$
$$
N_l = (a_l + b_l x + c_l y + d_l z)/(6V) \tag{5-5}
$$
$$
N_m = -(a_m + b_m x + c_m y + d_m z)/(6V)
$$

其中

$$
a_i = \begin{vmatrix} x_j & y_j & z_j \\ x_m & y_m & z_m \\ x_l & y_l & z_l \end{vmatrix}, \quad
b_i = -\begin{vmatrix} 1 & y_j & z_j \\ 1 & y_m & z_m \\ 1 & y_l & z_l \end{vmatrix}, \quad
c_i = \begin{vmatrix} 1 & x_j & z_j \\ 1 & x_m & z_m \\ 1 & x_l & z_l \end{vmatrix}, \quad
d_i = -\begin{vmatrix} 1 & x_j & y_j \\ 1 & x_m & y_m \\ 1 & x_l & y_l \end{vmatrix}
$$

$$V = \frac{1}{6} \begin{vmatrix} 1 & x_i & y_i & z_i \\ 1 & x_j & y_j & z_j \\ 1 & x_l & y_l & z_l \\ 1 & x_m & y_m & z_m \end{vmatrix} \quad (i \text{、} j \text{、} l \text{、} m \text{ 轮换}) \tag{5-6}$$

5.2.2 应变矩阵

每个点有六个应变分量。按照弹性力学的几何方程，单元内任意点的六个应变分量可以表示为：

$$\boldsymbol{\varepsilon} = \boldsymbol{B}a^e = \begin{bmatrix} B_i & -B_j & B_l & -B_m \end{bmatrix} \boldsymbol{\delta}^e \tag{5-7}$$

其中，应变矩阵的每个分块子矩阵是 6×3 的矩阵：

$$\boldsymbol{B}_r = \frac{1}{6V} \begin{vmatrix} b_r & 0 & 0 \\ 0 & c_r & 0 \\ 0 & 0 & d_r \\ c_r & b_r & 0 \\ 0 & d_r & c_r \\ d_r & 0 & b_r \end{vmatrix} \quad (r = i,\ j,\ l,\ m) \tag{5-8}$$

由于矩阵 $\boldsymbol{B}$ 中的元素都是常量，单元应变分量也都是常量。

5.2.3 单元刚度矩阵

空间四面体单元的单元刚度矩阵表达式为：

$$\boldsymbol{K}^e = \int_{V^e} \boldsymbol{B}^{\mathrm{T}} \boldsymbol{D} \boldsymbol{B} \mathrm{d}V = \boldsymbol{B}^{\mathrm{T}} \boldsymbol{D} \boldsymbol{B} V \tag{5-9}$$

单元刚度矩阵可以写成分块子矩阵组合的形式：

$$\boldsymbol{K}^e = \begin{bmatrix} K_{ii} & -K_{ij} & K_{im} & -K_{il} \\ -K_{ji} & K_{jj} & -K_{jm} & K_{jl} \\ K_{mi} & -K_{mj} & K_{mm} & -K_{ml} \\ -K_{li} & K_{lj} & -K_{lm} & K_{ll} \end{bmatrix} \tag{5-10}$$

其中，任一分块子矩阵的形式为：

$$\boldsymbol{K}_{rs} = \boldsymbol{B}_r^{\mathrm{T}} \boldsymbol{D} \boldsymbol{B}_s V \quad (r,\ s = i,\ j,\ l,\ m) \tag{5-11}$$

应注意：对于常应变四面体单元，其单元刚度矩阵中各元素均为常数。

对于各向同性体

$$\boldsymbol{K}_{rs} = \frac{E(1 - \mu)}{36(1 + \mu)(1 - 2\mu)V}$$

$$
\begin{bmatrix}
b_r b_s + g_2(c_r c_s + d_r d_s) & g_1 b_r c_s + g_2 c_r b_s & g_1 b_r d_s + g_2 d_r b_s \\
g_1 c_r b_s + g_2 b_r b_s & c_r c_s + g_2(b_r b_s + d_r d_s) & g_1 c_r d_s + g_2 d_r c_s \\
g_1 d_r b_s + g_2 b_r d_s & g_1 d_r c_s + g_2 c_r d_s & d_r d_s + g_2(b_r b_s + c_r d_s)
\end{bmatrix}
(r,\ s = i,\ j,\ l,\ m)
$$

其中

$$
g_1 = \frac{\mu}{1 - \mu}, \quad g_2 = \frac{1 - 2\mu}{2(1 - \mu)}
$$

对于横观各向同性体

$$
\boldsymbol{K}_{rs} = \frac{E_2}{36(1 + \mu_1)pV}
$$

$$
\begin{bmatrix}
g_1 b_r b_s + g_6 c_r c_s + g_7 d_r d_s & g_2 b_r b_s + g_6 c_r b_s & g_3 b_r d_s + g_7 d_r b_s \\
g_2 c_r b_s + g_6 b_r c_s & g_4 c_r c_s + g_6 b_r b_s + g_7 d_r d_s & g_3 c_r d_s + g_7 d_r c_s \\
g_3 d_r b_s + g_7 b_r d_s & g_3 d_r c_s + g_7 c_r d_s & g_5 d_r d_s + g_7(c_r c_s + b_r b_s)
\end{bmatrix}
$$

其中

$$
g_1 = n(1 - \mu_2 n), \quad g_2 = n(\mu_1 + \mu_2 n)
$$
$$
g_3 = n\mu_2(1 + \mu_1), \quad g_4 = n(1 - n\mu_2^2)
$$
$$
g_5 = 1 - \mu_1^2, \quad g_6 = \frac{np}{2}, \quad g_7 = m(1 + \mu_1)p
$$

5.2.4 单元等效结点载荷列阵

$$
P_{\sim b}^{e} = \begin{Bmatrix} P_{\sim 1} \\ \vdots \\ P_{\sim n} \end{Bmatrix} = \int_{\Omega} [\, N_{\sim 1} \quad \cdots \quad N_{\sim n} \,]^{\mathrm{T}} ft\,\mathrm{d}x\mathrm{d}y \tag{5-12}
$$

5.3 八结点立方体单元

八结点立方体单元以八个角点为结点，每个结点有三个自由度，如图 5-2 所示。单元的结点位移向量可以表示为：

$$
\boldsymbol{\delta}^{e} = [\, u_1,\ v_1,\ w_1,\ \cdots,\ u_8,\ v_8,\ w_8 \,]^{\mathrm{T}} \tag{5-13}
$$

为构造方便，可以通过变换建立自然坐标系，如图 5-3 所示。设六面体单元的宽度（x 方向）为 $2a$，厚度（y 方向）为 $2b$，高度（z 方向）为 $2c$。六面体单元的中心坐标为 $(\bar{x},\ \bar{y},\ \bar{z})$，可以按式（5-14）计算：

$$
\bar{x} = \frac{x_2 - x_1}{2}, \quad \bar{y} = \frac{y_3 - y_2}{2}, \quad \bar{z} = \frac{z_5 - z_1}{2} \tag{5-14}
$$

引入变化式：

$$
\xi = \frac{x - \bar{x}}{a}, \quad \eta = \frac{y - \bar{y}}{b}, \quad \zeta = \frac{z - \bar{z}}{c} \tag{5-15}
$$

其中，(ξ, η, ζ) 称为自然坐标系。

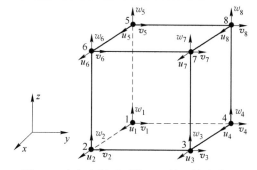

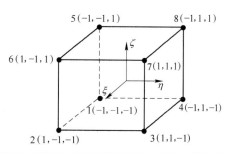

图 5-2 直角坐标系下的六面体八结点单元   图 5-3 变换为自然坐标系下的六面体八结点单元

在自然坐标系下，六面体八结点单元的形函数具有以下形式：

$$N_1 = \frac{1}{8}(1 - \xi)(1 - \eta)(1 + \zeta)$$

$$N_2 = \frac{1}{8}(1 + \xi)(1 - \eta)(1 + \zeta)$$

$$N_3 = \frac{1}{8}(1 + \xi)(1 + \eta)(1 + \zeta)$$

$$N_4 = \frac{1}{8}(1 - \xi)(1 + \eta)(1 + \zeta)$$

(5-16)

$$N_5 = \frac{1}{8}(1 - \xi)(1 - \eta)(1 - \zeta)$$

$$N_6 = \frac{1}{8}(1 + \xi)(1 - \eta)(1 - \zeta)$$

$$N_7 = \frac{1}{8}(1 + \xi)(1 + \eta)(1 - \zeta)$$

$$N_8 = \frac{1}{8}(1 - \xi)(1 + \eta)(1 - \zeta)$$

在单元内部某点 P (ξ, η, ζ) 的位移值可以通过结点位移值与相应结点的形函数相乘的内插公式（即结点位移模式）可以表示为：

$$u(x, y, z) = \sum_{i=1}^{8} N_i(\xi, \eta, \zeta) u_i \qquad (5-17)$$

其中，N_1，N_2，$\cdots$，N_8 为定义在结点 1，2，$\cdots$，8 的形函数。

六面体八结点单元的结点位移模式具有以下形式：

$$u(x, y, z) = a_0 + a_1 x + a_2 y + a_3 z + a_4 xy + a_5 xz + a_6 yz + a_7 xyz \qquad (5-18)$$

注意：此结点位移模式为非完的多项式，虽然其中最高项次达到 3 次，然而完整的项次仅为 1 次。为了编制程序方便，内插公式可以写成矩阵形式：

$$
\begin{Bmatrix} u(x, y, z) \\ v(x, y, z) \\ w(x, y, z) \end{Bmatrix} = \begin{bmatrix} N_1 & 0 & 0 & N_2 & 0 & 0 & \cdots & N_8 & 0 & 0 \\ 0 & N_1 & 0 & 0 & N_2 & 0 & \cdots & 0 & N_8 & 0 \\ 0 & 0 & N_1 & 0 & 0 & N_2 & \cdots & 0 & 0 & N_8 \end{bmatrix} \boldsymbol{\delta}^e \tag{5-19}
$$

其他的有限元表达式，如应变矩阵和单元刚度矩阵的形成方法与常应变四面体单元相同，不再赘述。

本 章 小 结

三维问题有限元法有以下几个主要难点：（1）单元划分比较复杂，无法采用人工方法完成复杂三维实体的单元划分，需要有功能强大的单元划分程序。对于几何形状复杂的三维实体，很难实现六面体单元的自动划分，一般只能采用四面体单元进行单元自动划分，但是四面体单元的计算精度比较低。（2）计算规模大。三维问题由于形状复杂，划分的单元数目大，结点自由度多，导致计算规模大，对计算机硬件（内存、外存）的要求很高。空间问题的有限单元法常用的单元是常应变四面体单元和六面体八结点单元。四面体单元具有三棱锥的形状，单元内部的位移插值函数为一次多项式，即只含常数项和 x、y、z 四项。六面体八结点单元则为立方体形状，其结点位移模式为非完全的多项式，虽然其中最高项次达到三次，然而完整的项次仅为一次。

复习思考题

5-1 空间问题有限单元法除了常应变四面体单元和六面体八结点单元外，还有四面体十结点单元（单元内位移插值函数为二次完全多项式，即含常数项和 x、y、z、x^2、y^2、z^2、xy、xz、yz，共 10 项）、三棱柱六结点单元（一次单元）、三棱柱十五结点单元（二次单元）、六面体二十结点单元（二次单元）。请勾画这些单元的形状图，并在单元上布置结点。

5-2 三维实体单元的结点具有三个位移自由度，没有转动自由度，ANSYS 也不对三维实体单元提供力偶载荷。如果要模拟一根圆轴的扭转变形，应当怎样加扭矩载荷？

上机作业练习

5-1 悬臂式连接环的应力与变形分析。

问题描述：三维实体模型如图 5-4 所示，钢质悬臂式连接环左端焊接在墙壁，另一端包含一个圆孔。工作时，连接螺栓将施加向下的分布载荷 50 MPa 于圆孔内下壁。材料的弹性模量 200 GPa，泊松比为 0.3。取长度单位 mm，力的单位 N，应力单位 MPa。

ANSYS 菜单操作步骤如下。

（1）指定分析范畴为结构分析。

　　Main Menu→Preference→选中 Structural→OK

（2）设置文件名。

　　Utility Menu→File→Change Jobname，输入 "Link bar"

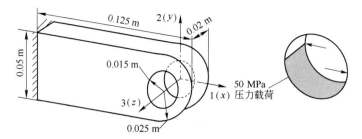

图 5-4　悬臂式连接环受分布载荷作用计算分析模型

（3）选择单元类型。

Main Menu→Preprocessor→Element Type→Add/Edit/Delete→Add→Solid Brick 8node 185→OK

（4）定义材料参数。

Main Menu→Preprocessor→MaterialProps→MaterialModels→Structural→Linear→Elastic→Isotropic→input EX：200e3，PRXY：0.3→OK

（5）在最左边生成一个长×高×厚为：75 mm×50 mm×20 mm 立方体。

Main Menu→Preprocessor→Modeling→Create→Volumes→Block→By Dimensions→X1，X2：0，75→Y1，Y2：0，50→Z1，Z2：0，20→Apply

（6）紧靠在最左边的立方体生成另一个长×高×厚为：25 mm×50 mm×20 mm 立方体。

Main Menu→Preprocessor→Modeling→Create→Volumes→Block→By Dimensions→X1，X2：25，100→Y1，Y2：0，50→Z1，Z2：0，20→Apply

（7）平移工作平面。

Utility Menu→WorkPlane→Offset WP by Increments：X，Y，Z Offsets 输入：100，25，0 点击 OK

（8）生成大的半圆柱面。

Main Menu→Preprocessor→Modeling→Create→Volumes→Cylinder→By Dimensions→Outer radius：25，Optional inner radius：0，Z1：0，Z2：20，Starting angle：−90，Ending angle：90→Apply

（9）通过布尔 Glue 运算，使两个立方体与半圆柱生成矩圆形体。

Main Menu→Preprocessor→Modeling→Operate→Booleans→Glue→Volumes→Pick All→OK

（10）生成一个小的圆柱面。

By Dimensions→Outer radius：15，Optional inner radius：0，Z1：0，Z2：20，Starting angle：0，Ending angle：360→OK

（11）通过布尔减运算，使矩圆形面布尔减小的圆柱面生成矩圆孔形面。

Main Menu→Preprocessor→Modeling→Operate→Booleans→Subtract→Volumes→先拾取立方体与半圆柱→Apply→再拾取小的圆柱面→OK

（12）设定单元长度为 10。

Main Menu→Preprocessor→Meshing→Size Cntrls→Manual Size→Global→Size→将弹出 Global Element Sizes→在对话框中的 Element edge length 对话框中输入 10→OK，完成单元尺寸的设置并关闭对话框

（13）划分网格。

Main Menu→Preprocessor→Meshing→Mesh→Volumes→Free→将弹出 Mesh Volumes 拾取对话框→Pick All

（14）给左边施加固定约束。

Main Menu→Solution→Define Loads→Apply→Structural→Displacement→On Areas→选左边面→OK→select 第一行：ALL DOF→第四行 VALUE 选 0：→OK

（15）给孔内下弧面施加径向的分布载荷。

Main Menu→Solution→Define Loads→Apply→Structural→Pressure→On Areas→（一般要分两次）拾取孔内下弧面→OK→VALUE：50→OK

（16）分析计算。

Main Menu→Solution→Solve→Current LS→OK

（17）位移结果显示。

Main Menu→General Postproc→Plot Results→Deformed Shape…→Def + Undeformed→OK

（18）应力结果显示。

Main Menu→General Postproc→Plot Results→Contour Plot→Nodal Solu→Stress→X Component of stress→OK

题 5-1 参考图

（19）退出系统。

参考图请扫二维码。

5-2 具有中心孔的薄壁圆筒受均匀拉伸。

问题描述：一个具有中心孔的薄壁圆筒受均匀拉伸，载荷集度 $q = 10$ MPa，圆筒内半径 100 mm，圆筒外半径 110 mm，圆筒长度 500 mm，中心孔半径 20 mm。利用对称性建模。计算后，在中心孔处做出横截面，显示截面的 X 方向应力分布规律。

ANSYS 菜单操作步骤如下。

（1）指定分析范畴为结构分析。

Main Menu→Preference→选中 Structural→OK

（2）设置文件名。

Utility Menu→File→Change Jobname，输入 "Tension of a hollow cylinder with a hole"

（3）选择单元类型。

Main Menu→Preprocessor→Element Type→Add/Edit/Delete→Add→Solid Brick 8node 185→OK

（4）定义材料参数。

Main Menu→Preprocessor→MaterialProps→MaterialModels→Structural→Linear→Elastic→Isotropic→input EX：200e3，PRXY：0.3→OK

（5）生成薄壁圆筒。

Main Menu→Preprocessor→Modeling→Create→Areas→Circle→Annulus→依次输入圆环面的圆心、内径 R1、外径 R2→OK

（6）拉伸成三维薄壁圆筒。

Main Menu→Preprocessor→Modeling→Operate→Extrude→Areas→By XYZ Offset→选择圆环面→Z 偏移量 500→OK

（7）先平移工作平面。

Utility Menu→WorkPlane→Offset WP by Increments：X，Y，Z Offsets 输入 0，0，250，点击 Apply

（8）然后旋转工作平面。

XY, YZ, ZX Angles 输入 0，-90，0，点击 OK

（9）创建圆柱体。

Main Menu→Preprocessor→Create→Cylinder→Solid Cylinder→Radius：20，Depth：120→OK

（10）通过布尔运算，使三维薄壁圆筒布尔减小圆柱体生成具有中心孔的薄壁圆筒。

Main Menu→Preprocessor→Modeling→Operate→Booleans→Subtract→Volumes→先拾取三维薄壁圆筒面→Apply→再拾取小圆柱体→OK

（11）设定单元长度为 10。

Main Menu → Preprocessor → Meshing → Size Cntrls → ManualSize → Global → Size → 将弹出 Global

Element Sizes→在对话框中的 Element edge length 对话框中输入 10→OK，完成单元尺寸的设置并关闭对话框

（12）划分网格。

　　　　Main Menu→Preprocessor→Meshing→Mesh→Volumes→Free→将弹出 Mesh Volumes 拾取对话框→Pick All

（13）给薄壁圆筒左面施加固定约束。

　　　　Main Menu→Solution→Define Loads→Apply→Structural→Displacement→On Areas→选左边面→OK→select 第一行：ALL DOF→第四行 VALUE 选 0：→OK

（14）给薄壁圆筒右面施加 Z 方向的均匀分布拉伸载荷（拉伸取负值）。

　　　　Main Menu→Solution→Define Loads→Apply→Structural→Pressure→On Areas→拾取右面→OK→input VALUE：−10→OK

（15）分析计算。

　　　　Main Menu→Solution→Solve→Current LS→OK

（16）位移结果显示。

　　　　Main Menu→General Postproc→Plot Results→Deformed Shape→Def + Undeformed→OK

（17）横截面的剖面图。

　　　　Utility Menu→Plotctrls→Style→Hidden line options→Type of plot：Capped hidden→Cutting plane WorkPlane is P→Working Plane→OK

（18）X 方向应力结果显示。

　　　　Main Menu→General Postproc→Plot Results→Contour Plot→Nodal Solu→Stress→X Component of stress→OK

题 5-2 参考图

（19）退出系统。

参考图请扫二维码。

5-3　具有径向均布位移的圆环的应力计算。

　　问题描述：本题在圆环的内弧面施加沿径向均布位移，模拟过盈配合效果。材料的弹性模量 200 GPa，泊松比为 0.3。圆环外径 200 mm，内径 100 mm，厚度 50 mm。圆环由于对称性，离散整个模型的四分之一。径向均布位移 U_r 为 0.5 mm。要求画出材料内的径向应力和环向应力。

　　ANSYS 菜单操作步骤如下。

（1）指定分析范畴为结构分析。

　　　　Main Menu→Preference→选中 Structural→OK

（2）设置文件名。

　　　　Utility Menu→File→Change Jobname，输入"Prestrained Cylinder"

（3）选择单元类型。

　　　　Main Menu→Preprocessor→Element Type→Add/Edit/Delete→Add→Solid→Brick 8node 185→OK

（4）定义材料参数。

　　　　Main Menu→Preprocessor→MaterialProps→MaterialModels→Structural→Linear→Elastic→Isotropic→input EX：200e3，PRXY：0.3→OK

（5）建立四分之一圆环。

　　　　Main Menu→Preprocessor→-Modeling-Create→Volumes→Cylinder→Partial Cylinder→Rad-1：200，Theta-1：0，Rad-2：100，Theta-1：90，Depth：50→OK

（6）设定单元长度为 10。

　　　　Main Menu→Preprocessor→Meshing→Size Cntrls→Manual Size→Global→Size→将弹出 Global Element Sizes→在对话框中的 Element edge length 对话框中输入 10→OK，完成单元尺寸的设置并关

闭对话框

（7）划分网格。

Main Menu→Preprocessor→Meshing→Mesh→Volumes→Free→将弹出 Mesh Volumes 拾取对话框→Pick All

（8）施加对称约束边界的约束。

Main Menu→Solution→Define Loads→Apply→Structural→Displacement→Symmetry B. C.→On Areas（选圆环的左上、右下端面和前、后表面）→OK

（9）将当前激活的直角坐标系转为柱坐标系。

Utility Menu→WorkPlane→Change Active CS to→Global Cylindrical（注：窗口下方显示 Csys=1，Secn=1 表示为：Cylindrical=1）

（10）施加径向位移前，先要将面上结点旋转变换，使其坐标与当前坐标系（柱坐标系）一致。

Main Menu→Preprocessor→Modeling→Move/Modify→RotateNode→To Active CS→拾取圆环内表面各结点（请思考用什么方法快速、高效地拾取这些结点。提示：可以用选择框中的 circle 拉圆框功能或者用 Utility Menu→select→Entities→Areas→By Num/Pick 拾取圆环内表面→OK→Utility Menu→select→Entities→Nodes→Attached to Areas all 实现）→OK

（11）对圆环内弧表面施加径向位移 0.5 mm。

Main Menu→Solution→Define Loads→Apply→Structural→Displacement→On Areas→选圆环内弧表面→OK→select 第 2 栏：UX（表示径向）→Value 选 0.5：→OK

（12）求解。

Main Menu→Solution→Solve→Current LS→OK

（13）直接观察应力强度（等效应力）。

Main Menu→General Postproc→Plot Results→Contour Plot→Nodal Solu→Stress→Stress intensity（观察到同心圆云图）

（14）直接观察径向和周向应力，需要将结果坐标系转为柱坐标。

Main Menu→General Postproc→Options for Outp→Rsys→Global cylindric

（15）画材料内的径向应力。

Main Menu→General Postproc→Plot Results→Contour Plot→Nodal Solu→X Component of stress→OK

（16）画材料内的环向应力。

Main Menu → General Postproc → Plot Results → Contour Plot → Nodal Solu → Y Component of stress→OK

（17）退出系统。

参考图请扫二维码。

题 5-3 参考图

5-4　具有过盈配合的圆盘孔与圆轴间的应力计算。

问题描述：过盈配合用于圆盘孔与圆轴间的紧固连接，不允许两者之间有相对运动，如图 5-5 所示。过盈配合时，圆盘孔的内直径小于圆轴的外直径。在 ANSYS 中将两者直径设置为相同，使用接触对方法，使用目标单元 TARGE170 和接触单元 CONTA174。过盈量的实现是通过第一步先编辑单元类型，在 CONTA174 的选项表，调整其中第 9 项的内容"Initial penetration/gap"，改为"Offset only"，表示不考虑初始几何建模造成的位置过盈或者间隙，只考虑实常数中 CNOF 参数设置的值。第二步调整实常数中接触单元 CONTA174 选项中的第 5 项"ICONT"（Initial contact closure）、第 7 项"<PMAX"（Ini. allow. penetration）、第 9 项"TAUMAX"（Maximum friction stress）和第 10 项"CONF"

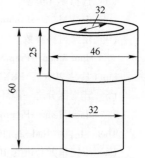

图 5-5　圆盘孔与圆轴间的过盈配合

（Contact surface offset）值。本题圆盘为铜质材料，弹性模量 $E_p = 72$ GPa，泊松比为 0.35，内半径 $R_{pi} = 16$ mm，外径 $R_{po} = 23$ mm，长度 $L_p = 26$ mm。圆轴为钢质材料，弹性模量 $E_p = 200$ GPa，泊松比为 0.3，半径 $R_{ao} = 16$ mm，轴长 $L_a = 60$ mm。由于结构对称性，故只取四分之一模型离散。分析中取过盈量 $f = 0.01$ mm，计算由于过盈配合所产生的径向应力和环向应力。

ANSYS 菜单操作步骤如下。

（1）指定分析范畴为结构分析。

　　Main Menu→Preference→选中 Structural→OK

（2）设置文件名。

　　Utility Menu→File→Change Jobname，输入 "Contact analysis with initial interference"

（3）选择单元类型。

　　Main Menu→Preprocessor→Element Type→Add/Edit/Delete→Add→Solid→Brick 8node 185→OK→Close

（4）定义材料参数。

　　Main Menu→Preprocessor→Material Props→Material Models→Structural→Linear→Elastic→Isotropic→EX：200e3，PRXY：0.3→OK→Material→New Model ...→ID：2→Structural→Linear→Elastic→Isotropic→EX：72e3，PRXY：0.35→OK

（5）建立四分之一圆盘。

　　Main Menu→Preprocessor→Modeling-Create→Volumes→Cylinder→Partial Cylinder→Rad-1：23，Theta-1：0，Rad-2：16，Theta-2：90，Depth：25→OK

（6）建立四分之一圆轴。

　　Main Menu→Preprocessor→Modeling-Create→Volumes→Cylinder→Partial Cylinder→Rad-1：16，Theta-1：0，Rad-2：0，Theta-2：90，Depth：60→OK

（7）设定单元长度为 5。

　　Main Menu→Preprocessor→Meshing→Size Cntrls→ManualSize→Global→Size→将弹出 Global Element Sizes→在对话框中的 Element edge length 对话框中输入 5→OK

（8）设置四分之一圆轴单元属性。

　　Main Menu→Preprocessor→Meshing→Mesh Attributes→Picked Volumes→拾取四分之一圆轴→Apply→MAT→Material number：1→OK

（9）划分四分之一圆轴单元网格。

　　Main Menu→Preprocessor→Meshing→Mesh→Volumes→Mapped→4 to 6 sided→将弹出 Mesh Volumes 拾取对话框→拾取四分之一圆轴→OK

（10）设置四分之一圆盘单元属性。

　　Main Menu→Preprocessor→Meshing→Mesh Attributes→Picked Volumes→拾取四分之一圆盘→Apply→MAT→Material number：2→OK

（11）划分四分之一圆盘单元网格。

　　Main Menu→Preprocessor→Meshing→Mesh→Volumes→Mapped→4 to 6 sided→将弹出 Mesh Volumes 拾取对话框→拾取四分之一圆盘→OK

（12）存储数据库。

　　Utility Menu→File→Save as：Mesh2.db

（13）创建接触对。由于圆轴的外圆弧面和圆盘的内圆弧面之间在接触时是过盈配合，圆轴的外圆弧面和圆盘的内圆弧面之间将构成面-面接触对。ANSYS 程序将自动给接触对分配目标单元 TARGE170 和接触单元 CONTA174 以及实常数号。

1）打开接触管理器。

Main Menu→Preprocessor→Modeling→Create→Contact Pair

2）单击接触管理器中的工具条上的最上左边按钮，将弹出 Contact Wizard 对话框。

3）在 Target Surface 条目下，用"Areas"。在 Target Type 条目下，选"Flexible"→单击 Pick Target 按钮→弹出 Select Area for Target 对话框，圆轴看成是刚度较大的目标柔性体，拾取圆轴的外圆弧面 →OK→单击 NEXT 进入下一个画面。

4）在 Contact Surface 条目下，用"Area"。在 Contact Element Type 条目下，选"Surface-to-surface" →单击 Pick Contact…按钮→弹出 Select Area for Contact 对话框，圆盘看成是刚度较小的接触柔性体， 拾取圆盘的内圆弧面→OK→单击 NEXT 进入下一个画面。

5）单击 Material ID 下拉框中的"1"，指定接触材料属性为定义的一号材料。并在 Coefficient of Friction 文本框中输入"0.3"，指定摩擦系数为 0.3→设置摩擦的选项卡 Optional setting 单击按钮→ 对接触问题的其他选项进行设置。

6）在对话框中的 Normal Penalty Stiffness 文本框中输入"0.1"，指定接触刚度的处罚系数为 0.1。 在 Friction 选项中的 Stiffness matrix 下拉框中选"Unsymmetric"选项，指定本实例的接触刚度为非对 称矩阵。其余的设置保持缺省→OK→单击 Create 按钮关闭对话框，完成对接触选项的设置。

7）查看图中的信息，注意刚-柔接触对的外法线方向应该彼此对立，否则用 Flip Target Normals 调 整，然后单击 Finish 关闭对话框。在接触管理器的接触对列表框中，将列出刚定义的接触对，其实 常数为 3。

（14）画单元网格。

Utility Menu→Plot→Elements

（15）编辑单元类型。

Main Menu→Preprocessor→Element Type→Add/Edit/Delete→点击进入编辑，Type 3 CONTA173→ Options…→选第 8 栏，Initial penetration/gap K9，下拉选"Offset only"→OK

（16）编辑实常数。

Main Menu→Preprocessor→Real Constants…→Add/Edit/Delete→Type 3→OK→点击编辑 Set 3→ 点击 Type 3 CONTA174→调整第 5 项"ICONT"（Initial contact closure）填入"0.2"→调整第 6 项 "PINB"（Pinball region）填入"0.2"→第 7 项"<PMAX"（Ini. allow. penetration）填入"0.9"→ 第 9 项"TAUMAX"（Maximum friction stress）填入"1.0E20"→第 10 项"CONF"（Contact surface offset）填入"0.01"→OK→Close

（17）在四分之一圆轴和圆盘的共同端面施加对称约束。

Main Menu→Solution→Define Loads→Apply→Structural→Displacement→Symmetry BC→On Areas→ 出现选取框，拾取四分之一圆轴和圆盘的共同端面→OK

（18）在四分之一圆轴和圆盘的两组截面施加对称约束。

Main Menu→Solution→Define Loads→Apply→Structural→Displacement→Symmetry BC→On Areas→ 拾取四分之一圆轴和圆盘的两组截面（分别与 XOZ 平面和 YOZ 平面平行）→Apply→OK

（19）分析参数设定与计算。

Main Menu→Solution→Analysis Type→Sol'n Controls→在 Analysis Options 条目下，将缺省的 "Small Displacement Static"改为"Large Displacement Static"。在 Time Control 条目下，Number of substeps 设置为"100"，Max no of substeps 设置为"1e5"，Min no of substeps 设置为"5"→OK

（20）分析计算。

Main Menu→Solution→Solve→Current LS→OK

（21）直接观察应力强度（等效应力）。

Main Menu→General Postproc→Plot Results→Contour Plot→Nodal Solu→Stress→Stress intensity（观 察到同心圆云图）

（22）直接观察径向和周向应力，需要将结果坐标系转为柱坐标。

　　　Main Menu→General Postproc→Options for Outp→Rsys→Global cylindric

（23）画材料内的径向应力。

　　　Main Menu→General Postproc→Plot Results→Contour Plot→Nodal Solu→X Component of stress→OK

（24）画材料内的环向应力。

　　　Main Menu → General Postproc → Plot Results → Contour Plot → Nodal Solu → Y Component of stress→OK

（25）退出系统。

参考图请扫二维码。

题 5-4 参考图

5-5　用表面效应单元模拟螺栓扭转。

问题描述：表面效应单元类似一层皮肤，覆盖在实体单元的表面。它利用实体表面的结点形成单元。因此，表面效应单元不增加结点数量，只增加单元数量。对图 5-6 所示螺栓模型施加扭转荷载，在螺栓上端的螺帽，将扭矩等效为环向切应力，荷载集度为 $q = 10$ MPa，螺栓底部固定（$U_X = U_Y = U_Z = 0$）。螺栓直径 $d = 100$ mm，螺栓长度 $L = 200$ mm，螺帽直径 $D = 160$ mm，螺帽高度 $h = 30$ mm。材料弹性模量 $E = 200$ GPa，泊松比为 0.3。要求画材料内的径向应力和环向应力。

ANSYS 菜单操作步骤如下。

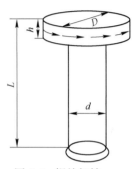

图 5-6　螺栓扭转

（1）指定分析范畴为结构分析。

　　　Main Menu→Preference→选中 Structural→OK

（2）设置文件名。

　　　Utility Menu→File→Change Jobname，输入"Torsion of a bolt"

（3）选择单元类型。

　　　Main Menu→Preprocessor→Element Type→Add/Edit/Delete→Add→select Solid Brick 8node 185→Apply→Surface Effect→3D structural 154→OK→Close

（4）定义材料参数。

　　　Main Menu→Preprocessor→MaterialProps→MaterialModels→Structural→Linear→Elastic→Isotropic→input EX：200e3，PRXY：0.3→OK

（5）生成几何模型。

　　　分别生成中空圆环状的螺帽（$R_1 = 80$ mm，$R_2 = 50$ mm，$H = 30$ mm）和圆柱状的螺栓（$R = 50$ mm，$L = 200$ mm），然后用布尔 Glue 命令，将两体黏合。为了在网格划分时使用 Sweep 命令生成高质量的六面体 BRICK 单元，需要将被划分物体切割成简单的单连通域。

（6）移动/转动工作面。

　　　Utility Menu→Work Plane→Offset WP by Increments，在弹出的对话框中 XY，YZ，ZX 一栏中填入 0，-90,0→OK（即绕 X 轴顺时针转动工作面 90°）

（7）通过工作面完成切割。

　　　Main Menu→Preprocessor→Modeling→Operate→Booleans→Divide→Volu by Work Plane→Pick All→点击右侧显示栏内的蓝色立方体，得等角视图（Isometricview）

（8）设置网格划分数。

　　　Main Menu→Preprocessor→Meshing→MeshTool→在弹出的 MeshTool 对话框中，Size Controls 一栏中的 Lines 组里点击 set 按键。用鼠标选中所有圆的轮廓线（如果选错可以点击鼠标左键取消，建议按着鼠标左键不松缓慢推移鼠标，使得选到目标为止），选好之后在左边的 Element Size on lines 的对话框中点击 Apply。会弹出 Element Sizes on Picked Lines 对话框。在 NDIV 栏里填入 5→Apply

同样，选 AB 段→NDIV：5；选 BC，CD 段→NDIV：2→OK

（9）网格划分。

Main Menu→Preprocessor→Meshing→Mesh Tool→在对话框第 4 栏 Shape 组中选中 Hex 和 Sweep 选项→选中后点击 Sweep 按钮→弹出的对话框选择 Pick All

（10）选择螺栓帽的侧表面，选择与面相关的结点。

Utility Menu→Select→Entities→Areas→From Full：用鼠标选取螺栓帽的上、下侧表面→OK

Utility Menu→Plot→Areas

Utility Menu→Select→Entities→Nodes→Attached→Areas All→Select All→OK

Utility Menu→Plot→Nodes

（11）设置单元类型指针指向 2（SURF154），并建立表面效应单元。

Main Menu→Preprocessor→Modeling→Create→Elements→Elem Attributes→Element type Num→指向 2：SURF154→OK

（12）创建表面单元。

Main Menu→Preprocessor→Modeling→Create→Elements→Surf/Contact→Surf Effect→General Surface→No extra Node-Pick All

（13）选择所有第二类单元，打开单元坐标显示并画出它们。

Utility Menu→Select→Entities→Elements→By Attributes→Element Type Num→2→OK

Utility Menu→PlotCtrls→Symbols→Surface load Symbols→Tan-X Pressure→OK

Utility Menu→Plot→Elements

（14）在总体坐标原点建立 11 号局部柱坐标系。

Utility Menu→WorkPlane→Local Coordinate Systems→Create Local CS→At Specified Loc +→在对话框中填入（0，0，0）→将原来 Cartesian 0→改为 Cylindrical 1→OK

（15）把 SURF154 单元的单元属性（ESYS）改变为 11。

Main Menu→Preprocessor→Modeling→Move/Modify→Elements→Modify Attrib→STLOC→Elem coord ESYS→I1 New attribute number→改变为 11→OK

Utility Menu→Plot→Elements

（16）建立名为 "e_surf" 的所有第二类单元的组件。

Utility Menu→Select→Component/Assembly→Create Component→起名 e_surf→选 Elements→建立 e_surf 所有第二类单元的组件→OK

（17）关闭单元坐标系。

Utility Menu→PlotCtrls→Symbols→CS→OFF

（18）在 SURF154 单元上施加 10 MPa 切向力（沿单元 X 方向）。

Main Menu→Preprocessor→Loads→Define Loads→Apply→Structural→Pressure→On Element→Pick all（Pick e_surf）→将方向标 LKEY 的值改为 2→VALUE Load PRES values：10→OK

（19）把 "切向 X 压力" 符号改为箭头。

Utility Menu→PlotCtrls→Symbols→Show pre and convect as→Arrow →OK

（20）选择 Everything（注意：当进行过选择后，必须用此命令恢复显示整体状态）。

Utility Menu→Select→Everything

（21）画出单元。

Utility Menu→Plot→Elements

（22）约束 1 号面（即螺栓底面 $Z=200$）上的全部自由度。

Main Menu→Preprocessor→Loads→Define Loads→Apply→Structural→Displacement→On Areas 选择螺栓的底面→OK→All DOF，在 Displacement 栏中填入数值 0→OK

（23）使用求解器求解。

Main Menu→Solution→Solve→Current LS

（24）绘 von Mises stress 等值线图。

Main Menu→General Postproc→Plot Results→Contour Plot→Nodal Solu→Stress→Von Mises Stress→OK

（25）把结果坐标系转为柱坐标，则 X 方向即为径向、Y 方向即为周向。

Main Menu→General Postproc→Options for Outp→Rsys→Global cylindric

（26）先平移工作平面（沿 Z 轴平移 50mm）。

Utility Menu→WorkPlane→offset WP by Increments→X，Y，Z offsets 输入 0，0，-50，点击 Apply

（27）在轴的二分之一长度取横截面。

Utility Menu→PlotCtrls→style→hidden line options→type of plot：capped hidden→OK

（28）画径向应力剖面分布。

Main Menu→General Postproc→Plot Results→Contour Plot→Nodal Solu→Stress→X Component of stress→OK

（29）画周向应力剖面分布。

Main Menu→General Postproc→Plot Results→Contour Plot→Nodal Solu→Stress→Y Component of stress→OK

题 5-5 参考图

（30）退出系统。

参考图请扫二维码。

5-6 连杆模型的应力分析。

问题描述：在上机作业 2-8 已经通过自下向上实体建模方式建立了连杆模型。材料弹性模量 $E =$ 200 GPa，泊松比为 0.3。边界约束条件：左端圆孔边完全固定，在右端圆孔内壁下面施加均匀分布载荷 5 MPa。要求：

（1）用 Resume from 将第 2 章上机作业 2-8 "自下向上实体建模建立连杆模型" 预先保存的 c-rod-volume. db 恢复；

（2）用选定的十结点四面体实体结构单元 SOLID187 单元，设置单元长度为 0.1 m，采用 free 方式划分网格；

（3）在连杆模型的左端圆孔边施加完全固定的边界约束；

（4）在连杆模型的右端圆孔内壁下面施加均匀分布载荷 5 MPa；

（5）画材料内的径向应力和环向应力。

参考图请扫二维码。

题 5-6 参考图

5-7 轴承座受力分析。

问题描述：材料弹性模量 $E = 200$ GPa，泊松比为 0.3，对已经建立的轴承座模型进行网格划分。位移约束条件为：四个安装孔的圆柱内表面的水平位移（U_x，U_z）为零，整个基座的底部施加 y 方向位移约束。如图 5-7 所示，在轴承孔的圆柱面下半部分施加径向压力载荷 $p_1 = 350$ MPa，这个载荷是由于受重载的轴承受到支撑作用而产生的。在轴瓦沉孔正面上施加侧压强 $p_2 = 100$ MPa。要求画材料内的正应力和主应力分布图。

（1）将上机作业 2-9 "复杂 3D 实体建模" 已经保存的 Bear-base. db 恢复。

Utility Menu→Files→Resume from→读入 Bear-base. db

（2）选择单元类型。

Main Menu→Preprocessor→Element Type→Add/Edit/Delete→Add→Solid Tet 10node187→Apply→Surface Effect→3D structural 10node 187→OK→Close

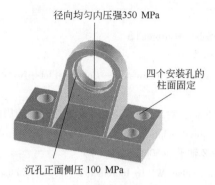

径向均匀内压强350 MPa

四个安装孔的
柱面固定

沉孔正面侧压 100 MPa

图 5-7 轴承座受力分析

（3）定义材料参数。

Main Menu→Preprocessor→Material Props→Material Models→Structural→Linear→Elastic→Isotropic →input EX：200e3，PRXY：0.3→OK

（4）设置单元长度为 0.2 m，采用 free 方式划分网格。也可以用 Mesh Tool，将智能网格划分器 （Smart Sizing）设定为"on"，将滑动块设置为"4"（如果电脑内存足够，设置为更小值将获得更密的网格）。

Main Menu→Preprocessor→Meshing→Size Cntrls→Manual Size→Global→Size→将弹出 Global Element Sizes→在对话框中的 Element edge length 对话框中输入 0.2→OK，完成单元尺寸的设置并关闭对话框

（5）轴承座的底面施加 Y 方向零位移边界约束条件。

Main Menu→Solution→Define Loads→Apply→Structural→Displacement→On Areas→拾取轴承座的底面（可以点开模型控制工具条，利用自由按钮将轴承座旋转到合适的方位拾取）→OK→UY→第四行 VALUE 选 0→OK

（6）四个安装孔的圆柱内表面施加 X 方向零位移边界约束条件。

Main Menu→Solution→Define Loads→Apply→Structural→Displacement→On Areas→拾取四个安装孔的圆柱内表面（在拾取时，按住鼠标的左键便有面元增亮显示，拖动鼠标时显示的面元随之改变，此时松开左键即选中此面元）→OK→UX→第四行 VALUE 选 0→OK

（7）四个安装孔的圆柱内表面施加 Z 方向零位移边界约束条件。

Main Menu→Solution→Define Loads→Apply→Structural→Displacement→On Areas→拾取四个安装孔的圆柱内表面（在拾取时，按住鼠标的左键便有面元增亮显示，拖动鼠标时显示的面元随之改变，此时松开左键即选中此面元）→OK→UZ→第四行 VALUE 选 0→OK

（8）画单元网格。

Utility Menu→Plot→Elements

（9）在轴承孔的圆柱面下半部分施加径向压力载荷 $p_1 = 350$ MPa。

Main Menu→Solution → Loads-Apply → Structural→Pressure → On Areas→拾取轴承孔的圆柱面下半部分→OK→输入面上的压力值"350"→OK

（10）在轴瓦正面沉孔上施加侧压强 $p_2 = 100$ MPa。

Main Menu→Solution → Loads-Apply → Structural→Pressure → On Areas→拾取轴瓦沉孔正面→OK→输入面上的压力值"100"→Apply

（11）用箭头显示压力值。

Utility Menu→PlotCtrls → Symbols . . . →Show pres and convect as→将缺省的"Outline"改为

"Arrow"→OK

（12）为显示出载荷箭头，先保存载荷工况文件。

Solution→load step opts→write LS File 输入文件名：1（显示出分布载荷箭头）

（13）求解。

Main Menu→Solution → Solve-Current LS

（14）画 X 方向应力分布。

Main Menu→General Postproc→Plot Results→Contour Plot→Nodal Solu→Stress→X Component of stress→OK

（15）画 Y 方向应力分布。

Main Menu→General Postproc→Plot Results→Contour Plot→Nodal Solu→Stress→Y Component of stress→OK

（16）变形动画输出。

Utility Menu→PlotCtrls → Animate→Deformed Results ... → stresses → von Mises stress→OK

（17）退出系统。

参考图请扫二维码。

题 5-7 参考图

5-8 U 形支架的模态分析。

说明：使用分块兰索斯法提取 U 形支架的前 3 阶模态，如图 5-8 所示。画前 5 阶模态图，列出频率并画出整个模型的等效应力（von mises stress）。然后作动画显示。材料弹性模量 E = 200 GPa，泊松比为 0.3，质量密度 DENS = 7800 kg/m³。边界条件：最上方顶面固定。

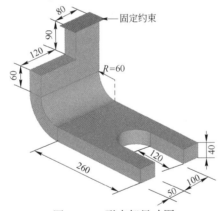

图 5-8 U 形支架尺寸图

ANSYS 菜单操作步骤如下。

（1）指定分析范畴为结构分析。

Main Menu→Preference→选中 Structural→OK

（2）设置文件名。

Utility Menu→File→Change Jobname，输入 "U-type part"

（3）选择单元类型。

Main Menu→Preprocessor→Element Type→Add/Edit/Delete→Add→select Solid→Brick 8node 185→OK→Close

（4）定义材料参数。

Main Menu→Preprocessor→Material Props→Material Models→Structural→Linear→Elastic→Isotropic →input EX：200e9，PRXY：0.3→Density→DENS：7800→OK

（5）生成几何模型。

　　按照图示尺寸，以米（m）为长度单位建模（提示：需要移动、旋转工作平面若干次）。

（6）网格划分。

　　设定单元长度尺寸 20 后，用 free 方式划分。

（7）给最上方顶面（涂黑部分）施加固定端约束。

　　Main Menu→Solution→Define Loads→Apply→Structural→Displacement→On Area→拾取最上方顶面→All DOF→Value：0→OK

（8）定义分析类型为模态分析。

　　Main Menu→Solution→Analysis Type→New Analysis→Modal→OK

（9）定义分析选项。

　　确认缺省方法：Analysis Type→Analysis Optional→Block Lanczos

　　Main Menu→Solution→Analysis Type→Analysis Options→选中 No. of modes to extract，填入：10；选中 No. of modes to expand，填入：10；在 Elcalc Calculate elem results? 点击右框，显示 "Yes" →OK→出现输入选项框，在 FREQB Start Freq 输入框内填：0；在 FREQE End Frequency 输入框内填：1000000→OK

（10）存储数据库。

　　Utility Menu→File→Save as：U-type partl mesh

（11）求解。

　　Main Menu→Solution→Solve→Current LS

（12）进入通用后处理器，列出前 5 阶频率数据。

　　Main Menu→General Postproc→Results Summary

（13）画出第一阶变形模态。

　　Main Menu→General Postproc→Read Results→First Set

　　Main Menu→General Postproc→Plot Results→Deformed Shape→选择：Def + Undeformed→OK

（14）画出对应等效应力。

　　Main Menu→General Postproc→Plot Results→Contour Plot→Nodal Solu→Stresses→von Mises stress

（15）作第一阶模态的动画。

　　Utility Menu→PlotCtrls→Animate→Mode Shape ...

（16）画出第二阶变形模态。

　　Main Menu→General Postproc→Read Results→Next Set

　　Main Menu→General Postproc→Plot Results→Deformed Shape→选择：Def + Undeformed→OK

（17）画出对应等效应力。

　　Main Menu→General Postproc→Plot Results→Contour Plot→Nodal Solu→Stresses→von Mises stress

（18）依次类推，画出各阶模态和等效应力。

（19）退出 ANSYS。

参考图请扫二维码。

题 5-8 参考图

5-9　托架的模态与应力分析。

　　问题描述：托架尺寸如图 5-9 所示，标注的长度单位 mm。在上表面受到 2 MPa 均布载荷的作用，支架在底部表面处固定。材料弹性模量 $E = 200$ GPa，泊松比为 0.3，质量密度 DENS = 7800 kg/m³。分析支架的三个方向正应力分量和三个主应力分布情况。使用分块兰索斯法提取支架的前 3 阶模态。列出频率并画出整个模型的等效应力（von mises stress）。要求：参照题 5-8 的解题步骤完成。

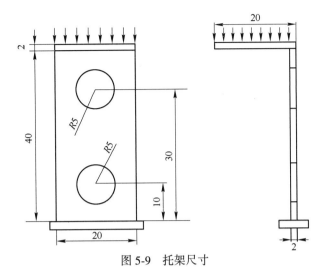

图 5-9　托架尺寸

参考图请扫二维码。

题 5-9 参考图

6 等参数单元和数值积分

第 6 章数字资源

本章学习要点

本章主要介绍等参数单元和数值积分的基本知识。要求了解实际单元与母单元之间的坐标变换原理、等参数单元特性、高斯积分方案、Hammer 积分方案、Irons 积分方案、完全积分和减缩积分等基本概念；理解应用高斯积分方案于低阶等参数单元时可能出现的"剪切锁闭"与"奇异能量模式"问题的原因以及解决这些问题的相关方法；了解对于不同单元采用的数值积分方案的特点。

 思政课堂

中国航空母舰

习近平总书记在党的二十大报告中指出，我们确立党在新时代的强军目标，贯彻新时代党的强军思想，贯彻新时代军事战略方针，坚持党对人民军队的绝对领导，召开古田全军政治工作会议，以整风精神推进政治整训，牢固树立战斗力这个唯一的根本的标准，坚决把全军工作重心归正到备战打仗上来，统筹加强各方向各领域军事斗争，大抓实战化军事训练，大刀阔斧深化国防和军队改革，重构人民军队领导指挥体制、现代军事力量体系、军事政策制度，加快国防和军队现代化建设。

拥有一艘航空母舰是我国长期以来的梦想。中国的航母情结，源于海权尽失的伤痛，源于民族危亡的屈辱。百余年前，西方列强用军舰和洋枪火炮从海上敲开了中国的大门，逼迫满清政府签订一个又一个丧权辱国的不平等条约。百年沧桑的血泪，回响着一个没有海上防御能力国家的豪情悲叹，给一个民族留下挥之不去的噩梦。

航空母舰的出现，使传统的海战跃进到现代海战，成为海上舰队决战的突击兵力。我国从 1928 年提出建造航母，到 2012 年 9 月拥有了第一艘航母——辽宁舰，几代人的航母梦终于成真。

中国航母走过了曲折而艰辛的发展道路，正以中国特有的方式和速度，承载着民族复兴的伟大中国梦，砥砺前行。

辽宁舰前身是苏联海军的库兹涅佐夫元帅级航空母舰次舰瓦良格号，20 世纪 80 年代中后期，瓦良格号于乌克兰建造时遭逢苏联解体，建造工程中断，完成度 68%。1999 年，我国购买了瓦良格号，于 2002 年 3 月 4 日抵达大连港。2005 年 4 月 26 日，开始由中国海军继续建造改进。目标是对此艘未完成建造的航空母舰进行更改制造，用于科研、实验及训练。2012 年 9 月 25 日，正式更名辽宁号，交付我军使用。辽宁舰航母采用的是常规动力，舷号 16，是我国的 001 号航母，起飞方式是滑跃起飞，满载排水量为 6.75 万吨。

山东舰，中国第一艘国产航空母舰。2019 年 12 月 17 日，我国第一艘国产航空母舰正式交付海军，这艘航母命名为"中国人民解放军海军山东舰"，舷号为 17。山东舰是常规动力航母，采用的是滑跃起飞方式，满载排水量 7 万吨左右。

福建舰是中国完全自主设计建造的首艘弹射型航空母舰，采用平直通长飞行甲板，配置电磁弹射和阻拦装置，满载排水量 8 万余吨。2022 年 6 月 17 日正式下水，并被命名为福建号，舷号 18，采用的是电磁弹射方式起飞。福建舰下水后，将按计划开展系泊试验和航行试验。

短短十几年时间，中国海军航母从无到有，从 1 艘航母到 3 艘航母，用如此快的速度建造中大型航母无论是在中国海军史还是世界造船史上都是前无古人。中国连续超越法国、英国、印度、俄罗斯等拥有航母的国家，成为全球第二个拥有 3 艘以上航母的国家。航空母舰的制造离不开有限元方法，模拟各种场景下的受力，利用有限元软件进行分析、建模、处理等，发挥着至关重要的作用。

泱泱大国，1.8 万千米海岸线，493 万平方千米的海洋面积。中国航空母舰已经启航，用中国的力量，承载中国人民从百年屈辱到大国崛起的愿望，托举起富国强军的海天梦想，乘风破浪，向着胜利前进。

有限元法求解弹性力学问题时，时常遇到具有曲线边界的单元。为了提高精确度，需要使用一些不规则的单元，以便适应不规则的或具有曲线边界的区域。这里可以采用高阶插值函数，或采用矩形高阶插值的单元。在一些曲线或曲面边界的问题中，如果采用直线或平面边界的单元，就会不可避免地产生用折线代替曲线或平面代替曲面所引起的误差，而这种误差不能单纯由提高单元的插值函数阶次来获得补偿。因此，希望构造出一些曲边的高精度单元，以便在给定的精度下，用数目较少的单元来解决工程实际的具体问题。这种不规则形状的单元的构造，遇到的最大困难是单元边界上的位移连续条件不被满足。采用坐标变换的方法，构造一种新型的单元可解决这样的问题，就是本章要介绍的等参数单元（也称为同参数单元）。等参数单元，是在确定了单元形状的插值函数和单元位移场的插值函数中采取完全相同的形函数。等参数单元能很好地满足不规则区域及曲线边界，计算精度高，因而在有限元求解的问题中得到了广泛的应用。

等参数单元在构造形函数时首先需要定义一个规则的母单元（参考单元），在母单元上构造形函数，再通过等参数的坐标变换将实际单元与母单元联系起来。变换涉及几何图形的变换（坐标变换）和位移场函数的变换（结点变量值内插）两个方面。由于两种变换采用了相同的函数关系（形函数）和同一组结点参数，因此称为等参数变换。

6.1 平面四边形四结点等参数单元

6.1.1 自然坐标系中的母单元和形函数

采用自然坐标系 ξ-η，定义一个平面四边形四结点的母单元 e 是一个边长为 2 的正方形，取四个角点为结点，在单元内的各结点的局部排序为 1、2、3、4，如图 6-1 所示。仿照第 3 章讨论过的矩形单元的形函数，可定义出母单元的四个形函数：

$$N_i(\xi,\ \eta) = \frac{1}{4}(1 + \xi_i\xi)(1 + \eta_i\eta) \quad (i = 1 \sim 4) \tag{6-1}$$

式中　　ξ_i，η_i——在 i 结点处的自然坐标，如在角结点 2
　　　　　　处，$\xi_2 = 1$，$\eta_2 = -1$。

　　显然形函数 $N_i(\xi, \eta)$ 有如下特点。

　　(1) $N_i(\xi, \eta)$ 是 ξ、η 的双线性函数。即当其中一个变量（如 ξ）保持为常数时，形函数就是另一变量（η）的线性函数。

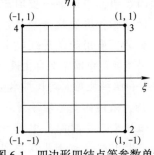

图 6-1　四边形四结点等参数单元

　　(2) $N_i(\xi_j, \eta_j) = \delta_{ij} = \begin{cases} 1, & \text{当 } j = i \\ 0, & \text{当 } j \neq i \end{cases}$。

　　(3) $\displaystyle\sum_{i=1}^{4} N_i(\xi, \eta) \equiv 1$。

　　(4) $0 < N_i(\xi, \eta) < 1(i = 1 \sim 4)$，$(\xi, \eta)$ 在单元内部。

6.1.2　结点位移值内插方式

　　根据有限单元法的基本思路，将弹性体离散成有限个单元体的网格，以结点的位移作为未知量。弹性体内实际的位移分布可以用单元内的位移分布函数来近似地分块表示。对于平面问题，单元内的任意点的位移函数 (u, v) 可以通过结点 i 的位移 (u_i, v_i) 和相应的结点形函数 $N_i(\xi, \eta)$，用内插方式表示：

$$\begin{cases} u = \displaystyle\sum_{i=1}^{4} N_i(\xi, \eta) u_i \\ v = \displaystyle\sum_{i=1}^{4} N_i(\xi, \eta) v_i \end{cases} \tag{6-2}$$

　　注意，单元内任意点的位移函数 u 和 v 虽然是通过结点的自然坐标 (ξ, η) 表述的，但它们却是定义在总体坐标系 x-y 下的。

6.1.3　实际单元与母单元之间的坐标变换

　　设 x-y 平面上的实际单元 e 由母单元经过变换 F 得到。即，$F: \text{e} \rightarrow \text{e}$ 且规定母单元中具有自然坐标 (ξ_i, η_i) 的结点与实际单元中具有总体的直角坐标 (x_i, y_i) 的结点逐点一一对应 $(i = 1 \sim 4)$。这样的变换不止一个，利用式 (6-1) 定义的形函数即可写出这种变换中的一个：

$$\begin{cases} x = \displaystyle\sum_{i=1}^{4} N_i(\xi, \eta) x_i \\ y = \displaystyle\sum_{i=1}^{4} N_i(\xi, \eta) y_i \end{cases} \tag{6-3}$$

　　式 (6-3) 所定义的变换有如下特点。

　　(1) 由于 x、y 是 ξ、η 的双线性函数，通过这种函数关系建立了自然坐标 (ξ, η) 与总体坐标 (x, y) 的一一对应映射关系。四结点等参数单元的自然坐标下的母单元与总体坐标下的实际单元通过式 (6-2) 形成了映射关系，如图 6-2 所示。

（2）坐标变换式（6-3）和单元内的位移内插式（6-2）使用相同的函数，由于两种变换采用了相同的函数关系（形函数）和同一组结点参数，故式（6-2）与式（6-3）为等参数变换，所讨论的四边形四结点单元为等参数单元。

（3）Jacobi 矩阵与 Jacobi 行列式。由高等数学知识，当引入非奇异的 (ξ, η) 与 (x, y) 之间的坐标变换时，就存在相应变换的 Jacobi 矩阵 $\boldsymbol{J}$。对于坐标变换式（6-3），其形式为：

$$\boldsymbol{J} = \begin{bmatrix} \dfrac{\partial x}{\partial \xi} & \dfrac{\partial y}{\partial \xi} \\ \dfrac{\partial x}{\partial \eta} & \dfrac{\partial y}{\partial \eta} \end{bmatrix} = \begin{bmatrix} \displaystyle\sum_{i=1}^{4} \dfrac{\partial N_i}{\partial \xi} x_i & \displaystyle\sum_{i=1}^{4} \dfrac{\partial N_i}{\partial \xi} y_i \\ \displaystyle\sum_{i=1}^{4} \dfrac{\partial N_i}{\partial \eta} x_i & \displaystyle\sum_{i=1}^{4} \dfrac{\partial N_i}{\partial \eta} y_i \end{bmatrix} \tag{6-4}$$

其中，$\det\boldsymbol{J}$ 称为变换的 Jacobi 行列式。一般情况下，$\boldsymbol{J}$ 的元素和 $\det\boldsymbol{J}$ 都是变量坐标 ξ、η 的函数。若 $\det\boldsymbol{J}$ 恒不为零（一般使它恒为正），则 $\boldsymbol{J}^{-1}$ 存在，坐标变换非奇异。

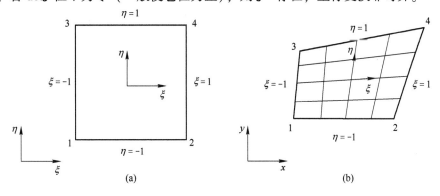

图 6-2　四结点等参元在自然坐标与总体坐标中的一一对应关系
（a）母单元；（b）实际单元

6.1.4　收敛性分析

6.1.4.1　单元内位移场连续

由于整体坐标 x、y 和位移 u、v 都是 ξ、η 的双线性函数（连续函数）。只要 Jacobi 行列式 $\det\boldsymbol{J} \neq 0$，在实际单元内 u、v 连续。

6.1.4.2　刚体位移和常应变条件

从弹性力学的概念讲，假定的位移场中包括总体坐标的完全一次多项式，这表明假定的位移场包含刚体平动位移和刚体转动位移。通过几何方程发现，经过微分运算，假定的位移场可以表现常数应变的情况。因此，该位移场可以精确地表述任何一种线性变化的真实位移场。设真实位移场为 x、y 的线性函数：

$$u = \alpha_1 + \alpha_2 x + \alpha_3 y$$

$$v = \alpha_4 + \alpha_5 x + \alpha_6 y$$

$$u = \alpha_1 \sum_{i=1}^{4} N_i + \alpha_2 \sum_{i=1}^{4} N_i x_i + \alpha_3 \sum_{i=1}^{4} N_i y_i = \sum_{i=1}^{4} N_i (\alpha_1 + \alpha_2 x_i + \alpha_3 y_i)$$

将 x、y 按式（6-2）代入，并利用 $\sum\limits_{i=1}^{4} N_i(\xi, \mu) \equiv 1$ 且注意到 $\alpha_1 + \alpha_2 x_i + \alpha_3 y_i = u_i$（结点位移的真实值），则有：

$$u = \sum_{i=1}^{4} N_i u_i$$

类似有：

$$v = \sum_{i=1}^{4} N_i v_i$$

上述论证表明：只要所定义的形函数满足 $\sum\limits_{i=1}^{4} N_i(\xi, \eta) \equiv 1$，且坐标变换和假定的位移场使用具有相同参数的形函数（故称为等参数单元），那么这样假设的位移场一定能够精确地表述任何一种线性位移场，即刚体位移和常应变条件总可以得到满足。

6.1.4.3　协调性

由于式（6-2）是线性变换，实际单元的结点与它的母单元结点之间是一一对应的映射关系，因而实际单元的任意边都仍然为二结点边界。只要相邻两个单元在公共边界上具有线性位移场时，其边界位移值连续相同，就可以满足协调性要求。

四边形四结点等参数单元的形状有较大灵活性，巧妙地解决了单元形状的灵活性和收敛条件（主要是协调条件）之间的矛盾。但是一般的四边形单元只能精确地再现线性变化的位移场。虽然能保证有限元解的收敛性，但精度仍不够令人满意。当实际单元是矩形时，ξ、η 是 x、y 的线性函数，假定的位移场将是 x、y 的二次多项式，但只完全到一次多项式，二次项不完全。这不完全的二次项有时可能改善精度，有时则不能。尤其是在分析以弯曲为主的应力场时，会出现计算结果精度下降的弊病。

6.1.5　四边形四结点等参数单元

对于四边形四结点单元，将单元内位移场表示为矩阵形式：

$$\left\{\begin{matrix} u \\ v \end{matrix}\right\} = \boldsymbol{N} \boldsymbol{\delta}^e$$

其中

$$\boldsymbol{N} = \begin{bmatrix} N_1 & 0 & N_2 & 0 & N_3 & 0 & N_4 & 0 \\ 0 & N_1 & 0 & N_2 & 0 & N_3 & 0 & N_4 \end{bmatrix}$$

$$\boldsymbol{\delta}^e = \left\{ u_1 \quad v_1 \quad u_2 \quad v_2 \quad u_3 \quad v_3 \quad u_4 \quad v_4 \right\}^T$$

坐标变换为：

$$x = \sum_{i=1}^{4} N_i(\xi, \eta) x_i$$

$$y = \sum_{i=1}^{4} N_i(\xi, \eta) y_i$$

6.1.5.1 Jacobi 矩阵 J 及其逆阵 J^{-1}

$$J = \begin{bmatrix} \dfrac{\partial x}{\partial \xi} & \dfrac{\partial y}{\partial \xi} \\ \dfrac{\partial x}{\partial \eta} & \dfrac{\partial y}{\partial \eta} \end{bmatrix} = \begin{bmatrix} \sum\limits_{i=1}^{8} \dfrac{\partial N_i}{\partial \xi} x_i & \sum\limits_{i=1}^{8} \dfrac{\partial N_i}{\partial \xi} y_i \\ \sum\limits_{i=1}^{8} \dfrac{\partial N_i}{\partial \eta} x_i & \sum\limits_{i=1}^{8} \dfrac{\partial N_i}{\partial \eta} y_i \end{bmatrix} \tag{6-5}$$

Jacobi 矩阵的行列式:

$$\det J = \frac{\partial x}{\partial \xi} \cdot \frac{\partial y}{\partial \eta} - \frac{\partial y}{\partial \xi} \cdot \frac{\partial x}{\partial \eta} \tag{6-6}$$

若 $\det J \neq 0$,则 J^{-1} 存在:

$$J^{-1} = \frac{1}{\det J} \begin{bmatrix} \dfrac{\partial y}{\partial \eta} & -\dfrac{\partial y}{\partial \xi} \\ -\dfrac{\partial x}{\partial \eta} & \dfrac{\partial x}{\partial \xi} \end{bmatrix} \tag{6-7}$$

式 (6-7) 中的各元素的分子、分母一般情况下均为 ξ、η 的多项式。当 $\det J$ 为常数 (实际单元为矩形) 时,式 (6-7) 中的各元素退化为多项式。当实际单元近似为矩形时,则 $\det J$ 近似为常数,式 (6-7) 中的各元素为近似的多项式 (与插值多项式阶数一致的多项式)。

6.1.5.2 求导公式

根据高等数学求偏导数的链式法则,有:

$$\frac{\partial N_i}{\partial \xi} = \frac{\partial N_i}{\partial x} \cdot \frac{\partial x}{\partial \xi} + \frac{\partial N_i}{\partial y} \cdot \frac{\partial y}{\partial \xi}$$

$$\frac{\partial N_i}{\partial \eta} = \frac{\partial N_i}{\partial x} \cdot \frac{\partial x}{\partial \eta} + \frac{\partial N_i}{\partial y} \cdot \frac{\partial y}{\partial \eta}$$

写成矩阵运算形式:

$$\begin{Bmatrix} \dfrac{\partial N_i}{\partial \xi} \\ \dfrac{\partial N_i}{\partial \eta} \end{Bmatrix} = \begin{bmatrix} \dfrac{\partial x}{\partial \xi} & \dfrac{\partial y}{\partial \xi} \\ \dfrac{\partial x}{\partial \eta} & \dfrac{\partial y}{\partial \eta} \end{bmatrix} \begin{Bmatrix} \dfrac{\partial N_i}{\partial x} \\ \dfrac{\partial N_i}{\partial y} \end{Bmatrix} = J \begin{Bmatrix} \dfrac{\partial N_i}{\partial x} \\ \dfrac{\partial N_i}{\partial y} \end{Bmatrix}$$

得到 (下式必须以解析的形式给出各元素的表达,以便后续的积分能顺利进行):

$$\begin{Bmatrix} \dfrac{\partial N_i}{\partial x} \\ \dfrac{\partial N_i}{\partial y} \end{Bmatrix} = J^{-1} \begin{Bmatrix} \dfrac{\partial N_i}{\partial \xi} \\ \dfrac{\partial N_i}{\partial \eta} \end{Bmatrix} = \frac{1}{\det J} \begin{Bmatrix} \dfrac{\partial N_i}{\partial \xi} \cdot \dfrac{\partial y}{\partial \eta} - \dfrac{\partial N_i}{\partial \eta} \cdot \dfrac{\partial y}{\partial \xi} \\ \dfrac{\partial N_i}{\partial \eta} \cdot \dfrac{\partial x}{\partial \xi} - \dfrac{\partial N_i}{\partial \xi} \cdot \dfrac{\partial x}{\partial \eta} \end{Bmatrix}$$

6.1.5.3　应变矩阵

应变矩阵为：

$$
\boldsymbol{\varepsilon} = \left\{ \begin{array}{c} \varepsilon_x \\ \varepsilon_y \\ \varepsilon_{xy} \end{array} \right\} = \begin{bmatrix} \dfrac{\partial}{\partial x} & 0 \\ 0 & \dfrac{\partial}{\partial y} \\ \dfrac{\partial}{\partial y} & \dfrac{\partial}{\partial x} \end{bmatrix} \left\{ \begin{array}{c} u \\ v \end{array} \right\} = \begin{bmatrix} \dfrac{\partial}{\partial x} & 0 \\ 0 & \dfrac{\partial}{\partial y} \\ \dfrac{\partial}{\partial y} & \dfrac{\partial}{\partial x} \end{bmatrix} \boldsymbol{N} \boldsymbol{\delta}^{e} = \boldsymbol{B} \boldsymbol{\delta}^{e}
$$

其中，$\boldsymbol{B}$ 称为几何矩阵，由四个子块组成：

$$
\boldsymbol{B} = \begin{bmatrix} B_1 & B_2 & B_3 & B_4 \end{bmatrix}
$$

$$
\boldsymbol{B}_i = \begin{bmatrix} \dfrac{\partial N_i}{\partial x} & 0 \\ 0 & \dfrac{\partial N_i}{\partial y} \\ \dfrac{\partial N_i}{\partial y} & \dfrac{\partial N_i}{\partial x} \end{bmatrix} \quad (i = 1 \sim 4) \tag{6-8}
$$

几何矩阵是从单元刚度矩阵中分离出来的，其在具体计算中有重要的用途。

6.1.5.4　单元刚度矩阵

应用虚功原理可以建立单元刚度矩阵：

$$
\boldsymbol{k}^{e} = \iint_{e} \boldsymbol{B}^{\mathrm{T}} \boldsymbol{D} \boldsymbol{B} t \, \mathrm{d}x \mathrm{d}y = \int_{-1}^{1} \int_{-1}^{1} \boldsymbol{B}^{\mathrm{T}} \boldsymbol{D} \boldsymbol{B} t \det \boldsymbol{J} \, \mathrm{d}\xi \mathrm{d}\eta \tag{6-9}
$$

其中，t 为单元厚度；单元刚度矩阵为 ξ、η 的积分，积分形式比较复杂，很难解析求解，一般采用数值积分来计算。

6.1.5.5　单元荷载列阵

若单元上作用有直接结点荷载和非结点荷载（包括集中力、体积力和表面力），那么应将非结点荷载按照静力等效原则等效为结点荷载。计算公式如下：

单元的结点荷载列阵=直接荷载列阵+等效结点荷载列阵

（1）单元上任一点受有集中荷载 $F = \begin{bmatrix} F_x & F_y \end{bmatrix}^{\mathrm{T}}$ 时，则等效结点荷载列阵为：

$$
F_{\mathrm{E}}^{e} = N^{t} F \tag{6-10}
$$

其中　　　　　$F_{\mathrm{E}}^{e} = \begin{bmatrix} X_1 & Y_1 & X_2 & Y_2 & X_3 & Y_3 & X_4 & Y_4 \end{bmatrix}^{\mathrm{T}}$

$$
N = \begin{bmatrix} IN_1 & IN_2 & IN_3 & IN_4 \end{bmatrix}
$$

式中　　I——二阶单位矩阵。

（2）单元上受有分布体力 $P = \begin{bmatrix} X & Y \end{bmatrix}^{\mathrm{T}}$ 时，则等效结点荷载列阵为：

$$
F_{\mathrm{E}}^{e} = \int_{v} N^{t} P t \, \mathrm{d}\Delta = \int_{-1}^{1} \int_{-1}^{1} N^{t} P t \boldsymbol{J} \, \mathrm{d}\xi \mathrm{d}\eta \tag{6-11}
$$

6.1.5.6　体力的移置

令单元所受的均匀分布体力为：

$$p = \begin{bmatrix} X & Y \end{bmatrix}^{\mathrm{T}}$$

体力移置为结点载荷向量公式为：

$$\boldsymbol{R}^{\mathrm{e}} = \iint \boldsymbol{N}^{\mathrm{T}} pt\mathrm{d}x\mathrm{d}y = \int_{-1}^{1} \int_{-1}^{1} \boldsymbol{N}^{\mathrm{T}} \begin{Bmatrix} X \\ Y \end{Bmatrix} t\det \boldsymbol{J}\mathrm{d}\xi\mathrm{d}\eta \tag{6-12}$$

6.1.5.7　分布面力的移置

设在单元的 $\xi = 1$ 边上分布有面力 $\bar{p} = \begin{bmatrix} \bar{X}, & \bar{Y} \end{bmatrix}^{\mathrm{T}}$，同样可以得到结点载荷向量：

$$\boldsymbol{R}^{\mathrm{e}} = \int_{s} \boldsymbol{N}^{\mathrm{T}} \bar{p}t\mathrm{d}s = \int_{-1}^{1} \boldsymbol{N}_{\xi=1}^{\mathrm{T}} \bar{p}t\det \boldsymbol{J}_{\xi=1}\mathrm{d}\eta \tag{6-13}$$

6.1.6　四边形八结点等参数单元

6.1.6.1　自然坐标的形函数

母体单元 e 仍为边长为 2 的正方形，自然坐标系为 ξ-η，如图 6-3 所示。在单元中配置八个结点，其中结点 1~4 仍位于角点上，结点 5~8 则位于各边中点。构造出八个形函数 $N_1 \sim N_8$。如下：

$$N_i = \begin{cases} \dfrac{1}{4}(1 + \xi_i\xi)(1 + \eta_i\eta) \times (\xi_i\xi + \eta_i\eta - 1) & (i = 1 \sim 4) \\[2mm] \dfrac{1}{2}(1 - \xi^2)(1 + \eta_i\eta) & i = 5, 7 \\[2mm] \dfrac{1}{2}(1 + \xi_i\xi)(1 - \eta^2) & i = 6, 8 \end{cases} \tag{6-14}$$

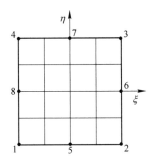

图 6-3　八结点四边形等参数母体单元

验证可知，$N_i(\xi, \mu)$ 具备以下性质：

$$\sum_{i=1}^{8} N_i(\xi, \mu) \equiv 1$$
$$N_i(\xi_j, \mu_j) = \delta_{ij} \tag{6-15}$$

6.1.6.2　实际单元和坐标变换

实际单元 e 的八个结点坐标为 (x_i, y_i)（$i = 1 \sim 8$），则母体单元 e 到实际单元 e 的坐标变换可以使用相同的形函数表示：

$$x = \sum_{i=1}^{8} N_i(\xi,\ \eta)x_i$$

$$y = \sum_{i=1}^{8} N_i(\xi,\ \eta)y_i$$

(6-16)

6.1.6.3 Jacobi 矩阵

Jacobi 矩阵为：

$$\mathbf{J} = \begin{bmatrix} \dfrac{\partial x}{\partial \xi} & \dfrac{\partial y}{\partial \xi} \\[3mm] \dfrac{\partial x}{\partial \eta} & \dfrac{\partial y}{\partial \eta} \end{bmatrix} = \begin{bmatrix} \sum\limits_{i=1}^{8}\dfrac{\partial N_i}{\partial \xi}x_i & \sum\limits_{i=1}^{8}\dfrac{\partial N_i}{\partial \xi}y_i \\[4mm] \sum\limits_{i=1}^{8}\dfrac{\partial N_i}{\partial \eta}x_i & \sum\limits_{i=1}^{8}\dfrac{\partial N_i}{\partial \eta}y_i \end{bmatrix}$$

(6-17)

当 Jacobi 行列式 $\det\mathbf{J}\neq0$ 时，式（6-16）规定的变换是非奇异的。

式（6-14）所定义的形函数对于变量 ξ 或变量 η 来说次数都不超过 2。沿自然坐标系的母体单元 e 中的一条 η 为常数的直线（坐标线），根据式（6-16），x、y 将是 ξ 的二次函数，因而对应于总体坐标系的实际单元 e 中的一条曲线。同理，母体单元 e 中 ξ 为常数的一条直线将对应于实际单元 e 中的另一条曲线。在一般情况下，实际单元 e 将是曲边四边形。特殊情况下，当实际单元 e 为矩形，且结点 5~8 位于各边中点时，变换式（6-16）的右端，使其退化为 ξ、η 的一次多项式；反过来，ξ、η 也可表示为 x、y 的线性函数。

6.1.6.4 单元内假设的位移场

单元内的位移场（即试探函数）采用与坐标变换相同的形函数式（6-14），对平面问题则认为单元 e 内有：

$$u = \sum_{i=1}^{8} N_i(\xi,\ \eta)u_i$$

$$v = \sum_{i=1}^{8} N_i(\xi,\ \eta)v_i$$

(6-18)

在式（6-18）中，u、v 是 ξ、η 的函数，以多项式形式表示共有 8 项。注意到式（6-14）定义的形函数中 ξ、η 的三次项只有 $\xi^2\eta$ 和 $\xi\eta^2$（没有 ξ^3 和 η^3），展开后必归为以下形式的位移场：

$$u = \alpha_1 + \alpha_2\xi + \alpha_3\eta + \alpha_4\xi^2 + \alpha_5\xi\eta + \alpha_6\eta^2 + \alpha_7\xi^2\eta + \alpha_8\xi\eta^2$$

$$v = \alpha_9 + \alpha_{10}\xi + \alpha_{11}\eta + \alpha_{12}\xi^2 + \alpha_{13}\xi\eta + \alpha_{14}\eta^2 + \alpha_{15}\xi^2\eta + \alpha_{16}\xi\eta^2$$

(6-19)

显然，此多项式只包含关于 ξ、η 的二次完全多项式，所选择的试探函数满足平面问题对协调性的要求。但应当注意其中的三次项是不完全的。一般情况下，位移函数 u、v 不是 x、y 的多项式。但当实际单元 e 为矩形，且边结点 5~8 位于各边中点时，u、v 将是 x、y 的多项式，其中包含关于 x、y 的完全二次多项式。

6.1.6.5 收敛性分析

当 $\det\mathbf{J}\neq0$ 时，可保证单元内位移场连续，式（6-19）则保证了刚体位移和常应变要求。

6.1.6.6 精度分析

八结点（以及四结点）等参数单元能够精确地再现任何线性分布的位移场。当实际单元 e 为矩形，且边结点位于所在边中点时，假定的位移场将包含 x、y 的完全二次多项式，这种情况下，位移的计算误差为 $o(h^3)$，应力的误差为 $o(h^2)$，其中 h 为单元的特征尺寸。由于八结点等参数单元的边界可以为曲边，因而可以更好地逼近区域 Ω 的曲线边界，对提高插值精度有利。但在实际情况中，单元形状的畸变因素（即母单元 e 为正方形，而实际单元 e 为曲边四边形），却有可能损失插值精度。只有在单元畸变程度不大的情况下，才能保证位移和应力的误差分别为 $o(h^3)$ 和 $o(h^2)$。为了提高插值精度，在实际划分网格时，要保证所谓单元形状的畸变程度限制在：

（1）连接直边四个角点所成直边四边形的内角远大于 0°，远小于 180°；

（2）直边四边形接近平行四边形或矩形；

（3）实际单元（直边或曲边）的边结点与母单元的直边中点的偏离较小。

这些条件对于工程问题中采用什么单元提供了指导。当材料发生大变形时，由于实际单元在不断的位置更新过程要修正结点坐标，因而导致实际单元的边结点位置与母单元的直边中点的偏离加大，使得计算精度下降甚至导致结果错误。此时，应当采用低阶的四边形四结点单元（在商业软件中经过性能增强）。

另外，在断裂力学问题模拟时，为了反映裂纹尖端的应力高度集中，人为地将实际单元的边结点坐标设置在靠近裂尖角结点的四分之一边长位置处。此时，实际单元的边结点位置与母单元的直边中点的偏离最大，从而导致奇异的应力急剧增加，称为裂纹奇异单元。

相比三角形线性单元、四边形四结点等参数单元，四边形八结点曲线单元极大地提高了拟合曲线边界的能力，减少了在几何离散化过程中进行近似处理所带来的误差，计算精度显著提高。还应指出的是，为保证等参数的坐标变换的顺利进行，必须使变换的 Jacobi 矩阵的行列式 $|J|$ 在单元内处处不等于零，即 $|J| \neq 0$，并且尽可能使 $|J|$ 有更大的数值。若 $|J| = 0$，则 J^{-1} 不存在，变换无法进行。出现这种情况通常是因为做变换时单元形状出现了严重的畸变，此时母体单元上的点与畸变单元上的点无法一一对应，也就是说映射失去了一一对应的性质。若值很小，计算结果的精度会很差。为避免这些情况的出现，在整体坐标下划分单元时，需要做一定的限制，即不能使单元过于歪斜。也就是说，单元的任一内角应尽可能接近 90°，不得等于或者大于 90°，同时结点应均匀地分布在边界上，不能过分地集中于边界的局部段落上。特别是划分位于研究区域内部的单元时，应尽量取正方形或近似正方形，这样可以大大提高计算结果的精度。

其他的有限元表达式，如应变矩阵和单元刚度矩阵的形成方法、体积力与分布面力移置为等效结点力的公式都与四边形四结点等参数单元所介绍的相同，不再赘述。

例 设有边长为 2 的正方形单元，单元厚度为 t。轴的方向如图 6-4 所示，在结点 l、m、n 所在边上作用均布压力 q，将表面边界力转换为等效结点力。

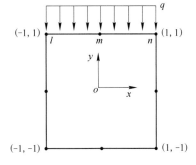

图 6-4 正方形单元作用表面力

解：由于实际单元为形状规则的矩形，分析可以直接在总体坐标下进行。沿 l—m—n 边，位移 v 是 x 的二次函数，三个结点的形函数为：

$$N_l(x) = -\frac{1}{2}x(1-x)$$

$$N_m(x) = 1-x^2$$

$$N_n(x) = \frac{1}{2}(1+x)x$$

$$\begin{Bmatrix} R_{ly} \\ R_{my} \\ R_{ny} \end{Bmatrix} = \int_{-1}^{1} \begin{bmatrix} N_l & N_m & N_n \end{bmatrix}^{T}(-q)t\mathrm{d}x = \int_{-1}^{1} \begin{Bmatrix} -\frac{1}{2}x(1-x) \\ 1-x^2 \\ \frac{1}{2}x(1+x) \end{Bmatrix}(-q)t\mathrm{d}x = \begin{Bmatrix} -\frac{1}{3}qt \\ -\frac{4}{3}qt \\ -\frac{1}{3}qt \end{Bmatrix}$$

讨论：将表面均布载荷转换为等效结点力后，在三个结点上结点力的比值为 $1:4:1$，既不是 $1:2:1$，更不是 $1:1:1$。这表明，对于等参数单元，不能将表面均布载荷简单地按照算术平均的办法转换为等效结点力。

6.1.7 工程实例分析

本节通过基坑开挖的实例作为工程背景，来介绍平面四边形等参数单元的应用情况，同时包括平面杆系单元，以进一步加深对平面四边形等参数单元的理解和掌握，并给出了相应的计算程序 FAFE 源代码。该程序为平面应力、平面应变和轴对称问题的岩土及地下结构静力分析程序，用于计算岩土及地下工程施工前后地层的应力场、位移场和塑性区分布以及支护结构内力，适用于地下坑外推进过程中的施工模拟。

6.1.7.1 工程概况

某建筑物层数为（地上）35 层地下深度 6.8 m，总高度设计为 100 m，建（构）筑物等级为一级。本工程基坑开挖深度约为 7.1 m，总的支护形式为复合型土钉墙，采用单排 d550 深层搅拌桩做截水帷幕并做超前支护，设置 4 排土钉，第一排倾角为 15°，其余均为 10°，垂直间距 1.4 m，水平间距 1.2 m，长度 10~14 m，土钉钉体采用 25 钢筋，上两排土钉采用二次注浆。在车道一侧采用 1:1 放坡，挂钢筋网，面层喷射 C20 混凝土厚 80 mm。

6.1.7.2 计算参数的选取

计算当中结构参数直接给定，其中搅拌桩的材料参数为弹性模量 $E_u = 100$ MPa，泊松比为 0.3，单位厚度面积 $A_w = 0.7$ m^2，搅拌桩长 8.1 m；土钉的弹性模量为 $E_1 = 2.1 \times 10$ MPa，泊松比为 0.3，单根土钉的面积 $A_1 = 0.000491$ m^2，接触面单元的切向刚度为 100 kN/m^3，法向刚度为 40000 kN/m^3。

土体的本构模型采用弹塑性模型，土层的参数取用深圳地区典型土层物理力学指标的平均值。由于复合型土钉墙的施工期比较短，因此土体按固结不排水条件考虑。由于土体的剪胀性，泊松比可能大于或等于 0.5，但是取大于 0.5 的值将导致有限元矩阵的奇异，因此一般取值不超过 0.49（0.3 或 0.4）。还需要说明的是，对于表层土，除了新近的填土外，一般可以作为超固结土处理，否则在有限元计算当中会出现比较大的变形，从而与实际情况不符。

6.1.7.3　计算网格的划分

按平面应变问题考虑该计算单元断面，根据以上方案进行有限元分析计算。在平面应变问题下将复合型土钉墙挡土结构中的搅拌桩墙和土体离散为等参八结点单元，土钉作为一维杆单元，并且考虑采用分步增量法模拟施工开挖，开挖步数为四步，第一步挖深为 2.2 m，第二、第三步挖深均为 1.4 m，第四步挖深为 2.1 m。

根据以往工程经验和有限元计算结果，基坑开挖的影响深度为挖深的 2~4 倍，影响宽度为挖深的 3~4 倍。再结合具体的基坑形状，确定了有限元计算的区域：上边界为地表和开挖自由面；左右边界各距基坑中心线 40.85 m，底部边界在地表以下 28.4 m 处。有限元分析中划分了 404 个单元，1283 个结点，其中等参八结点单元 400 个，杆单元 4 个。在设定初始的边界约束条件时，假设计算区域的两侧设有水平链杆，底部设有竖向链杆，顶部为自由面。此时，上部边界为自由变形边界，左右两侧边界为水平位移为零的边界，底部边界为竖向位移为零的边界，初始地应力场为自重应力场。

6.2　平面三角形单元与面积坐标

结构受力变形后会在内部各点产生位移，该位移是坐标的函数，一般很难准确建立这种函数关系。有限元分析中，可以通过将结构离散为许多小单元的集合体，用较简单的函数来描述单元内各点位移的变化，这被称为位移模式。位移模式被整理成单元结点位移的插值函数形式，即分片插值函数。由于多项式不仅能逼近任何复杂函数，也便于数学运算，所以广泛使用多项式来构造位移模式。

简单三角形单元是一种简单方便，同时对边界适应性强的单元，以三角形单元的三个顶点为结点，也称为三角形三结点单元。这种单元虽然本身计算精度较低，使用时需要细分网格，但仍然是一种较常用的单元。

在构造平面三角形单元的插值函数时，普遍采用自然（面积）坐标来表示具体的形函数，其方法直观简单。平面三角形单元与坐标面积如图 6-5 所示。面积坐标的定义方法为：三角形内任意点 $P(x, y)$ 将三角形划分为三个部分，Δ 代表整个三角形单元的面积；Δ_i、Δ_j、Δ_m 分别代表子三角形 $\triangle Pjm$、$\triangle Pmi$、$\triangle Pij$ 的面积，它们分别与三角形单元的三个顶点 i、j、m 相对应。

那么，Δ_i、Δ_j、Δ_m 分别与 Δ 的比值 L_i、L_j、L_m 称为 P 点的面积坐标，即：

$$L_i = \frac{\Delta_i}{\Delta}, \qquad L_j = \frac{\Delta_j}{\Delta}, \qquad L_m = \frac{\Delta_m}{\Delta}$$

由图 6-5 可知，$\Delta = \Delta_i + \Delta_j + \Delta_m$，所以 $\Delta = \Delta_i + \Delta_j + \Delta_m = \dfrac{\Delta_i}{\Delta} + \dfrac{\Delta_j}{\Delta} + \dfrac{\Delta_m}{\Delta} = 1$。

平行于 jm 边的直线上各点的面积坐标如图 6-6 所示，根据面积坐标的定义，在平行于 jm 边的直线上各点，其 L_i 坐标值等于该平行线到 jm 边的距离与 i 点到 jm 边的距离之比，因此，L_i 为常数。对于平行于 ij、im 边的直线，也有相同的性质。显然，在三角形单元的三个顶点上，三个面积坐标为：

i 点	$L_i = 1$,	$L_j = 0$,	$L_m = 0$
j 点	$L_i = 0$,	$L_j = 1$,	$L_m = 0$
m 点	$L_i = 0$,	$L_j = 0$,	$L_m = 1$

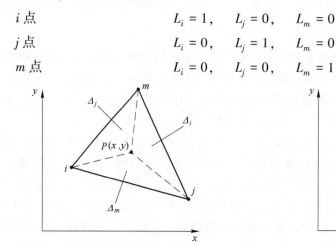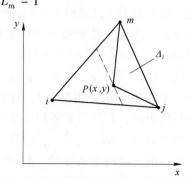

图 6-5 　平面三角形单元与面积坐标 　　　　图 6-6 　平行于 jm 边的直线上各点的面积坐标

显然，面积坐标与形状函数有相同的性质。事实上，采用面积坐标分析三角形单元的一个突出优点，就是便于构造形状函数。可以根据下列两个条件唯一确定，即：

（1）形状函数的阶次和形状与位移函数相同；

（2）形状函数 N_i 在结点 i 取值为 1，在其他的结点取值为 0，即满足：

$$L_i(x_j,\ y_j) = N_i(x_j,\ y_j) = \begin{cases} 1 & (i = j) \\ 0 & (i \neq j) \end{cases}$$

利用第 3 章关于三结点三角形单元形函数的推导，得到直角坐标和面积坐标的关系为：

$$L_i = N_i = \frac{1}{2\Delta}(a_i + b_i x + c_i y)$$

$$L_j = N_j = \frac{1}{2\Delta}(a_j + b_j x + c_j y)$$

$$L_m = N_m = \frac{1}{2\Delta}(a_m + b_m x + c_m y)$$

将三角形单元的三个顶点坐标 $i(x_i,\ y_i)$、$j(x_j,\ y_j)$、$m(x_m,\ y_m)$ 代入上式，可以写为：

$$\begin{Bmatrix} 1 \\ x \\ y \end{Bmatrix} = \begin{bmatrix} 1 & 1 & 1 \\ x_i & x_j & x_m \\ y_i & y_j & y_m \end{bmatrix} \begin{Bmatrix} L_i \\ L_j \\ L_m \end{Bmatrix}$$

由上式可知，面积坐标不仅把结点位移插值成内位移，而且把结点坐标插值成内部坐标，这样面积坐标把单元的结点量插值成内部量。

由于假定的位移模式是近似的，然而单元刚度矩阵的推导以位移模式为基础。因此，在有限元分析中，当单元划分得越来越小时，其解答是否能收敛于精确解，显然与所选择的位移模式关系极大。根据弹性力学原理，位移函数应满足下列收敛性条件。

（1）位移模式必须包含单元的常应变状态。每个单元的应变一般包括变量应变与常量应变两部分。常量应变就是与坐标位置无关，在单元内任意一点均相同的应变。当单元尺寸逐步变小时，单元中各点的应变趋于相等，这时常量应变成为主要成分。因此，位移模式应能反映这种常应变状态。

（2）位移模式必须包含单元的刚体位移。每个单元的位移一般包含由本单元变形引起的位移和由其他单元变形引起的位移两部分，后者属于单元的刚体位移。在结构的某些部位，单元的位移甚至主要是由其他单元变形引起的刚体位移。

（3）位移模式应尽可能反映位移的连续性。为了保证弹性体受力变形后仍是连续体，要求所选择的位移模式既能使单元内部的位移保持连续，又能使相邻单元之间的位移保持连续。

经过上面分析，简单三角形单元选取线性位移模式能够满足以上三个收敛性条件。在有限单元法中，满足（1）和（2）两个条件的单元称为完备单元，满足条件（3）的单元称为协调单元或保续单元。（1）和（2）两个条件是有限单元法收敛性的必要条件，加上条件（3）构成充要条件。

6.3 空间问题的其他单元类型

6.3.1 四面体四结点单元

四面体四结点单元如图 6-7 所示。

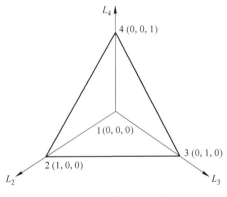

图 6-7 四面体四结点单元

类似于平面三角形单元的面积坐标，对于空间四面体四结点单元，引入体积坐标。其定义为，设对于四面体内一点 P (x, y, z) 将四面体划分为四个部分 L_i （$i = 1, 4$）。

记各体积坐标为：

$$L_1 = \frac{V_{P234}}{V_{1234}}, \quad L_2 = \frac{V_{1P34}}{V_{1234}}, \quad L_3 = \frac{V_{12P4}}{V_{1234}}, \quad L_4 = \frac{V_{123P}}{V_{1234}}$$

显然有：$L_1 + L_2 + L_3 + L_4 = 1$。由于四个体积坐标不独立，所以可取 L_2、L_3、L_4 为独

立坐标。在体积坐标下，任意四面体可变换为图 6-7 所示的标准四面体。

四面体四结点单元的体积计算方法为：

$$V_{1234} = \frac{1}{3}\left(\frac{1}{2}\vec{r}_{12} \times \vec{r}_{13}\right) \cdot \vec{r}_{14} = \frac{1}{6}\begin{vmatrix} x_4 - x_1 & y_4 - y_1 & z_4 - z_1 \\ x_2 - x_1 & y_2 - y_1 & z_2 - z_1 \\ x_3 - x_1 & y_3 - y_1 & z_3 - z_1 \end{vmatrix} = \frac{1}{6}\begin{vmatrix} 1 & x_1 & y_1 & z_1 \\ 1 & x_2 & y_2 & z_2 \\ 1 & x_3 & y_3 & z_3 \\ 1 & x_4 & y_4 & z_4 \end{vmatrix}$$

于是有：

$$L_1 = \frac{V_{P234}}{V_{1234}} = \frac{1}{6V_{1234}}\begin{vmatrix} 1 & x & y & z \\ 1 & x_2 & y_2 & z_2 \\ 1 & x_3 & y_3 & z_3 \\ 1 & x_4 & y_4 & z_4 \end{vmatrix}$$

$$L_2 = \frac{V_{1P34}}{V_{1234}} = \frac{1}{6V_{1234}}\begin{vmatrix} 1 & x_1 & y_1 & z_1 \\ 1 & x & y & z \\ 1 & x_3 & y_3 & z_3 \\ 1 & x_4 & y_4 & z_4 \end{vmatrix}$$

$$L_3 = \frac{V_{12P4}}{V_{1234}} = \frac{1}{6V_{1234}}\begin{vmatrix} 1 & x_1 & y_1 & z_1 \\ 1 & x_2 & y_2 & z_2 \\ 1 & x & y & z \\ 1 & x_4 & y_4 & z_4 \end{vmatrix}$$

$$L_4 = \frac{V_{123P}}{V_{1234}} = \frac{1}{6V_{1234}}\begin{vmatrix} 1 & x_1 & y_1 & z_1 \\ 1 & x_2 & y_2 & z_2 \\ 1 & x_3 & y_3 & z_3 \\ 1 & x & y & z \end{vmatrix}$$

从体积坐标的计算公式可知：体积坐标是整体坐标的一次函数，即有：

$$L_i = a_i + b_i x + c_i y + d_i z$$

由形函数性质可得：

（1）$\sum\limits_{i=1}^{4} a_i = 1$，$\sum\limits_{i=1}^{4} b_i = 0$，$\sum\limits_{i=1}^{4} c_i = 0$，$\sum\limits_{i=1}^{4} d_i = 0$；

（2）$\dfrac{\partial L_i}{\partial x} = b_i$，$\dfrac{\partial L_i}{\partial y} = c_i$，$\dfrac{\partial L_i}{\partial z} = d_i$；

（3）Jacobi 行列式 $\det \boldsymbol{J}$ 与在单元内的位置无关，为常数。

由体积坐标的性质可知，对于四面体四结点单元，各结点的面积坐标 L_i 可作为形函数 N_i，即 $N_i = L_i$，以独立坐标表示为：

$$N_1 = L_1 = 1 - L_2 - L_3 - L_4$$
$$N_2 = L_2$$
$$N_3 = L_3$$
$$N_4 = L_4$$

各形函数是自然坐标的一次函数，也是整体坐标的一次函数，因此对形函数整体坐标的偏导数为常数、应变位移矩阵 $\boldsymbol{B}$ 为常矩阵，四面体四结点单元为常应变单元。

另外，对于四面体的体积分，如果被积函数是自然坐标的多项式，可利用 Hammer 积分公式进行精确积分：

$$\int_V L_1^a L_2^b L_3^c L_4^d \mathrm{d}V = \frac{6Va! \; b! \; c! \; d!}{(a+b+c+d+3)!}$$

6.3.2 四面体十结点单元

四面体十结点单元如图 6-8 所示。

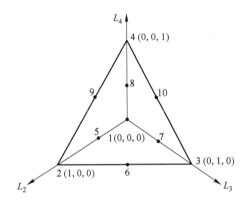

图 6-8 四面体十结点单元

以四面体的体积坐标 L_2、L_3、L_4 为独立坐标，各结点形函数可表示为：

$$N_1 = (2L_1 - 1)L_1 = (1 - 2L_2 - 2L_3 - 2L_4)(1 - L_2 - L_3 - L_4)$$
$$N_2 = (2L_2 - 1)L_2$$
$$N_3 = (2L_3 - 1)L_3$$
$$N_4 = (2L_4 - 1)L_4$$
$$N_5 = 4L_1L_2 = 4(1 - L_2 - L_3 - L_4)L_2$$
$$N_6 = 4L_2L_3$$
$$N_7 = 4L_1L_3 = 4(1 - L_2 - L_3 - L_4)L_3$$
$$N_8 = 4L_1L_4 = 4(1 - L_2 - L_3 - L_4)L_4$$
$$N_9 = 4L_2L_4$$
$$N_{10} = 4L_3L_4$$

当单元形状规则（各边均为直边，且边中结点位于边的中点）时，$|\boldsymbol{J}|$ 在单元内取常数，各形函数对自然坐标和整体坐标的导数均为一次坐标的一次多项式，此时可实现单元刚度矩阵的精确积分。

6.3.3 五面体六结点单元

五面体六结点单元如图 6-9 所示。

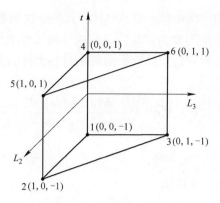

图 6-9 五面体六结点单元

在单元在自然坐标系下，五面体棱柱垂直于棱柱方向的截面为三角形，使用独立面积坐标 L_2、L_3 进行描述，棱柱方向使用 $t \in [-1, 1]$ 进行描述。

各结点的形函数为：

$$N_1 = \frac{1}{2}(1-t)L_1 = \frac{1}{2}(1-t)(1-L_2-L_3)$$

$$N_2 = \frac{1}{2}(1-t)L_2$$

$$N_3 = \frac{1}{2}(1-t)L_3$$

$$N_4 = \frac{1}{2}(1+t)L_1 = \frac{1}{2}(1+t)(1-L_2-L_3)$$

$$N_5 = \frac{1}{2}(1+t)L_2$$

$$N_6 = \frac{1}{2}(1+t)L_3$$

五面体六结点单元仍然是一次单元，在单元形状规则的情况下，垂直于棱柱方向的三角形截面内应变为常量，对非均匀应变模拟能力差。

6.3.4 六面体八结点单元

六面体八结点单元如图 6-10 所示。

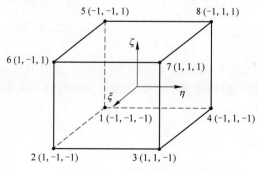

图 6-10 六面体八结点单元

各结点的形函数为：

$$N_1 = \frac{1}{8}(1-\xi)(1-\eta)(1+\zeta)$$

$$N_2 = \frac{1}{8}(1+\xi)(1-\eta)(1+\zeta)$$

$$N_3 = \frac{1}{8}(1+\xi)(1+\eta)(1+\zeta)$$

$$N_4 = \frac{1}{8}(1-\xi)(1+\eta)(1+\zeta)$$

$$N_5 = \frac{1}{8}(1-\xi)(1-\eta)(1-\zeta)$$

$$N_6 = \frac{1}{8}(1+\xi)(1-\eta)(1-\zeta)$$

$$N_7 = \frac{1}{8}(1+\xi)(1+\eta)(1-\zeta)$$

$$N_8 = \frac{1}{8}(1-\xi)(1+\eta)(1-\zeta)$$

6.3.5 六面体二十结点单元

相对于四面体单元，上面介绍的六面体八结点单元解的精度已经得到一定程度的改善，但是在一些具有曲面边界的问题中，采用平面边界的单元，在拟合曲面边界时仍有较大误差。这里再介绍一种六面体二十结点单元等参数单元。还是采用映射变换的方法，先用一个局部坐标系中的六面体二十结点单元（见图6-11）构造位移模式，再映射为整体坐标系中的六面体二十结点单元，进行单元分析，建立单元刚度矩阵。

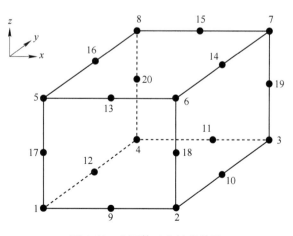

图 6-11　六面体二十结点单元

各结点的形函数通式为：

$$N_i = (1 + \xi_0)(1 + \eta_0)(1 + \zeta_0)(\xi_0 + \eta_0 + \zeta_0 - 2)\xi_i^2\eta_i^2\zeta_i^2/8 +$$
$$(1 - \xi^2)(1 + \eta_0)(1 + \zeta_0)(1 - \xi_i^2)\eta_i^2\zeta_i^2/4 +$$
$$(1 - \eta^2)(1 + \zeta_0)(1 + \xi_0)(1 - \eta_i^2)\xi_i^2\zeta_i^2/4 +$$
$$(1 - \zeta^2)(1 + \xi_0)(1 + \eta_0)(1 - \zeta_i^2)\xi_i^2\eta_i^2/4$$

6.4　数值积分

6.4.1　问题的提出

在对等参数单元进行单元分析时，可以发现在形成单元刚度矩阵、将体积力与分布面力移置为等效结点力的公式中都要进行积分运算。在有限元程序中不采用求原函数的解析求积分的办法，而采用数值积分方法。数值积分有多种方法，在有限元分析时主要采用高斯求积分法。数值积分有两类方法：一类方法积分点是等间距的，例如辛普森法；另一类方法积分点是不等间距的，例如高斯方法。在有限单元法中，被积函数很复杂，一般采用高斯求积法，这是因为它可以用较少的积分点达到较高的精度，从而可节省计算时间。

6.4.2　牛顿–柯特斯公式

在数值分析上，梯形法则和辛普森法则均是数值积分的方法。它们都是计算定积分的方法。这两种方法都来源于牛顿–柯特斯公式。其利用函数等距 $n+1$ 点的值，来取得一个 n 次的多项式近似原来的函数，再行求积。

牛顿–柯特斯公式（Newton–Cotes rule/Newton–Cotes formula）以罗杰·柯特斯和艾萨克·牛顿命名。其公式表达如下：

$$\int_a^b f(x)\,\mathrm{d}x \approx \sum_{i=0}^n \omega_i f(x_i)$$

其中，$i = 0,\ 1,\ \cdots,\ n$，ω_i 是常数(由 n 的值决定)，$x_k = a + k\dfrac{b-a}{n}$。梯形法则和辛普森法则便是 $n = 1,\ 2$ 的情况。也有不采用在边界点来估计的版本，即取 $x_k = a + k\dfrac{b-a}{n}$。

原理：假设已知 $f(x_0)$、$f(x_1)$、$\cdots$、$f(x_n)$ 的值。以 $n+1$ 点进行插值，求得对应 $f(x)$ 的拉格朗日多项式。对该 n 次的多项式求积。该积分便可以作为 $\int_a^b f(x)\,\mathrm{d}x$ 的近似，而由于该拉格朗日多项式的系数都是常数（由 n 决定其值），所以积函数的系数（即 w_i）都是常数。

缺点：对于次数较多的多项式有很大误差（龙格现象），效果不如高斯积分。

梯形法则是：$\int_b^a f(x)\,\mathrm{d}x \approx (b-a)\dfrac{f(a) + f(b)}{2}$

这等同将被积函数近似为直线函数，被积的部分近似为梯形。要求得较准确的数值，可以将要求积的区间分成多个小区间，再个别估计，即：

$$\int_a^b f(x)\,\mathrm{d}x \approx \frac{b-a}{n}\left[\frac{f(a) + f(b)}{2} + \sum_{k=1}^{n-1} f\left(a + k\frac{b-a}{n}\right)\right]$$

可改写成

$$\int_a^b f(x)\,\mathrm{d}x \approx \frac{b-a}{2n}[f(x_0) + 2f(x_1) + 2f(x_2) + \cdots + 2f(x_{n-1}) + f(x_n)]$$

其中，$k = 0, 1, \cdots, n$，$x_k = a + k\dfrac{b-a}{n}$。

辛普森法则是：

$$\int_a^b f(x)\,\mathrm{d}x \approx \frac{b-a}{6}\left[f(a) + 4f\left(\frac{a+b}{2}\right) + f(b)\right]$$

同样地，辛普森法则也有多重版本：

$$\int_a^b f(x)\,\mathrm{d}x \approx \frac{h}{3} \cdot \left[f(x_0) + 2\sum_{k=1}^{n-1} f(x_k) + 4\sum_{k=1}^{n} f\left(\frac{x_{k-1} + x_k}{2}\right) + f(x_n)\right]$$

其中，$h = \dfrac{b-a}{n}$，$x_k = a + k \cdot h$

或写成

$$\int_a^b f(x)\,\mathrm{d}x \approx \frac{h}{3}[f(x_0) + 4f(x_1) + 2f(x_2) + 4f(x_3) + 2f(x_4) + L + 4f(x_{n-1}) + f(x_n)]$$

6.4.3　一维高斯积分方法

高斯积分方法预先定义了不同积分阶数所需要的积分点（积分点的位置坐标）和相应的加权系数。实施高斯积分方法时，首先需要确定积分阶数，随之就确定了相应积分点数和相应的加权系数；然后要确定被积函数在指定积分点上的函数值并与对应的加权系数相乘；最后，将所有乘项进行加权求和，就得到了该函数在指定区间上的积分值。可以证明，采用 n 个积分点的高斯积分可以达到 $2n-1$ 阶的精度。即如果被积分的函数是 $2n-1$ 次多项式，用 n 个积分点进行高斯积分就可以得到精确（解析）积分 $2n-1$ 次多项式的结果。高斯积分的积分区间必须是 $[-1, 1]$，但是积分点 x_i 不是等间距分布。因此，在实际积分区间中的被积函数 $f(x)(x \in [a, b])$ 必须通过坐标变换映射到区间 $[-1, 1]$ 内。显然，等参数单元的坐标变换恰好满足这个要求，应当注意由高等数学关于积分中的坐标变换知识，变换后的被积函数 $F(\xi)(\xi \in [-1, 1])$ 应包含该变换的 Jacobi 行列式 $\det \boldsymbol{J}$。

一维高斯积分近似表达式为：

$$I = \int_a^b f(x)\,\mathrm{d}x = \int_{-1}^{1} F(\xi)\,\mathrm{d}\xi \approx \sum_{i=1}^{n} H_i F(\xi_i) \tag{6-20}$$

式中　n——高斯积分点数；

　　　ξ_i——第 i 个积分点坐标；

　$F(\xi_i)$——在该积分点处的被积函数的函数值；

坐标 H_i——第 i 个积分点处的加权系数。

为编程方便，通常将常见的高斯点坐标和相应的权系数列成表备查，详见表6-1。

表 6-1　高斯求积法的积分点坐标和积分权系数

积分点数 n	高斯积分点坐标 ξ_i	高斯积分权系数 H_i	精度（$2n-1$）
1	$\xi_1 = 0$	$H_1 = 2$	1
2	$\xi_{12} = \mp 0.5773502692189626$	$H_{1,2} = 1$	3
3	$\xi_{13} = \mp 0.774596669241483$ $\xi_2 = 0$	$H_{1,3} = 5/9 = 0.555555555555556$ $H_2 = 8/9 = 0.888888888888889$	5
4	$\xi_{14} = \mp 0.861136311594053$ $\xi_{23} = \mp 0.339981043584856$	$H_{1,4} = 0.347854845137454$ $H_{2,3} = 0.652145154862546$	7
5	$\xi_{14} = \mp 0.906179845938664$ $\xi_{23} = \mp 0.538469310105683$ $\xi_5 = 0$	$H_{1,4} = 0.236926885056189$ $H_{2,3} = 0.478628670499366$ $H_5 = 0.568888888888889$	9
6	$\xi_{16} = \mp 0.932469514203152$ $\xi_{25} = \mp 0.661209386466265$ $\xi_{34} = \mp 0.238619186083197$	$H_{1,6} = 0.171324492379170$ $H_{2,5} = 0.360761573048139$ $H_{3,4} = 0.467913934572691$	11

现在举一算例。取 $n=4$，由表 6-1 查得 $\xi_1 = -0.86113$，$\xi_2 = -0.33998$，$\xi_3 = 0.33998$，$\xi_4 = 0.86113$，$H_1 = 0.34785$，$H_2 = 0.65214$，$H_3 = 0.65214$，$H_4 = 0.34785$，代入式（6-20），$f(x) = x^2$，可得 $I = 0.34785f(-0.86113) + 0.65214f(-0.33998) + 0.65214f(0.33998) + 0.34785f(0.86113) = 0.66665$。

6.4.4　二维高斯积分方法

二维高斯积分方法的近似表达式为：

$$I = \int_a^b \int_c^d f(x, y)\mathrm{d}x\mathrm{d}y = \int_{-1}^1 \int_{-1}^1 F(\xi, \eta)\mathrm{d}\xi\mathrm{d}\eta \approx \sum_{i=1}^n \sum_{j=1}^n H_i H_j F(\xi, \eta) \qquad (6\text{-}21)$$

例如，对于四边形四结点等参数单元的单元刚度式（6-9）的数值积分形式将是：

$$\boldsymbol{k}^e = \iint_e \boldsymbol{B}^\mathrm{T} \boldsymbol{DB} t\mathrm{d}x\mathrm{d}y = \int_{-1}^1 \int_{-1}^1 \boldsymbol{B}^\mathrm{T} \boldsymbol{DB} t \,|\det\boldsymbol{J}|\,\mathrm{d}\xi\mathrm{d}\eta$$

$$= \sum_{i=1}^n \sum_{j=1}^n H_i H_j \left[\boldsymbol{B}(\xi_i, \eta_j)^\mathrm{T} \boldsymbol{DB}(\xi_i, \eta_j) t\det\boldsymbol{J}(\xi_i, \eta_j) \right] \qquad (6\text{-}22)$$

其中，(ξ_i, η_j) 为二维情况下高斯积分点的自然坐标。

从数值积分形式可以看出，当积分阶数 n 固定，积分点总数是按照问题的空间维数呈几何级数方式增加。在一维情况下，一个单元所需的积分点总数为 n，而在二维情况下，积分点总数为 n^2，在三维情况下则为 n^3。图 6-12 所示为一个四边形四结点等参数单元当采用积分阶数 n 分别为 1、2、3 时的积分点总数及其位置。在有限元程序中，需要在高斯积分点处存储应力分量、应变分量等项数据。而积分点总数随单元总数、单元积分阶数 n 和问题的空间维数的增加而急剧增加，需要占用大量计算机内存，计算量也相当可观。因此，用户需要考虑到上述因素，在提高计算精度与节约内存方面进行合理的平衡。

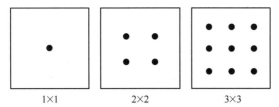

图 6-12　积分阶数 n 分别为 1、2、3 时的积分点总数及其位置

6.4.5　三维高斯积分方法

在三维情况下，六面体单元经过坐标变换到自然坐标系下后，其三维高斯积分方法的近似表达式为：

$$I = \int_a^b \int_c^d \int_e^f f(x, y, z) \, dxdydz = \int_{-1}^1 \int_{-1}^1 \int_{-1}^1 F(\xi, \eta, \zeta) \, d\xi d\eta d\zeta$$

$$\approx \sum_{i=1}^n \sum_{j=1}^n \sum_{k=1}^n H_i H_j H_k F(\xi, \eta, \zeta)$$

对于三维六面体实体单元，通常采用沿 ξ、η 和 ζ 方向，取同样个数的积分点。而对于三维六面体厚壳单元，通常采用沿壳面内 ξ、η 方向，取同样个数的积分点，沿垂直于壳面的 ζ 方向，取不同的积分点数。六面体单元经过坐标变换到自然坐标系下后，其三维高斯积分方法的近似表达式为：

$$I = \iiint\limits_{ace}^{bdf} f(x, y, z) \, dxdydz = \int_{-1}^1 \int_{-1}^1 \int_{-1}^1 F(\xi, \eta, \zeta) \, d\xi d\eta d\zeta$$

$$\approx \sum_{i=1}^n \sum_{j=1}^n \sum_{k=1}^n H_i \cdot H_j \cdot H_k \cdot F(\xi, \eta, \zeta)$$

对于六面体八结点实体单元，在单元形状为平行六面体时，$\det J = \text{const}$，沿任意方向，B 矩阵是坐标的线性函数，采用 $2 \times 2 \times 2$ 的高斯积分法可实现单元刚度矩阵的精确积分。否则，应采用 $3 \times 3 \times 3$ 的高斯积分方案，但是一个单元就需要 27 高斯积分点，将大量占用计算机内存并耗费较多的计算时间。为提高积分效率，Irons 提出了一个比高斯积分效率更高的积分式，称为 Irons 积分方案。在三维情形下，Irons 积分方案可以用 14 结点积分可以达到 $3 \times 3 \times 3 = 27$ 个高斯积分的效率，积分式为：

$$I = \int_{-1}^1 \int_{-1}^1 \int_{-1}^1 f(\xi, \eta, \zeta) \, d\xi d\eta d\zeta =$$

$$A_8 \big[f(-b, 0, 0) + f(b, 0, 0) + f(0, -b, 0) + f(0, b, 0) +$$
$$f(0, 0, -b) + f(0, 0, b) \big] +$$
$$B_8 \big[f(-c, -c, -c) + f(c, -c, -c) + f(-c, c, -c) + f(-c, -c, c) +$$
$$f(-c, c, c) + f(c, -c, c) + f(c, c, -c) + f(c, c, c) \big]$$

其中

$$A_8 = \frac{320}{361}, \quad B_8 = \frac{121}{361}, \quad b = \sqrt{\frac{19}{30}}, \quad c = \sqrt{\frac{19}{33}}$$

6.4.6　三角形单元的数值积分方法

对于三角形单元的积分，一般通过坐标变化将积分域从整体坐标系转化到面积坐标系。但是由于积分上限涉及变量，无法使用高斯积分。此时应考虑 Hammer 积分，其解析公式为：

$$I = \int_{\Delta} L_1^{\alpha} L_2^{\beta} L_3^{\gamma} \mathrm{d}x\mathrm{d}y$$

$$= \int_0^1 \int_0^{1-L_1} L_1^{\alpha} L_2^{\beta} (1 - L_1 - L_2)^{\gamma} \det \boldsymbol{J} \mathrm{d}L_1 \mathrm{d}L_2$$

$$= 2\Delta \frac{\alpha!\ \beta!\ \gamma!}{(\alpha + \beta + \gamma + 2)!}$$

如果采用数值积分，则有：

$$I = \int_{\Delta} F(x,\ y) \mathrm{d}x\mathrm{d}y$$

$$= \int_0^1 \int_0^{1-L_1} f(L_1,\ L_2,\ L_3) \det \boldsymbol{J} \mathrm{d}L_1 L_2$$

$$\approx \sum_{i=1}^{n} H_i f(L_1,\ L_2,\ L_3)_i \det \boldsymbol{J}$$

式中　　　　　n——Hammer 积分点数；

$(L_1,\ L_2,\ L_3)_i$——第 i 个 Hammer 积分点的面积坐标；

H_i——对应的加权系数。

平面三角形单元 Hammer 积分点位置的加权系数值见表 6-2。类似地，空间四面体单元 Hammer 积分点位置的加权系数值见表 6-3。

表 6-2　平面三角形单元 Hammer 积分点位置的加权系数值

积分点数 n	Hammer 积分点的面积坐标 L_1, L_2, L_3	加权系数 H_i	单元阶次
1	1/3, 1/3, 1/3	1	线　性
3	1/2, 1/2, 0	1/3	二　次
	0, 1/2, 1/2	1/3	
	1/2, 0, 1/2	1/3	
4	1/3, 1/3, 1/3	−27/48	三　次
	0.6, 0.2, 0.2	25/48	
	0.2, 0.6, 0.2	25/48	
	0.2, 0.2, 0.6	25/48	
7	1/3, 1/3, 1/3	0.2250000000	四　次
	α_1, β_1, β_1	0.1323941527	
	α_1, β_1, β_1	0.1323941527	
	α_1, β_1, β_1	0.1323941527	
	α_2, β_2, β_2	0.1259391805	
	α_2, β_2, β_2	0.1259391805	
	α_2, β_2, β_2	0.1259391805	
	其中：		
	$\alpha_1 = 0.0597158717$		
	$\beta_1 = 0.4701420641$		
	$\alpha_2 = 0.7974269853$		
	$\beta_2 = 0.1012865073$		

表6-3 空间四面体单元 Hammer 积分点位置的加权系数值

积分点数 n	Hammer 积分点的体积坐标 L_1, L_2, L_3, L_4	加权系数 H_i	单元阶次
1	1/4, 1/4, 1/4, 1/4	1	线 性
4	α, β, β, β β, α, β, β β, β, α, β β, β, β, α 其中： $\alpha = 0.58541020$ $\beta = 0.13819660$	1/4 1/4 1/4 1/4	二 次
5	1/4, 1/4, 1/4, 1/4 1/3, 1/6, 1/6, 1/6 1/6, 1/3, 1/3, 1/3 1/6, 1/6, 1/3, 1/6 1/6, 1/6, 1/6, 1/3	−4/5 9/20 9/20 9/20 9/20	三 次

6.4.7 积分阶数选择要考虑的因素

6.4.7.1 积分精度

必须意识到当被积分函数是有限次数的多项式时，积分阶数 n 并不是越高越好，而是应当选择使积分精度最优的积分阶数。以一维问题刚度矩阵的积分为例，如果形函数 N (ξ, η) 的多项式阶数为 p，微分算子 L 中导数的阶次是 m，则在式（6-9）中，被积分函数是 $2(p-m)$ 次多项式（假设单元的 $\det J$ 为常数，即 Jacobi 矩阵的行列式是常数）。为保证原积分的精度，应选择高斯积分的阶次 $n = p-m+1$，这时可以达到精确积分至 $(2n-1) = 2(p-m+1)-1 = 2(p-m)+1$ 次多项式的精度，可以达到精确积分刚度矩阵的要求。还需要指出，由于位移有限元所根据的最小位能原理是极值原理，所有当单元特征尺寸 h 不断减小时，有限元解将单调地收敛于精确解。

对于二维、三维单元，则需要对被积分函数做进一步的分析。例如，四边形四结点等参数单元为双线性单元，它的插值函数中包含 1、ξ、η、$\xi\eta$ 项，在假设单元的 Jacobi 矩阵的行列式（简记为 $\det J$）是常数的情况下（此时单元形状为矩形或平行四边形），刚度矩阵的被积函数中包含 1、ξ、η、ξ^2、η^2、$\xi\eta$ 项。由于被积函数在 ξ 和 η 方向的最高方次为 $p = 2$，而应变矩阵（B 矩阵）中导数的阶次是 $m = 1$，所以 $n = p-m+1 = 2$ 即要达到精确积分，应采用 2×2 阶高斯积分。如果 $\det J$ 不是常数，则需要选取更多的积分点。对于二维八结点等参数单元也可作类似的分析。

结论：为精确积分单元刚度矩阵，在 $\det J$ 为常数的条件下，四边形四结点等参数单元应采用 2×2 阶高斯积分。如果 $\det J$ 不是常数，则需要采用更高阶的 3×3 阶高斯积分。在精确积分的前提下，这种高斯积分阶数由被积函数的多项式的最高阶数选取的积分方案称为完全积分（full integration）。正如前面已指出的，在对单元刚度矩阵进行精确积分的条件下，将保证当单元特征尺寸 h 不断减小时，有限元解单调地收敛于精确解。

但是在很多情况下，实际选取的高斯积分点数低于完全积分的要求，通常按单元插值函数中完全多项式的阶数 p 来选取而不是多项式的最高阶数。原因在于等参数单元的试探函数的缺项问题。例如，八结点等参数单元的试探函数为 ξ、η 的二次多项式：

$$u = \alpha_1 + \alpha_2\xi + \alpha_3\eta + \alpha_4\xi^2 + \alpha_5\xi\eta + \alpha_6\eta^2 + \alpha_7\xi^2\eta + \alpha_8\xi\eta^2$$

与 ξ、η 的完全二次多项式：

$$u = \alpha_1 + \alpha_2\xi + \alpha_3\eta + \alpha_4\xi^2 + \alpha_5\xi\eta + \alpha_6\eta^2 + \alpha_7\xi^2\eta + \alpha_8\xi\eta^2 + \alpha_9\xi^2\eta^2$$

相比，缺少一项 $\xi^2\eta^2$。在三维情况下，这种缺项现象要更严重一些。然后人们已经认识到单元的性能取决于试探函数完全多项式的阶次，带有"缺项"的高阶次贡献不大。考虑到插值本身的误差，完全可以用较少的积分点而保持同等的精度。以上述四边形四结点和八结点等参数单元为例，它们的插值函数中完全多项式阶数 p 分别等于 1（因为四边形四结点的形函数中缺 ξ^2 和 η^2 项，所以二阶项并不完全）和 2。按照由完全多项式阶数 p 控制积分的要求，此时刚度矩阵中被积函数在 ξ 方向和 η 方向的最高方次，在 $\det J$ 为常数的条件下为 $n=p-m+1=p-1+1$，即对上述两种单元分别为 $n=1$ 和 $n=2$。因此，保证这部分被积函数积分的精度，只需要分别采用 1×1 和 2×2 的高斯积分。这种高斯积分阶数低于被积函数所有项次精确积分所需阶数的积分方案称为减缩积分（reduced integration）。实际计算表明：采用减缩积分往往可以取得较完全积分更好的精度。这是由于以下几个方面。

（1）完全积分常常是由插值函数中非完全项的最高方次要求，而决定有限元精度的是完全多项式的方次。这些非完全的最高方次项往往不能提高精度，反而可能带来不好的影响。取较低阶的高斯积分，使积分精度正好保证完全多项式方次的要求，而不包括更高次的非完全多项式的要求，其实质是用一种新的插值函数替代原来的插值函数，从而在一定程度上改善了单元的精度。减缩积分一般比完全积分要好得多，减少了计算时间从而提高了计算效率（积分点少计算少），而且计算精度也有所提高。

（2）基于最小位能原来基础上建立的位移有限元，其解答具有下限性质。即有限元的计算模型具有较实际结构偏大的整体刚度。选取减缩积分方案将使有限元计算模型的刚度有所降低，因此可能有助于提高计算精度。另外，这种减缩积分方案对于泛函中包含罚函数的情况（如构造接触单元）也常常是必需的，用以保证和罚函数相应的矩阵的奇异性，否则将可能导致完全歪曲了的结果。

目前，一些有限元软件对于低阶单元采用减缩积分方案以提高效率。然而应当注意，采用减缩积分也可能出现单元能量奇异性的问题，需要进一步进行刚度矩阵非奇异必要条件的检查。如果能通过非奇异性检查，可以考虑采用减缩计算方案，否则就不允许采用减缩积分方案。

按照完全积分方案，对于四边形四结点等参数单元一般取积分阶数为 2。对四边形八结点等参数单元积分阶数则为 2～3。对于畸变严重的单元积分阶数积分阶数可以取为 4，但这种单元应在网格划分时尽量避免出现。

按照减缩积分方案可以选择较低的积分阶数，所得到的有限元解有时会更接近精确解。这一现象可以解释为：协调位移单元的刚度偏大，而采用较低的积分阶数，却可能使刚度下降，从而改善了解的质量。

需要指出的是，关于单元形状是否满足 $\det J$ 为常数的考虑。以上单元矩阵完全积分和减缩积分阶数的计算是在 $\det J$ 为常数条件下进行的。如果单元形状不是矩形或平行四边形（二维情形）、正六面体或平行六面体（三维情形），则 $\det J$ 不是常数，此时积分阶次原则上应予提高。但是实际计算结果表明，如果在划分网格时，形状不过分扭曲，即偏离 $\det J$ 为常数的条件不远，不增加积分阶次对计算结果精确的影响在工程上是可以接受的。综合以上关于选择数值积分阶次的讨论，在表 6-4 中给出了二维四边形等参数单元的高斯积分的推荐阶次。它也可以推广到三维单元刚度矩阵的计算。

表 6-4 二维四边形等参数单元的高斯积分推荐阶次

单　元	常用积分阶数	最高积分阶数	单　元	常用积分阶数	最高积分阶数
矩形四结点单元	2×2	2×2	任意四边形八结点单元	3×3	4×4
任意四边形四结点单元	2×2	3×3	矩形九结点单元	3×3	4×4
矩形八结点单元	2×2	3×3	任意四边形九结点单元	3×3	4×4

6.4.7.2 完全积分与剪切锁闭现象

已经证明对于弯曲为主的变形问题，低阶实体单元采用完全积分方案容易导致所谓剪切锁闭（shear locking）现象，即单元内的一部分应变能被不正确地分配从而产生剪切变形。因而，产生弯曲变形所需要的应变能减少，导致总弯曲变形量（挠度）变小。图 6-13 所示为一个典型的悬臂梁算例。在悬臂梁左侧为固定端，右侧自由端受向下集中力作用，按照弹性力学的解析结果，在适当的力作用下，自由端的理论竖直位移为 1000 mm。分别采用 1×6、2×12、4×12、8×24 的网格，用平面四边形四结点（低阶实体）等参数单元、平面四边形八结点（高阶实体）等参数单元、空间六面体八结点（低阶实体）等参数单元和空间六面体二十结点（高阶实体）等参数单元进行对比求解，结果见表 6-5。由表 6-5 可知，有限元计算结果显示由低阶实体单元组成的粗糙网格的计算结果最差。即使采用空间六面体八结点单元组成 8×24 的网格所得结果也仅是精确值的 56%。这表明当采用完全积分时，在厚度方向布置的单元数对计算结果影响不大。在此例中，所有低阶实体单元采用完全积分均存在剪切锁闭问题，而采用完全积分的高阶单元没有出现剪切锁闭现象。

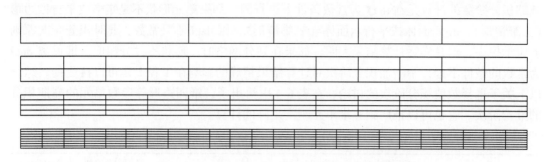

图 6-13 采用不同网格按照完全积分方案进行悬臂梁弯曲数值模拟的示意图

表 6-5 采用不同单元在不同的网格尺寸下的有限元计算结果对比

单 元	网格尺寸（高度×长度）/mm×mm			
	1×6	2×12	4×12	8×24
平面四边形四结点	0.074	0.242	0.242	0.561
平面四边形八结点	0.994	1.000	1.000	1.000
空间六面体八结点	0.077	0.248	0.243	0.563
空间六面体二十结点	0.994	1.000	1.000	1.000

  图 6-14 所示为纯弯曲状态下，采用完全积分的四边形四结点单元发生剪切锁闭示意图。其中，虚线表示变形前过积分点的水平和竖直线段。变形后，上面水平直线的长度减小，说明 x 方向的应力 σ_x 是压缩应力。下面水平直线的长度伸长，说明应力 σ_x 是拉伸应力。竖直线的长度近似认为没有改变（假设位移很小）。因此，积分点应力 σ_y 为零。这些结论与材料力学的纯弯曲结论相同。但是，在高斯积分点处，竖直线与水平线的夹角开始是直角，变形后却改变了。说明积分点处发生了剪切应变并导致非零的伪切应力 τ_{xy}。在纯弯曲状态下，此结果是个伪切应力。

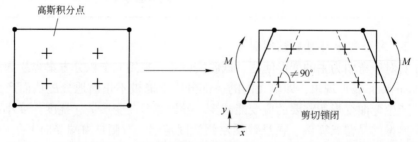

图 6-14 纯弯曲状态下，采用完全积分的四边形四结点单元发生剪切锁闭示意图

  引起此伪切应力的原因是四边形四结点单元的直边不能弯曲成曲线边界。伪切应力的存在意味着单元内的一部分应变能被不正确地分配从而产生剪切变形。因而，产生弯曲变形所需要的应变能减少，导致总弯曲变形量（挠度）变小。也即，单元显得过于刚硬，因而称为剪切锁闭现象。

  数值试验证明，剪切锁闭现象仅影响采用低阶实体等参数单元模拟以弯曲为主的变形问题。对于拉、压或直接剪切载荷作用的变形问题，采用完全积分方案的低阶实体等参元并没有剪切锁闭问题。一般地，对于二次以上的高阶实体单元，由于其边界可以自然弯曲成曲线边界，过积分点的水平和竖直线段的正交性不改变，不会产生剪切锁闭问题，如图 6-15 所示。然而，当二次单元发生扭曲或弯曲应力有梯度，也可能出现剪切锁闭现象，不过这种情形比较少见。

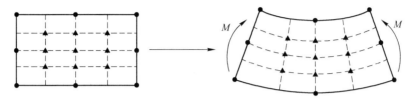

图 6-15　在纯弯曲状态下，采用完全积分的四边形八结点单元没有剪切锁闭

6.4.7.3　避免产生剪切锁闭现象的措施

避免产生剪切锁闭现象的措施如下。

（1）采用高阶单元。但是在特殊复杂应力状态下，采用完全积分的二次单元也可能产生剪切锁闭现象。此时，要细心检查计算结果。

（2）对四边形四结点单元采用减缩积分方案。

（3）在应力梯度较大的位置必须密化网格以减缓剪切锁闭现象，提高计算精度。

（4）当计算模型涉及大变形（大应变）问题时，不适合采用高阶单元，此时应当考虑采用非协调单元。

6.4.7.4　沙漏现象与零变形能模式

避免产生剪切锁闭现象的策略之一是采用线性减缩积分。然而在实践中却引出了另外的问题，即沙漏现象（hourglassing）或者奇异能量模式（spurious energy model）而导致非正常变形出现。对四边形四结点单元采用一阶减缩积分（即单元只有一个高斯积分点）时可能出现奇异能量模式。其特点是在弯曲变形时，在该积分点处没有任何的应变能。此时单元表现出没有任何刚度，无法抵抗变形。如图 6-16 所示，一个四边形四结点单元受纯弯曲作用，使用一个高斯点减缩积分方案。弯曲变形后，单元中的虚线长度以及

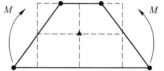

图 6-16　四边形四结点单元采用线性减缩积分出现沙漏现象

在水平和竖直线段间的夹角并没有改变。这意味在此单元的一个积分点上的各应变分量为零，因而，所有应力均为零。因为此单元有变形（扭曲）但是并没有产生应变能，所以这种弯曲变形的模式是一个"奇异能量模式"。在这种变形模式下，单元不提供刚度也就不能承受这种形式的位移。更为严重的是，在粗糙网格内这种零能量模式很容易随网格扩散而导致错误结果，甚至使计算崩溃。因此，必须对沙漏变形进行控制，尽可能地减小网格的沙漏变形。

对空间六面体八结点单元采用一阶减缩积分同样会出现奇异能量模式。奇异能量模式可能以多种模式出现，如图 6-17 所示。在非线性大变形计算时，具有较大应力梯度的区域，单元网格会显示连续扩展的沙漏现象，如图 6-18 所示。

应当注意，沙漏现象只影响平面四边形四结点实体单元和空间六面体八结点单元，而空间四面体单元、三角形壳单元、梁单元没有沙漏模式。但空间四面体单元、三角形壳单

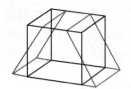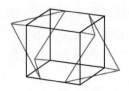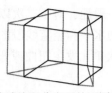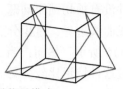

图 6-17　空间六面体八结点单元采用一阶减缩积分出现的不同奇异能量模式

元的缺点是在许多应用中被认为过于刚硬。

理论上，对于矩形八结点单元，采用完全积分方案，取 3×3 个积分点即可得到单元刚度矩阵的精确积分。当采用减缩积分方案，取 2×2 个积分点时，存在着一个零变形能模式，如图 6-19 所示。在这种奇异能量模式中，单元外凸边受拉，内凹边受压，相邻单元之间不相容，因而不会在实际结构网格中出现。因此，对于八结点矩形单元，若采用2×2个积分点可以得出很好的结果。

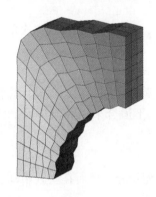

图 6-18　连续扩展的沙漏现象

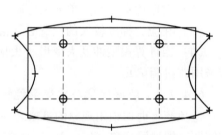

图 6-19　矩形八结点单元当采用减缩积分方案时的一种奇异能量模式

已经证明，奇异能量模式要出现在结构网格中，必须具备以下三个条件。

（1）对单元刚度矩阵进行数值积分时，积分点个数较少（或者说积分阶数较低），具体判断依据是：

积分点个数 × 每点应变分量数 < 单元结点自由度总数 − 单元独立刚体位移模式个数

（2）可能出现的奇异能量模式，单元在其边界面之间的位移模式是相容的。

（3）施加在区域上的强制边界条件不能约束零变形位移模式。

当发生奇异能量模式时，由于结构表现出很小的刚度，就可能以相当大的数值迭加在正常的有限元解上，造成结果严重失真以致求解过程崩溃。

对沙漏现象的控制可以采用以下方法。

（1）细化模型网格。好的建模可以防止产生过度沙漏，基本原则是使用均匀网格（一般在高度方向至少要有四个单元，整体网格细化会明显地减少沙漏的影响）。

（2）避免在单点上集中加载。由于激活的单元把沙漏模式传递给相邻单元，因此，单点加载应扩展到几个相邻结点组成的一个面上，施加压力载荷优于在单点上加载。

（3）使用全积分单元。这是一种完全消除沙漏的方法。但是，这种方法花费更多的CPU 时间，也容易导致不切实际的刚度结果（即剪切锁闭）。

（4）使用商业有限元软件提供的一些内部沙漏控制，其基本思想是：

1）增加抵抗沙漏模式的刚度但不增加刚体运动和线性变形，这种刚性沙漏控制将控制单元朝未变形的方向变形；

2）在沙漏方向上的速度施加阻尼，这是一种黏性沙漏控制，目的是抑制沙漏模式的进一步发展。

6.5 空间等参数单元的有限元列式

6.5.1 坐标变换

对于空间等参数单元，设单元结点总数为 n，根据等参数单元的坐标插值方法，有坐标变换公式：

$$\begin{cases} x = \sum_{i=1}^{n} N_i x_i \\ y = \sum_{i=1}^{n} N_i y_i \\ z = \sum_{i=1}^{n} N_i z_i \end{cases}$$

其中，各形函数是自然坐标（ξ, η, ζ）的函数，对于不同几何形状的单元，自然坐标的含义及取值范围有所差异。

坐标插值方法建立了整体坐标与自然坐标之间的一一对应关系，根据自然坐标的取值范围，描述出了单元在整体坐标系下的几何形状。

根据坐标插值方法，整体坐标对自然坐标的偏导数为：

$$\frac{\partial x}{\partial \xi} = \sum_i \frac{\partial N_i}{\partial \xi} x_i \qquad \frac{\partial x}{\partial \eta} = \sum_i \frac{\partial N_i}{\partial \eta} x_i \qquad \frac{\partial x}{\partial \zeta} = \sum_i \frac{\partial N_i}{\partial \zeta} x_i$$

$$\frac{\partial y}{\partial \xi} = \sum_i \frac{\partial N_i}{\partial \xi} y_i \qquad \frac{\partial y}{\partial \eta} = \sum_i \frac{\partial N_i}{\partial \eta} y_i \qquad \frac{\partial y}{\partial \zeta} = \sum_i \frac{\partial N_i}{\partial \zeta} y_i$$

$$\frac{\partial z}{\partial \xi} = \sum_i \frac{\partial N_i}{\partial \xi} z_i \qquad \frac{\partial z}{\partial \eta} = \sum_i \frac{\partial N_i}{\partial \eta} z_i \qquad \frac{\partial z}{\partial \zeta} = \sum_i \frac{\partial N_i}{\partial \zeta} z_i$$

表示为矩阵形式，可得坐标变换的 Jacobi 矩阵为：

$$\boldsymbol{J} = \begin{bmatrix} \dfrac{\partial x}{\partial \xi} & \dfrac{\partial x}{\partial \eta} & \dfrac{\partial x}{\partial \zeta} \\ \dfrac{\partial y}{\partial \xi} & \dfrac{\partial y}{\partial \eta} & \dfrac{\partial y}{\partial \zeta} \\ \dfrac{\partial z}{\partial \xi} & \dfrac{\partial z}{\partial \eta} & \dfrac{\partial z}{\partial \zeta} \end{bmatrix} = \begin{bmatrix} x_1 & \cdots & x_n \\ y_1 & \cdots & y_n \\ z_1 & \cdots & z_n \end{bmatrix} \begin{bmatrix} \dfrac{\partial N_1}{\partial \xi} & \dfrac{\partial N_1}{\partial \eta} & \dfrac{\partial N_1}{\partial \zeta} \\ \vdots & \vdots & \vdots \\ \dfrac{\partial N_n}{\partial \xi} & \dfrac{\partial N_n}{\partial \eta} & \dfrac{\partial N_n}{\partial \zeta} \end{bmatrix} = \begin{bmatrix} x_1 & \cdots & x_n \\ y_1 & \cdots & y_n \\ z_1 & \cdots & z_n \end{bmatrix} \frac{\partial N}{\partial \xi_i}$$

其中

$$\frac{\partial N}{\partial \xi_i} = \begin{bmatrix} \dfrac{\partial N_1}{\partial \xi} & \dfrac{\partial N_1}{\partial \eta} & \dfrac{\partial N_1}{\partial \zeta} \\ \vdots & \vdots & \vdots \\ \dfrac{\partial N_n}{\partial \xi} & \dfrac{\partial N_n}{\partial \eta} & \dfrac{\partial N_n}{\partial \zeta} \end{bmatrix}$$

表示形函数对自然坐标的偏导数矩阵。

根据整体坐标 (x, y, z) 与自然坐标 (ξ, η, ζ) 之间的映射关系，有：

$$\begin{bmatrix} \dfrac{\partial \xi}{\partial x} & \dfrac{\partial \xi}{\partial y} & \dfrac{\partial \xi}{\partial z} \\ \dfrac{\partial \eta}{\partial x} & \dfrac{\partial \eta}{\partial y} & \dfrac{\partial \eta}{\partial z} \\ \dfrac{\partial \zeta}{\partial x} & \dfrac{\partial \zeta}{\partial y} & \dfrac{\partial \zeta}{\partial z} \end{bmatrix} = \begin{bmatrix} \dfrac{\partial x}{\partial \xi} & \dfrac{\partial x}{\partial \eta} & \dfrac{\partial x}{\partial \zeta} \\ \dfrac{\partial y}{\partial \xi} & \dfrac{\partial y}{\partial \eta} & \dfrac{\partial y}{\partial \zeta} \\ \dfrac{\partial z}{\partial \xi} & \dfrac{\partial z}{\partial \eta} & \dfrac{\partial z}{\partial \zeta} \end{bmatrix}^{-1} = \boldsymbol{J}^{-1}$$

上面公式提供了整体坐标与自然坐标之间的偏导数的计算方法。

6.5.2 位移模式

空间等参数单元的位移插值模式为：

$$\begin{cases} u = \displaystyle\sum_{i=1}^{n} N_i u_i \\ v = \displaystyle\sum_{i=1}^{n} N_i v_i \\ w = \displaystyle\sum_{i=1}^{n} N_i w_i \end{cases}$$

矩阵形式为：

$$\begin{Bmatrix} u \\ v \\ w \end{Bmatrix} = \begin{bmatrix} N_1 & 0 & 0 & \cdots & N_n & 0 & 0 \\ 0 & N_1 & 0 & \cdots & 0 & N_n & 0 \\ 0 & 0 & N_1 & \cdots & 0 & 0 & N_n \end{bmatrix} \begin{Bmatrix} u_1 \\ v_1 \\ w_1 \\ \vdots \\ u_n \\ v_n \\ w_n \end{Bmatrix} = \boldsymbol{N}\boldsymbol{\delta}^e$$

其中，$\boldsymbol{N} = \begin{bmatrix} N_1 & 0 & 0 & \cdots & N_n & 0 & 0 \\ 0 & N_1 & 0 & \cdots & 0 & N_n & 0 \\ 0 & 0 & N_1 & \cdots & 0 & 0 & N_n \end{bmatrix}$ 为形函数矩阵；$\boldsymbol{\delta}^e = \begin{bmatrix} u_1 & v_1 & w_1 & \cdots \end{bmatrix}$

$\begin{matrix} u_n & v_n & w_n \end{matrix}]^{-1}$ 为单元结点位移向量。

6.5.3 应变、应力计算方法

根据位移插值模式，可得应变矩阵为：

$$
\begin{Bmatrix} \varepsilon_x \\ \varepsilon_y \\ \varepsilon_z \\ \gamma_{yz} \\ \gamma_{zx} \\ \gamma_{xy} \end{Bmatrix} =
\begin{bmatrix}
\dfrac{\partial N_1}{\partial x} & 0 & 0 & \cdots & \dfrac{\partial N_n}{\partial x} & 0 & 0 \\[2mm]
0 & \dfrac{\partial N_1}{\partial y} & 0 & \cdots & 0 & \dfrac{\partial N_n}{\partial y} & 0 \\[2mm]
0 & 0 & \dfrac{\partial N_1}{\partial z} & \cdots & 0 & 0 & \dfrac{\partial N_n}{\partial z} \\[2mm]
0 & \dfrac{\partial N_1}{\partial z} & \dfrac{\partial N_1}{\partial y} & \cdots & 0 & \dfrac{\partial N_n}{\partial z} & \dfrac{\partial N_n}{\partial y} \\[2mm]
\dfrac{\partial N_1}{\partial z} & 0 & \dfrac{\partial N_1}{\partial x} & \cdots & \dfrac{\partial N_n}{\partial z} & 0 & \dfrac{\partial N_n}{\partial x} \\[2mm]
\dfrac{\partial N_1}{\partial y} & \dfrac{\partial N_1}{\partial x} & 0 & \cdots & \dfrac{\partial N_n}{\partial y} & \dfrac{\partial N_n}{\partial x} & 0
\end{bmatrix}
\begin{Bmatrix} u_1 \\ v_1 \\ w_1 \\ \vdots \\ u_n \\ v_n \\ w_n \end{Bmatrix} = \boldsymbol{B}\boldsymbol{\delta}^{e}
$$

其中
$$
\boldsymbol{B} =
\begin{bmatrix}
\dfrac{\partial N_1}{\partial x} & 0 & 0 & \cdots & \dfrac{\partial N_n}{\partial x} & 0 & 0 \\[2mm]
0 & \dfrac{\partial N_1}{\partial y} & 0 & \cdots & 0 & \dfrac{\partial N_n}{\partial y} & 0 \\[2mm]
0 & 0 & \dfrac{\partial N_1}{\partial z} & \cdots & 0 & 0 & \dfrac{\partial N_n}{\partial z} \\[2mm]
0 & \dfrac{\partial N_1}{\partial z} & \dfrac{\partial N_1}{\partial y} & \cdots & 0 & \dfrac{\partial N_n}{\partial z} & \dfrac{\partial N_n}{\partial y} \\[2mm]
\dfrac{\partial N_1}{\partial z} & 0 & \dfrac{\partial N_1}{\partial x} & \cdots & \dfrac{\partial N_n}{\partial z} & 0 & \dfrac{\partial N_n}{\partial x} \\[2mm]
\dfrac{\partial N_1}{\partial y} & \dfrac{\partial N_1}{\partial x} & 0 & \cdots & \dfrac{\partial N_n}{\partial y} & \dfrac{\partial N_n}{\partial x} & 0
\end{bmatrix}
$$

为应变位移矩阵或者 $\boldsymbol{B}$ 矩阵。

在 $\boldsymbol{B}$ 矩阵的计算中，用到了各形函数对整体坐标 $(x,\ y,\ z)$ 的偏导数，由于形函数是以自然坐标 $(\xi,\ \eta,\ \zeta)$ 的形式给出的，根据求偏导数的链式法则，有：

$$
\frac{\partial N_i}{\partial x} = \frac{\partial N_i}{\partial \xi}\frac{\partial \xi}{\partial x} + \frac{\partial N_i}{\partial \eta}\frac{\partial \eta}{\partial x} + \frac{\partial N_i}{\partial \zeta}\frac{\partial \zeta}{\partial x}
$$

$$
\frac{\partial N_i}{\partial y} = \frac{\partial N_i}{\partial \xi}\frac{\partial \xi}{\partial y} + \frac{\partial N_i}{\partial \eta}\frac{\partial \eta}{\partial y} + \frac{\partial N_i}{\partial \zeta}\frac{\partial \zeta}{\partial y}
$$

$$
\frac{\partial N_i}{\partial z} = \frac{\partial N_i}{\partial \xi}\frac{\partial \xi}{\partial z} + \frac{\partial N_i}{\partial \eta}\frac{\partial \eta}{\partial z} + \frac{\partial N_i}{\partial \zeta}\frac{\partial \zeta}{\partial z}
$$

矩阵形式为：

$$\frac{\partial N}{\partial x_i} = \begin{bmatrix} \dfrac{\partial N_1}{\partial x} & \dfrac{\partial N_1}{\partial y} & \dfrac{\partial N_1}{\partial z} \\ \vdots & \vdots & \vdots \\ \dfrac{\partial N_n}{\partial x} & \dfrac{\partial N_n}{\partial y} & \dfrac{\partial N_n}{\partial z} \end{bmatrix} = \begin{bmatrix} \dfrac{\partial N_1}{\partial \xi} & \dfrac{\partial N_1}{\partial \eta} & \dfrac{\partial N_1}{\partial \zeta} \\ \vdots & \vdots & \vdots \\ \dfrac{\partial N_n}{\partial \xi} & \dfrac{\partial N_n}{\partial \eta} & \dfrac{\partial N_n}{\partial \zeta} \end{bmatrix} \begin{bmatrix} \dfrac{\partial \xi}{\partial x} & \dfrac{\partial \xi}{\partial y} & \dfrac{\partial \xi}{\partial z} \\ \dfrac{\partial \eta}{\partial x} & \dfrac{\partial \eta}{\partial y} & \dfrac{\partial \eta}{\partial z} \\ \dfrac{\partial \zeta}{\partial x} & \dfrac{\partial \zeta}{\partial y} & \dfrac{\partial \zeta}{\partial z} \end{bmatrix} = \frac{\partial N}{\partial \xi_i} J^{-1}$$

矩阵 $\dfrac{\partial N}{\partial x_i}$ 表示了形函数对整体坐标 (x, y, z) 的偏导数。

应力向量可以用应力矩阵 $S = DB$ 表示：

$$\boldsymbol{\sigma} = DB\delta^e$$

式中，$\boldsymbol{\sigma} = \begin{bmatrix} \sigma_x & \sigma_y & \sigma_z & \tau_{xy} & \tau_{yz} & \tau_{zx} \end{bmatrix}^T$ 表示应力向量。

其他的有限元表达式，如单元刚度矩阵的形成方法、体积力与分布面力移置为等效结点力的公式都与平面问题等参数单元所介绍的相同，不再赘述。

6.5.4　单元插值和形函数

插值就是利用有限点数据来构造满足规定条件的连续函数的过程。在有限元分析中，这些点是一个单元的结点，规定条件是一个场量的结点值（也可能是它的导数）。结点值很少是精确的，即使它们是足够精确的，插值法在其他位置给出的通常也会是近似值。在有限元分析中，插值函数几乎总是一个能自动提供单值连续场的多项式。

对于一维问题，根据广义自由度 a_i、一个含有因变量 ϕ 和自变量 x 的插值多项式可以写成下列形式：

$$\phi = xa \tag{6-23}$$

其中，$\boldsymbol{x} = \begin{bmatrix} 1 & x & x^2 & L & x^n \end{bmatrix}$；$a = \begin{pmatrix} a_1 & a_2 & L & a_n \end{pmatrix}$。

线性插值时 $n = 1$，二次插值时 $n = 2$，依次类推。a_i 可以根据在已知的 x 值处 ϕ 的结点值来表示。结点值 $\boldsymbol{\Phi}_e$ 和 a_i 之间的关系可以用符号表示为：

$$\boldsymbol{\Phi}_e = Aa \tag{6-24}$$

其中，A 的每一行都是 X 在相应的结点位置的计算值。

由式（6-22）和式（6-23），可得：

$$\phi = N\boldsymbol{\Phi}_e \tag{6-25}$$

其中，矩阵 N 中的每一个 N_i 被称为单元形函数，$N = XA^{-1} = \begin{bmatrix} N_1, & N_2, & \cdots, & N_n \end{bmatrix}$。

在有限元计算中，形函数矩阵把单元结点值同单元场函数联系起来。根据插值函数的阶数，可以把 ANSYS 中的结构单元分为低阶单元（单元采用一次插值）和高阶单元（单元采用二次或更高阶次插值）。对于二维和三维单元，将需要两个或三个空间自变量，但计算的原理与一维单元是一样的。

本 章 小 结

等参数单元就是对单元几何形状和单元内的参变量函数采用相同数目的结点参数和相同的形函数进行变换而设计出的一种单元。由于等参数变换的采用，等参数单元的刚度、质量、阻尼、荷载等特性矩阵的计算仍在母单元所在的自然坐标下的正方形域内进行，因此不管各个积分形式的矩阵表示的被积函数如何复杂，仍然可以方便地采用标准化的数值积分方法计算。也正因为如此，等参数单元已成为有限元法中应用最为广泛的单元形式。

复习思考题

6-1 简述有限元法中等参数单元形函数的特点及其选取位移函数（多项式函数）的一般原则。

6-2 采用等参数单元有何优点？

6-3 等参数单元在高斯点计算得到的应力比在结点计算得到的应力精度高。这种说法对吗？

6-4 证明：如果四边形四结点单元的形状为平行四边形，用等参数单元时该单元的 Jacobi 矩阵为常数矩阵。

6-5 当采用完全积分方案时，一个由四边形四结点单元组成的网格是否会产生剪切锁闭现象？

6-6 当采用完全积分方案时，一个由三角形三结点单元组成的网格是否会产生剪切锁闭现象？

6-7 产生剪切锁闭现象的原因是什么？实践中可以采取什么措施克服此种缺陷？

6-8 等参数单元变换是指单元坐标变换和函数内部变量插值采用相同的结点和相同的插值函数。实践中，是否可能进行单元坐标变换和函数内部变量插值时，采用参数不相同的变换式。试考虑根据空间四边形曲面壳体的单元坐标变换和函数内部变量插值说明。

6-9 在实际问题中，对于采用完全积分方案的八结点矩形等参数单元会出现"零变形能模式"吗？

6-10 在习题 3-1 中，将"选择单元类型"的 K1：选项内容由缺省的"Full integration"改选为："Reduced integration"。重新计算后，比较最大位移和最大应力有什么变化？然后与材料力学的解析结果比较。

6-11 在大变形（主要是大应变）的有限元非线性问题计算时，不宜采用具有边中结点的高阶单元，其主要原因是什么？

上机作业练习

6-1 含中心裂纹板受单向拉伸的应力强度因子。

问题描述：为了能有效模拟裂纹尖端的奇异性，围绕裂纹尖端的有限元单元应是二项式的奇异单元，平面问题应当选择PLANE183 单元，空间问题应当选择 SOLID186 单元。把单元边上的中点放到四分之一边上形成奇异单元。结点位于裂纹尖端时平面问题奇异单元各结点位置如图 6-20 所示。

在 ANSYS 中采用断裂力学理论计算含裂纹的结构体的应力强

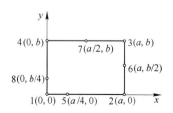

图 6-20　结点位于裂纹尖端时平面问题奇异单元各结点位置

度因子。建模时，在裂纹尖端使用命令 KSCON 可以生成奇异单元。在划分含裂纹模型网格时，应注意以下几点：对二维问题，为获得理想的计算结果，围绕裂纹尖端的单元第一行，其半径应该是裂纹长度的八分之一或更小；裂纹周围的单元角度应为 30°~40°。围绕裂纹尖端的第一行单元，其半径应该是八分之一裂纹长度或更小；沿裂纹周向每一单元最好有 30°~40° 的角度。裂纹尖端的单元不能有扭曲，最好是等腰三角形。在所有的方向上，单元的相邻边之比不能超过 4∶1。在弯曲裂纹前缘的单元大小取决于局部曲率的数值，例如，沿圆环状弯曲裂纹前缘，在 15°~30° 的角度内至少有一个单元，有单元的边（包括裂纹前缘上的）都应是直线。对三维问题，单元尺寸与二维模型一样，周围的单元角度在 15°~30° 之间。对平面进行网格划分，裂纹尖端周围的奇异网格利用 ANSYS 中 KSCON 命令生成，然后对面进行拖拉生成裂纹体。网格基本要求是：（1）x 轴必须平行于裂纹面，y 轴必须垂直于裂纹面。（2）沿裂纹面定义路径，可以用：

Utility Menu→WorkPlane→Local Coordinate Systems→Create Local CS→At Specified Loc

然后计算应力强度因子。二维问题中，单元可以全部用 PLANE82 单元，只是围绕裂纹尖端单元的边中结点要移至 1/4 边长处，形成奇异单元，以模拟裂纹场的应力奇异性分布。也可以用单元裂纹尖端网格退化为三角形单元，其他区域可以用四边形单元。以下练习题讨论 KSCON 命令的使用方法，其中关键内容是将裂纹尖端单元的边中结点移至 1/4 边长处。NPT 为裂纹尖端的关键点号。DELR 为第一层单元的半径，一般可选为裂纹半长的 1/20。RRAT 为第二层单元长度，可为 1/15 裂纹半长（可以不填）。NTHET 为环绕裂纹单元个数，最后一个选择为 1/4 就行了。图 6-21 所示为含中心裂纹板拉伸问题。试样为长 0.15 m、宽 0.1 m 的薄板，中间有一长 0.02 m 的裂纹，材料的弹性模量为 210 GPa，泊松比为 0.3，荷载均布拉应力为 140 MPa。利用对称条件，在 ANSYS 中取计算模型的 1/4 建模，在裂纹尖端周围创建两块半圆形面积并与上面的平面合并在一起，方便对裂纹尖端的网格划分，如图 6-22 所示。

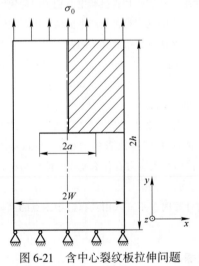

图 6-21 含中心裂纹板拉伸问题　　图 6-22 含中心裂纹平板建模过程

ANSYS 菜单操作步骤如下。

（1）指定分析范畴为结构分析。

Main Menu→Preference→选中 Structural→OK

（2）设置文件名。

Utility Menu→File→Change Jobname，输入 "Stress intensity factor of a tensile plate with a central crack"

（3）选择单元类型。

Main Menu→Preprocessor→Element Type→Add/Edit/Delete→Add→Solid Quad 8node 183→OK→

Options . . . →K3：Plane Stress→OK→Close

（4）定义材料参数。

Main Menu→Preprocessor→Material Props→Material Models→Structural→Linear→Elastic→Isotropic →input EX：20e9，PRXY：0.3→OK

（5）建立关键点，通过关键点形成面。

Main Menu→Preprocessor→Modeling→Create→Key points→In Active CS→依次输入 6 个点的坐标： 1（0，0，0）→Apply→2（-0.02，0，0）→Apply→3（0.08，0，0）→Apply→4（0.08，0.15， 0）→Apply→5（0，0.15，0）→Apply→6（-0.02，0.15，0）→OK

（6）生成两个矩形面和两个四分之一圆面。

Main Menu→Preprocessor→Modeling→Create→Areas→Rectangle→By Dimensions→输入第 1 个矩 形面：X1＝0，X2＝0.08，Y1＝0，Y2＝0.15→Apply→输入第 2 个矩形面：X1＝-0.02，X2＝0，Y1＝ 0，Y2＝0.15→OK→Areas→Circle→By Dimensions→输入第 1 个四分之一圆面：Rad-1＝0.01，Rad-2 ＝0，Theta-1＝0，Theta-2＝90→OK→输入第 2 个四分之一圆面：Rad-1＝0.01，Rad-2＝0，Theta-1＝ 90，Theta-2＝180→OK

（7）通过布尔 Overlap、Glue 运算，使两个矩形面和两个四分之一圆面生成一体。

Main Menu→Preprocessor→Modeling→Operate→Booleans→Overlap→Areas→Pick All→Booleans→ Glue→Areas→Pick All

（8）形成裂纹尖端奇异单元，利用 KSCON 命令。

Main Menu→Preprocessor→Meshing→Size Cntrls→Concentration Keypoint→Create→在拾取对话框 内，NPT Keypoint for concentration 设定：1；DELR Radisu of 1st row of elems 设定：0.001m；RRAT Radius ratio（2nd row/1st）设定：0.8；NTHET No of elems around circumf 设定：12；KCTIP midside node position 设定：Swewed 1/4pt→OK

（9）初始网格划分。

Main Menu→Preprocessor→Meshing→Mesh Tool→Smart Size：6→Quad→Mapped→Mesh→选两个 四分之一圆面→Apply→Quad→Free→Mesh→选两个矩形面生成网格→OK

（10）网格细化。

Main Menu→Preprocessor→Meshing→Mesh Tool→Size Controls：6→Refine→Box→拉框选裂纹附近 网格→OK→Level：2→OK

（11）在模型的左侧以及底侧（除裂纹外）施加对称约束条件，顶端施加 140 MPa 的均布拉应力。

（12）计算，利用 ANSYS 求解器计算出裂纹平板的应力场和位移场。

（13）使用 KCALC 命令计算出裂纹尖端应力强度因子 K_I，即利用"位移外推法"。从计算结果中提 取裂纹的应力强度因子之前，必须定义一条路径，对于只有一半裂纹的模型，依次用鼠标选取裂纹 表面 3 个结点定义路径，且第一个结点必须在裂纹的尖端，如图 6-23 所示。

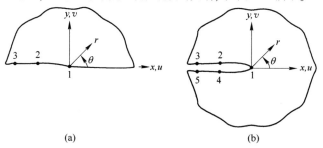

（a）   （b）

图 6-23 计算裂纹尖端应力强度因子时选取的裂纹表面 3 个结点位置

（a）半裂纹；（b）全裂纹

Main Menu→General Postproc→Path Operations→Define Path→By Nodes→在裂纹面上，用鼠标从裂纹尖点开始，依次选取 3 个结点→OK→指定一个 path name→OK

Main Menu→General Postproc→Nodal Calcs→Stress Int Factr 选择对应的内容，KCSYM：Half-Symm b. c. →OK

通过 ANSYS 计算，本题设计实例的应力强度因子为 $2.54×10^7\ \mathrm{N·m^{-\frac{3}{2}}}$，根据断裂力学中的解析解，同样可以获得此实例的应力强度因子为 $2.48×10^7\ \mathrm{N·m^{-\frac{3}{2}}}$，两者非常接近。

参考图请扫二维码。

题 6-1 参考图

6-2 模拟超弹性球压缩。

问题描述：Ogden 本构模型适合描述几乎不可压缩材料的变形。本题使用三参数模型分析橡胶球的压缩过程。橡胶球的直径 0.04 m，将球压缩其直径的 1/2。由二维轴对称 PLANE182 单元和刚-柔接触面组成计算模型，接触对摩擦系数指定为 0.35。

ANSYS 菜单操作步骤如下。

（1）指定分析范畴为结构分析。

Main Menu→Preference→选中 Structural→OK

（2）设置文件名。

Utility Menu→File→Change Jobname，输入 "Ruber Compression" →OK

（3）设置计算类型。

Main Menu→Preferences→select Structural→OK

（4）选择单元类型。

Main Menu→Preprocessor→Element Type→Add/Edit/Delete→Add→Solid－4node 182→OK→Option→K3：Axisymmetric→Add→Contact→刚性接触单元 2D Targe169→Apply→Contact→柔性接触单元 2nd surf 171 显示→OK→Close

注：ANSYS 的 PLANE182 单元，采用缺省 B-Bar 方法，适合模拟几乎不可压缩材料的变形。为了验证单元采用不同积分方案的性能，先采用完全积分：

Main Menu→Preprocessor→Element Type→Add/Edit/Delete ...→点击 Options→K1：Full Integration；K3：Axisymmetrical；K6：Pure displacement→OK→Close

第一次计算获得结果后，再返回此处继续选择减缩积分：

Main Menu→Preprocessor→Element Type→Add/Edit/Delete ...→点击 Options→K1：Reduced Integration；K3：Axisymmetrical；K6：Pure displacement→OK→Close

进行对比计算。

（5）定义材料参数——输入 Ogden 模型参数。

Main Menu→Preprocessor→Material Props→Material Models→Structural→Nonlinear→Elastic→Hyperelastic→Ogden→ "3 terms" →mu_1：6.3，a_1：1.3，mu_2：0.012，a_2：5.0，mu_3：－0.1，a_3：－2.0，d_1：2e-4→OK→New Material Model→Structural→Friction Coefficient→0.35→Exit

（6）生成特征点。

Main Menu→Preprocessor→Modeling→Create→Keypoints→In Active CS→依次输入 2 个点的坐标：1（0，0.02，0）→Apply→2（0.03，0.02，0）→OK

（7）生成一条横线。

Main Menu→Preprocessor→Modeling→Create→Lines→Straight Line→连接 2 个特征点，1→2→OK

（8）生成一个 1/4 圆形面。

Main Menu→Preprocessor→Modeling→Create→Areas→Circle→Partial Annulus→输入 WPX = 0，

WPY = 0，Rad1 = 0.02，Theta = 0，Rad2 = 0，Theta = 90→OK

(9) 生成一个矩形。

Preprocessor→Modeling→Create→Areas→Rectangular→By 2 corners→输入 WPX：0，WPY：0，Width = 0.005，Height = 0.005→OK

(10) 设置单元属性并且划分网格。

Main Menu → Preprocessor → Meshing → Mesh Tool → Element Attribute → Area → Material num：1（PLANE182）→Smart size（选滑动键至6）→Mesh：Area，Shape：Free，Quad→Mesh→拾取圆弧形面→OK→Close

(11) 为了生成线刚-柔接触对，表示模具的横线要指定属性。

Main Menu→Preprocessor→Meshing→Mesh Tool→Element Attribute→Line→拾取横直线→Material num：2→单元类型：TARGE169→Apply→Element Attribute→Line→拾取圆弧表面线→单元类型：CONTAC171→OK

(12) 生成线刚-柔接触对。

由于橡胶球和模具在接触时是无过盈配合，橡胶球外表面和模具的表面之间将构成线-线接触对。在生成接触对的同时，ANSYS 程序将自动给接触对分配实常数号。

1）打开接触管理器。

Main Menu→Preprocessor→Modeling→Create→Contact Pair

2）单击接触管理器中的工具条上的最上左边按钮，将弹出 Add Contact Pair 对话框。

3）指定接触目标表面。模具看成是刚体，Target Surface：用默认的"Line"，在 Target Type 选：Rigid w/Pilot，单击 Pick Target：弹出 Select Line for Target 对话框，在图形输出窗口中单击那条横线，模具选定→OK→单击 NEXT 进入下一步→选 Pick existing free Keypoint→Pick Entity→选关键点 1 用作接触对的 Pilot 点→OK→NEXT→下一个画面。

4）弹出选择接触面的对话框，单击 Pick Contact→弹出 Select Line for Target 对话框，在图形输出窗口中单击球的外圆弧线，将其选定→OK→NEXT→对接触对属性进行设置。

5）单击 Material ID 下拉框中的"1"，指定接触材料属性为定义的一号材料。并在 Coefficient of Friction 文本框中输入"0.35"，指定摩擦系数为 0.35。单击按钮，来对接触问题的其他选项进行设置。

6）打开对摩擦选项设置的选项卡 Optional setting，在对话框中的 Normal Penalty Stiffness 的框中输入"0.1"，指定接触刚度的罚系数为 0.1。在 Friction 选项中的 Stiffness matrix 下拉框中选："Unsymmetric"选项，指定本实例的接触刚度为非对称矩阵。其余的设置保持缺省，单击 Create 按钮关闭对话框，完成对接触选项的设置。

7）查看图中的信息，注意刚-柔接触对的外法线方向应该彼此对立，否则用 Flip Target Normals 调整，然后单击 Finish 关闭对话框。在接触管理器的接触对列表框中，将列出刚定义的接触对，其实常数为 3。

(13) 给球的左、下端线施加对称约束。

Main Menu→Solution→Define Loads→Apply→Structural→Displacement→Symmetry B. C. →选球的左、下端线→OK

(14) 给模具 1 点施加位移-0.01 m。

Main Menu→Solution→Define Loads→Apply→Structural→Displacement→On Keypoints→选横线最左端点，Keypoint 1→OK→Uy：→VALUE 选 -0.01→OK

(15) 分析参数设定与计算。

Main Menu→Solution→Analysis Type→New analysis→Static→Sol'n Controls→Large deformation static →Number of substeps = 50；Max No substeps = 100；Min No substeps = 10→OK

（16）求解。

　　Main Menu→Solution→Solve-Current LS

（17）将对称面沿旋转轴旋转 270°，形成实体剖面图。

　　Utility Menu→PlotCtrls→Style→Symmetry Expansion→2D Axi-Symmetic→3/4 Expansion→OK

（18）输出等效应力。

　　Main Menu→General Postproc→Plot Results→Contour Plot-Element Solu→Stress→Mises Equivalent Stress→OK

（19）输出静水压力。

　　Main Menu→General Postproc→Plot Results→Contour Plot-Element Solu→Stress→HydrostPres HPRE→OK

（20）退出 ANSYS 系统。

参考图请扫二维码。

题 6-2 参考图

7 杆梁结构的有限单元法

第 7 章数字资源

本章学习要点

　　本章主要介绍杆梁结构的基本知识及其有限单元方法的基本原理。要求掌握杆单元与梁单元的特点，了解在不同的坐标系之间变化单元刚度矩阵的方法以及 Euler-Bernoulli（欧拉–伯努利）梁单元与 Timoshenko（铁木辛柯）梁单元的区别等基本概念，熟悉杆单元刚度矩阵的形成、组装以及施加位移边界条件的方法，掌握用 ANSYS 梁单元合理放置截面的方法以及线性特征值屈曲的四个主要步骤。

思政课堂

港珠澳大桥

　　港珠澳大桥是中华人民共和国境内一座连接香港、广东珠海和澳门的桥隧工程，其桥隧全长 55 km，主桥 29.6 km，香港口岸至珠澳口岸 41.6 km；桥面为双向六车道高速公路，设计速度 100 km/h；工程项目总投资额 1269 亿元。港珠澳大桥因其超大的建筑规模、空前的施工难度和顶尖的建造技术而闻名世界，大桥项目总设计师是孟凡超，总工程师是苏权科，岛隧工程项目总经理、总工程师是林鸣。在桥梁建造中遇到了许多困难，尤其是岛隧工程方面，这是在我国外海环境下的沉管隧道的零突破！

　　有限元中的桥梁结构对港珠澳大桥设计至关重要，工程图的制作、桥梁构建的模型图及模拟作业都离不开有限元的应用。设计人员运用有限元分析方法设计桥梁结构，保障了桥梁的稳定性和美观性，提前预测成本以及建造的成功性来确保了项目的顺利稳定运行，不仅大大节约了项目成本，还确保了施工人员的安全。通过有限元分析方法分析桥梁周围的地理位置，确定桥梁的最佳建筑地址；通过有限元方法分析桥梁周边的温度场、气流场及水流，确保桥梁结构稳定。

　　港珠澳大桥建设所遇到的一大难题便是沉管隧道的安装。在沉管着底的时候，意外发生了，当时海底放置沉管的凹槽中出现了一段 20 m 宽的泥沙回淤，这就使沉管放置与设定位置发生了 10 cm 的偏移，导致沉管一边高一边低。这对于项目的毫米级误差要求来说显然是不能接受的，因此工人需要在安装沉管之前将海底的沉积物清除，可当时林鸣的团队早已经高强度连续工作了 80 多个小时，这对身体的负担很大，但没有一个人放弃，他们充分地展示了中国人不放弃、不抛弃、不认输的精神！当时的安装可谓是险象环生，毕竟，如果沉管的位置偏移落地，世界上没有任何机械能够将这个 8 万吨的庞然大物从海底捞起，同时也会给周围的船只正常通行带来麻烦。经过众人的不懈努力，第一节沉管的安装在 96 h 的漫长努力后终于成功，这是在我国外海环境下的沉管隧道的零突破，当时在场的工程师和桥梁建设者们相拥而泣，庆祝这一时刻！有了第一节沉管的安装经验，接下来的沉管安装就顺利多了，然而，人的身体不是铁打的，在经过长时间高强度工作后，总工程师林鸣的身体被压垮了。虽然做了紧急手术，但第二天还是无法止血，于是紧急从国外请来专家，为林鸣做了第二次手术。手术后，林鸣立即返回工地，领导大桥的建设。这就是我们国家的栋梁，这就是我们国家科技、建筑、医疗等领域为什么可以不断前进的原因——我们背后永远站着一群可爱的人！

2017 年 12 月 31 日，港珠澳大桥全线亮灯。林鸣说："桥的价值在于承载，而人的价值在于担当。"担"责"不推，担"难"不怯，担"险"不畏，这是林鸣的信念。桥梁建设以来，为了保证项目能顺利成功，林鸣将项目上每一个人都看作"走钢丝"的人，每一道程序都要做到"零质量隐患"。他说："我只是一个普通的中国建筑工人，港珠澳大桥岛隧工程是我建筑生涯的终极梦想。我想如果每个行业都能做出一两个世界顶级的梦想，我们国家就能更好、更快地实现中国梦。"

正如习近平总书记所说："中国的伟大发展成就是中国人民自己的双手创造的，是一代又一代中国人接力奋斗创造的。"国家重器的建设，需要的是一代又一代的人才交接，需要的是千千万万个像林鸣一样奋发努力、永不认输的高新技术人员。推进粤港澳大湾区建设是习近平总书记亲自谋划、亲自部署、亲自推动的重大国家战略。党的十八大以来，以习近平同志为核心的党中央对港珠澳大桥建设提出高要求，寄予殷切期望：2017 年 7 月 1 日，香港回归祖国 20 周年之际，正在香港视察的习近平总书记专程到港珠澳大桥香港段建设工地，了解工程建设情况；2018 年新年贺词中，习近平总书记特别提到"港珠澳大桥主体工程全线贯通"，并以"我为中国人民迸发出来的创造伟力喝彩"。

我们要明白，在我们的身后是我们强大的祖国，是无数国人，总有人在替我们砥砺前行。他们的荣耀不该被埋没，更不该尘封在历史的长河中，他们应该闪耀在亿万国人心中。港珠澳大桥建成通车，有利于三地人员交流和经贸往来，有利于促进粤港澳大湾区发展，有利于提升珠三角地区综合竞争力，对于支持中国香港、澳门融入国家发展大局，全面推进内地、香港、澳门互利合作具有重大意义。

杆梁结构是指长度远大于其横断面尺寸的构件通过连接形成的桁架系统或框架结构。这些结构广泛应用于建筑行业，如图 7-1 所示。在有限元法中将上述结构中通过铰链连接的单元称为杆单元，将刚性连接的单元称为梁单元。在建筑结构中，梁、杆、板是主要的

图 7-1   建筑行业中使用的桁架和框架结构

承力构件，它们相关的计算分析就建筑结构设计来说无疑具有十分重要的作用。对杆、梁、板的建模需要充分考虑实际结构的几何特征及连接方式，并且需要对其进行不同层次的简化，可以根据某一特定分析目的得到相应的 1D、2D、3D 模型。实际应用中，桁架系统或框架系统中各杆件的轴线方向也是相互交错的，因此，对杆件系统的分析必须涉及单元矩阵从局部坐标到总体坐标的转换，这样不同位置单元才能有共同的坐标基准，才能对各个单元进行集成（即组装）。

7.1　杆单元概念

杆件是最常用的承力构件，它的特点是连接它的两端一般都为铰接接头，因此它主要承受沿轴线的轴向力。由于两个连接的构件在铰接接头处是可以转动的，所以它不传递和承受弯矩。一般地，杆单元具有两个结点，只能沿杆的轴线承受拉伸或者压缩载荷作用，杆的单元划分一般依据杆件的自然连接关系按照线长度划分，即两铰接点之间的杆件划分为一至数个单元。应当注意在载荷作用点、杆与杆的铰链连接点以及截面变化点必须设置结点。平面杆单元每个结点有两个自由度 u、v，空间杆单元每个结点有三个自由度 u、v、w。

图 7-2 所示为一个简单的平面桁架系统，取组成桁架的每根杆为一个平面杆单元，为单元编号①、②、③；取杆的铰接点为结点，以 1、2、3 加以编号（总体结点序号）。此桁架离散后包括三个单元、三个结点，如图 7-3 所示。各杆单元仅在结点处连接。

图 7-2　平面桁架

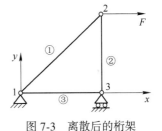

图 7-3　离散后的桁架

注意：在实际网格划分时，如果一根杆较长，也可以划分为若干单元。单元之间通过结点连接。此时，对于平面杆单元的结点，其连接关系为平面铰链连接。对于空间杆单元的结点，其连接关系为空间球铰链连接，即只能传递轴力。

7.2　平面杆单元分析

单元的描述主要包括单元的位移场、几何描述、应力场、应变场及势能。也就是说要充分利用描述问题的三大类方程和三大类变量来计算单元的势能，然后由虚功原理（或者最小势能原理）来得到单元的方程。实际上，单元内位移场的描述就是它的试函数的选取。

为了描述结构，需要建立一个统一的坐标系，称为总体坐标系。总体坐标系的选择原则上不受限制，通常可以是直角坐标系。杆单元的总体坐标系和局部坐标系如图 7-4 所示。设杆的长度为 L，杆的截面积为 A，材料的弹性模量为 E。坐标原点与结点 1 重合。

u、v 分别表示沿 x、y 方向的位移分量。在总体坐标系中各结点的坐标可以通过标注的尺寸确定。

对所分析的平面杆单元建立一个特殊坐标系 x'-y'，这个坐标系只属于一个单元，故称为单元局部坐标系，不同单元的单元局部坐标系一般是不相同的。由于杆单元只承受轴向力，只有轴线方向的位移和变形。因此，在单元局部坐标系中每个结点只有一个局部自由度 u'。在单元局部坐标系中，结点的局部位移自由度（每一个描述物体位置状态的独立变量）为：

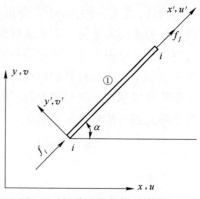

图 7-4　杆单元的总体坐标系和局部坐标系

$$u' = \begin{bmatrix} u'_i & 0 \end{bmatrix}^T \tag{7-1}$$

单元的局部自由度为：

$$\delta^e = \begin{bmatrix} u'_i & 0 & u'_j & 0 \end{bmatrix}^T \tag{7-2}$$

设 f_i、f_j 分别表示沿 x、y 轴的力分量，单元的局部结点力向量为：

$$f'^e = \begin{bmatrix} f_i & 0 & f_j & 0 \end{bmatrix}^T \tag{7-3}$$

对于二结点直杆单元，其位移模式为线性函数：

$$u' = \beta_1 + \beta_2 x' \tag{7-4}$$

式中　β_1，β_2——待定系数。

将两个结点的坐标代入后，可确定待定系数，并且单元位移模式可以利用形函数表示为：

$$u' = N_1 u'_i + N_2 u'_j = \begin{bmatrix} N_1 & N_2 \end{bmatrix} \begin{Bmatrix} u'_i \\ u'_j \end{Bmatrix} \tag{7-5}$$

其中，形函数表示为：

$$N_1 = 1 - \frac{x'}{L}$$
$$N_2 = \frac{x'}{L} \tag{7-6}$$

形成应变矩阵：

$$\varepsilon_{x'} = \frac{du'}{dx'} = \begin{bmatrix} -\dfrac{1}{L} & \dfrac{1}{L} \end{bmatrix} \begin{Bmatrix} u'_i \\ u'_j \end{Bmatrix} = B\delta^e_l \tag{7-7}$$

形成应力矩阵：

$$\sigma_{x'} = E\varepsilon_{x'} = EB\delta^e_l \tag{7-8}$$

采用类似于实体单元刚度矩阵的推导方法，利用虚功原理可得杆单元的平衡方程：

$$k^e_l \delta^e_l = f^e_l \tag{7-9}$$

式中　k^e_l——局部坐标系中的单元刚度矩阵，它只与杆的几个参数 E、A、L 有关，与杆的方位无关。

$$k_l^e = \int_0^L \boldsymbol{B}^{\mathrm{T}} EAB \mathrm{d}x \tag{7-10}$$

杆单元刚度矩阵的具体形式为:

$$\boldsymbol{k}^e = \frac{EA}{L}\begin{bmatrix} 1 & -1 \\ -1 & 1 \end{bmatrix} \tag{7-11}$$

7.3 平面杆单元坐标变换

由于不同方向单元组成的结构,其整体刚度矩阵不能由局部坐标下的单元刚度矩阵简单地叠加得到。为了研究结构整体平衡特性,必须将单元上的结点力和结点位移转移到统一的坐标系——总体坐标系,单元刚度矩阵也做相应坐标转换后,才可以按叠加规则直接叠加集成整体刚度矩阵。在总体坐标系中,二结点杆单元共有四个自由度:

$$\delta^e = \begin{bmatrix} u_i & v_i & u_j & v_j \end{bmatrix}^{\mathrm{T}} \tag{7-12}$$

单元结点力向量:

$$\boldsymbol{f}^e = \begin{bmatrix} f_{xi} & f_{yi} & f_{xj} & f_{yj} \end{bmatrix}^{\mathrm{T}} \tag{7-13}$$

在图 7-4 中, x' 轴与 x 轴的夹角为 α:

$$\cos\alpha = \frac{x_j - x_i}{L}, \quad \sin\alpha = \frac{y_j - y_i}{L} \tag{7-14}$$

结点的位移分量的坐标变换为:

$$\begin{Bmatrix} u_i' \\ v_i' \end{Bmatrix} = \begin{bmatrix} \cos\alpha & \sin\alpha \\ -\sin\alpha & \cos\alpha \end{bmatrix} \begin{Bmatrix} u_i \\ v_i \end{Bmatrix} = t \begin{Bmatrix} u_i \\ v_i \end{Bmatrix}$$

$$\begin{Bmatrix} u_j' \\ v_j' \end{Bmatrix} = \begin{bmatrix} \cos\alpha & \sin\alpha \\ -\sin\alpha & \cos\alpha \end{bmatrix} \begin{Bmatrix} u_j \\ v_j \end{Bmatrix} = t \begin{Bmatrix} u_j \\ v_j \end{Bmatrix}$$

单元的位移分量的坐标变换为:

$$\begin{Bmatrix} u_i' \\ v_i' \\ u_j' \\ v_j' \end{Bmatrix} = \begin{bmatrix} \cos\alpha & \sin\alpha & 0 & 0 \\ -\sin\alpha & \cos\alpha & 0 & 0 \\ 0 & 0 & \cos\alpha & \sin\alpha \\ 0 & 0 & -\sin\alpha & \cos\alpha \end{bmatrix} \begin{Bmatrix} u_i \\ v_i \\ u_j \\ v_j \end{Bmatrix} = \boldsymbol{T} \begin{Bmatrix} u_i \\ v_i \\ u_j \\ v_j \end{Bmatrix} \tag{7-15}$$

或缩写为:

$$\alpha'^e = \boldsymbol{T}\alpha^e \tag{7-16}$$

类似, $\boldsymbol{f}'$ 与 $\boldsymbol{f}$ 之间的转换关系为:

$$\boldsymbol{f}' = \boldsymbol{T}\boldsymbol{f} \tag{7-17}$$

由于
$$t = \begin{bmatrix} \cos\alpha & \sin\alpha \\ -\sin\alpha & \cos\alpha \end{bmatrix} \tag{7-18}$$

t 是正交矩阵，因此：

$$T = \begin{bmatrix} t & 0 \\ 0 & t \end{bmatrix} \tag{7-19}$$

T 也是正交矩阵，所以有：

$$T^{-1} = T^{\mathrm{T}}$$

将式（7-16）、式（7-17）代入式（7-9），有：

$$Tf = K'^{e}T\alpha^{e}$$

从上式可得到：

$$f = T^{\mathrm{T}}K'^{e}T\alpha^{e} = K^{e}\alpha^{e} \tag{7-20}$$

$$K^{e} = T^{\mathrm{T}}K'^{e}T \tag{7-21}$$

式中　　K^{e}——单元在总体坐标系中的单元刚度矩阵。

式（7-21）是一个具有普遍意义的公式。它表明，当单元的自由度由一种形式换成另一种形式时，单元刚度矩阵只需进行一次相似变换。变换到总体坐标系的单元刚度矩阵公式为：

$$K^{e} = \frac{EA}{L} \begin{bmatrix} \cos^{2}\alpha & \cos\alpha\sin\alpha & -\cos^{2}\alpha & -\cos\alpha\sin\alpha \\ \cos\alpha\sin\alpha & \sin^{2}\alpha & -\cos\alpha\sin\alpha & -\sin^{2}\alpha \\ -\cos^{2}\alpha & -\cos\alpha\sin\alpha & \cos^{2}\alpha & \cos\alpha\sin\alpha \\ -\cos\alpha\sin\alpha & -\sin^{2}\alpha & \cos\alpha\sin\alpha & \sin^{2}\alpha \end{bmatrix} \tag{7-22}$$

7.4　平面杆单元刚度矩阵的性质

平面杆单元刚度矩阵的性质如下。

（1）单元刚度矩阵是对称矩阵。由于对称性，对行向量或列向量两者之一得到的结论，对另一个也适用。

（2）单元刚度矩阵是奇异矩阵。它的行向量（或列向量）线性相关，具有零特征值，$\det K^{e} = 0$。对平面桁架的杆单元刚度矩阵而言，它的四个行向量（或列向量）中只有一个线性独立，而 K^{e} 有三个零特征值。这三个零特征值对应的特征向量相当于三种独立的刚体位移模式：两个平移，一个旋转。在没有引入充分的位移约束条件之前，杆件的三种独立的刚体位移模式无法确定。因此，位移并不具有唯一解。

（3）单元刚度矩阵的主对角线元素恒为正值。这是由于主对角线元素表示位移的方向与力的方向一致，所以其值恒为正值。

（4）单元刚度矩阵中，所有的奇数行对应元素之和为零，所有的偶数行对应元素之和也为零。即单元刚度矩阵之中，各行元素的总和为零。根据上述对称性可知，矩阵中各列元素相加综合也为零。

7.4.1　总体刚度矩阵的组装

根据全结构的平衡方程可知，总体刚度矩阵是由单元刚度矩阵集合而成的。如果一个结构的计算模型分成多个单元，那么总体刚度矩阵可由各个单元的刚度矩阵组装而成，即 **K** 是由每个单元的刚度矩阵的每个系数按其脚标编号"对号入座"叠加而成。

将图 7-3 所示的桁架中的支撑约束以约束反力代替，如图 7-5 所示。下面来建立平衡问题的有限元方程。

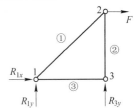

图 7-5　以约束反力代替支撑约束的桁架

7.4.2　结点平衡条件

作用于图 7-5 每个结点上的外载荷、支座反力以及来自单元的力应处于平衡。以 $f_{xi}^{(m)}$、$f_{yi}^{(m)}$ 表示在结点 i 作用于单元 m 的力在 x、y 轴上的投影，则单元 m 给结点 i 的力在 x、y 轴上的投影应为 $-f_{xi}^{(m)}$、$-f_{yi}^{(m)}$。考虑各结点的静力学平衡方程：

对结点 1：
$$R_{1x} - f_{x1}^{(1)} - f_{x1}^{(3)} = 0$$

$$R_{1y} - f_{y1}^{(1)} - f_{y1}^{(3)} = 0$$

对结点 2：
$$F - f_{x2}^{(1)} - f_{x2}^{(2)} = 0$$

$$-f_{y2}^{(1)} - f_{y2}^{(2)} = 0$$

对结点 3：
$$-f_{x3}^{(2)} - f_{x3}^{(3)} = 0$$

$$R_{3y} - f_{y3}^{(2)} - f_{y3}^{(3)} = 0$$

可以合并成：

$$
\begin{Bmatrix} f_{x1}^{(1)} \\ f_{y1}^{(1)} \\ f_{x2}^{(1)} \\ f_{y2}^{(1)} \\ 0 \\ 0 \end{Bmatrix}
+
\begin{Bmatrix} 0 \\ 0 \\ f_{x2}^{(2)} \\ f_{y2}^{(2)} \\ f_{x3}^{(2)} \\ f_{y3}^{(2)} \end{Bmatrix}
+
\begin{Bmatrix} f_{x1}^{(3)} \\ f_{y1}^{(3)} \\ 0 \\ 0 \\ f_{x3}^{(3)} \\ f_{y3}^{(3)} \end{Bmatrix}
=
\begin{Bmatrix} R_{1x} \\ R_{1y} \\ F \\ 0 \\ 0 \\ R_{3y} \end{Bmatrix}
\tag{7-23}
$$

式（7-23）右边为外载荷和支反力。左边则为单元给结点的力，它们是未知的，但可以借助单元刚度矩阵以结点位移来表示。

7.4.3　扩大的单元刚度矩阵

为了表示式（7-23）左边的各个列向量，设想将每个单元的自由度扩充到与结构总体自由度相同，并在单元刚度矩阵中补充零元素，由式（7-11）、式（7-14）、式（7-20）和式（7-22）可以用结点位移表示式（7-23）左边的各列向量。

由单元①：

$$\begin{Bmatrix} f_{x1}^{(1)} \\ f_{y1}^{(1)} \\ f_{x2}^{(1)} \\ f_{y2}^{(1)} \\ 0 \\ 0 \end{Bmatrix} = \frac{EA}{a} \begin{bmatrix} \frac{\sqrt{2}}{4} & \frac{\sqrt{2}}{4} & -\frac{\sqrt{2}}{4} & -\frac{\sqrt{2}}{4} & 0 & 0 \\ \frac{\sqrt{2}}{4} & \frac{\sqrt{2}}{4} & -\frac{\sqrt{2}}{4} & -\frac{\sqrt{2}}{4} & 0 & 0 \\ -\frac{\sqrt{2}}{4} & -\frac{\sqrt{2}}{4} & \frac{\sqrt{2}}{4} & \frac{\sqrt{2}}{4} & 0 & 0 \\ -\frac{\sqrt{2}}{4} & -\frac{\sqrt{2}}{4} & \frac{\sqrt{2}}{4} & \frac{\sqrt{2}}{4} & 0 & 0 \\ 0 & 0 & 0 & 0 & 0 & 0 \\ 0 & 0 & 0 & 0 & 0 & 0 \end{bmatrix} \begin{Bmatrix} u_1 \\ v_1 \\ u_2 \\ v_2 \\ u_3 \\ v_3 \end{Bmatrix} = \boldsymbol{K}^{(1)} \begin{Bmatrix} u_1 \\ v_1 \\ u_2 \\ v_2 \\ u_3 \\ v_3 \end{Bmatrix} \quad (7\text{-}24)$$

由单元②：

$$\begin{Bmatrix} 0 \\ 0 \\ f_{x2}^{(2)} \\ f_{y2}^{(2)} \\ f_{x3}^{(2)} \\ f_{y3}^{(2)} \end{Bmatrix} = \frac{EA}{a} \begin{bmatrix} 0 & 0 & 0 & 0 & 0 & 0 \\ 0 & 0 & 0 & 0 & 0 & 0 \\ 0 & 0 & 0 & 0 & 0 & 0 \\ 0 & 0 & 0 & 1 & 0 & -1 \\ 0 & 0 & 0 & 0 & 0 & 0 \\ 0 & 0 & 0 & -1 & 0 & 1 \end{bmatrix} \begin{Bmatrix} u_1 \\ v_1 \\ u_2 \\ v_2 \\ u_3 \\ v_3 \end{Bmatrix} = \boldsymbol{K}^{(2)} \begin{Bmatrix} u_1 \\ v_1 \\ u_2 \\ v_2 \\ u_3 \\ v_3 \end{Bmatrix} \quad (7\text{-}25)$$

由单元③：

$$\begin{Bmatrix} f_{x1}^{(3)} \\ f_{y1}^{(3)} \\ 0 \\ 0 \\ f_{x3}^{(3)} \\ f_{y3}^{(3)} \end{Bmatrix} = \frac{EA}{a} \begin{bmatrix} 1 & 0 & 0 & 0 & -1 & 0 \\ 0 & 0 & 0 & 0 & 0 & 0 \\ 0 & 0 & 0 & 0 & 0 & 0 \\ 0 & 0 & 0 & 0 & 0 & 0 \\ -1 & 0 & 0 & 0 & 1 & 0 \\ 0 & 0 & 0 & 0 & 0 & 0 \end{bmatrix} \begin{Bmatrix} u_1 \\ v_1 \\ u_2 \\ v_2 \\ u_3 \\ v_3 \end{Bmatrix} = \boldsymbol{K}^{(3)} \begin{Bmatrix} u_1 \\ v_1 \\ u_2 \\ v_2 \\ u_3 \\ v_3 \end{Bmatrix} \quad (7\text{-}26)$$

7.4.4 组装后的总体刚度矩阵

将式（7-24）~式（7-26）代入式（7-23），得到：

$$
(\boldsymbol{K}^{(1)} + \boldsymbol{K}^{(2)} + \boldsymbol{K}^{(3)})
\begin{Bmatrix} u_1 \\ v_1 \\ u_2 \\ v_2 \\ u_3 \\ v_3 \end{Bmatrix}
=
\begin{Bmatrix} R_{1x} \\ R_{1y} \\ P \\ 0 \\ 0 \\ R_{3y} \end{Bmatrix}
$$

或

$$
\boldsymbol{K}
\begin{Bmatrix} u_1 \\ v_1 \\ u_2 \\ v_2 \\ u_3 \\ v_3 \end{Bmatrix}
=
\begin{Bmatrix} R_{1x} \\ R_{1y} \\ P \\ 0 \\ 0 \\ R_{3y} \end{Bmatrix}
\tag{7-27}
$$

其中

$$
\boldsymbol{K} = \boldsymbol{K}^{(1)} + \boldsymbol{K}^{(2)} + \boldsymbol{K}^{(3)} = \sum_{e=1}^{m} \boldsymbol{K}^{e}
\tag{7-28}
$$

式（7-28）称为未引入边界位移约束条件情况下的总体刚度矩阵。在本节中总体刚度矩阵的具体形式为：

$$
\frac{EA}{a}
\begin{bmatrix}
\frac{\sqrt{2}}{4}+1 & \frac{\sqrt{2}}{4} & -\frac{\sqrt{2}}{4} & -\frac{\sqrt{2}}{4} & -1 & 0 \\
\frac{\sqrt{2}}{4} & \frac{\sqrt{2}}{4} & -\frac{\sqrt{2}}{4} & -\frac{\sqrt{2}}{4} & 0 & 0 \\
-\frac{\sqrt{2}}{4} & -\frac{\sqrt{2}}{4} & \frac{\sqrt{2}}{4} & \frac{\sqrt{2}}{4} & 0 & 0 \\
-\frac{\sqrt{2}}{4} & -\frac{\sqrt{2}}{4} & \frac{\sqrt{2}}{4} & \frac{\sqrt{2}}{4}+1 & 0 & -1 \\
-1 & 0 & 0 & 0 & 1 & 0 \\
0 & 0 & 0 & -1 & 0 & 1
\end{bmatrix}
\begin{Bmatrix} u_1 \\ v_1 \\ u_2 \\ v_2 \\ u_3 \\ v_3 \end{Bmatrix}
=
\begin{Bmatrix} R_{1x} \\ R_{1y} \\ P \\ 0 \\ 0 \\ R_{3y} \end{Bmatrix}
\tag{7-29}
$$

以上形成扩大的单元刚度矩阵后进行组装总刚度矩阵的过程是从便于理解的角度讨论的。在实际有限元编程时却不能这样做，否则由于充斥大量的零元素，将极大地浪费宝贵的内存空间并降低求解效率。实践中，采用按单元-结点定义关系"对号入座""边组装边消元"的求解策略。

从式（7-29）可以看出：K 是奇异矩阵，它的六个行向量（或列向量）中只有三个线性独立。这是没有考虑位移约束条件，结构的刚体位移未受到限制的必然结果。

7.4.5 引入位移约束条件

由图 7-2 可知，平面桁架的位移约束条件为：

$$u_1 = v_1 = v_3 = 0 \tag{7-30}$$

将式（7-30）代入式（7-29），得到：

$$\frac{EA}{a}\begin{bmatrix} \frac{\sqrt{2}}{4}+1 & \frac{\sqrt{2}}{4} & -\frac{\sqrt{2}}{4} & -\frac{\sqrt{2}}{4} & -1 & 0 \\ \frac{\sqrt{2}}{4} & \frac{\sqrt{2}}{4} & -\frac{\sqrt{2}}{4} & -\frac{\sqrt{2}}{4} & 0 & 0 \\ -\frac{\sqrt{2}}{4} & -\frac{\sqrt{2}}{4} & \frac{\sqrt{2}}{4} & \frac{\sqrt{2}}{4} & 0 & 0 \\ -\frac{\sqrt{2}}{4} & -\frac{\sqrt{2}}{4} & \frac{\sqrt{2}}{4} & \frac{\sqrt{2}}{4}+1 & 0 & -1 \\ -1 & 0 & 0 & 0 & 1 & 0 \\ 0 & 0 & 0 & -1 & 0 & 1 \end{bmatrix}\begin{Bmatrix} 0 \\ 0 \\ u_2 \\ v_2 \\ u_3 \\ 0 \end{Bmatrix} = \begin{Bmatrix} R_{1x} \\ R_{1y} \\ P \\ 0 \\ 0 \\ R_{3y} \end{Bmatrix} \tag{7-31}$$

它显然可以分成两个方程组：

$$\frac{EA}{a}\begin{bmatrix} \frac{\sqrt{2}}{4} & \frac{\sqrt{2}}{4} & 0 \\ \frac{\sqrt{2}}{4} & \frac{\sqrt{2}}{4}+1 & 0 \\ 0 & 0 & 1 \end{bmatrix}\begin{Bmatrix} u_2 \\ v_2 \\ u_3 \end{Bmatrix} = \begin{Bmatrix} P \\ 0 \\ 0 \end{Bmatrix} \tag{7-32}$$

和

$$\frac{EA}{a}\begin{bmatrix} -\frac{\sqrt{2}}{4} & -\frac{\sqrt{2}}{4} & -1 \\ -\frac{\sqrt{2}}{4} & -\frac{\sqrt{2}}{4} & 0 \\ 0 & -1 & 0 \end{bmatrix}\begin{Bmatrix} u_2 \\ v_2 \\ u_3 \end{Bmatrix} = \begin{Bmatrix} R_{1x} \\ R_{1y} \\ R_{3y} \end{Bmatrix} \tag{7-33}$$

式（7-32）和式（7-33）显然非奇异，可以求解。因此，引入了充分的约束条件后的总体刚度矩阵消除了奇异性。尽管求得结点位移后可以由它求得支撑反力，但是有限元实践中一般并不形成这个方程。

7.4.6 解有限元方程

解代数方程式（7-32），可以求得非约束自由度的位移：

$$\begin{Bmatrix} u_2 \\ v_2 \\ u_3 \end{Bmatrix} = \begin{Bmatrix} (2\sqrt{2} + 1)\, \dfrac{aP}{EA} \\ \\ -\dfrac{aP}{EA} \\ \\ 0 \end{Bmatrix}$$

例 7-1　图 7-6 所示为两端固定的阶梯杆，采用 3 个线性杆单元对其进行有限元离散。已知单元 ①、③ 的横截面积为 $2A$，弹性模量为 $E_1 = E_3 = E$。而单元② 的横截面积为 A，弹性模量为 $E_2 = 3E$，单元长度均为 L，在结点 2 处作用有集中力 P，在结点 3 处作用有集中力 $2P$，求：所有结点的位移。

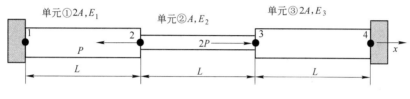

图 7-6　两端固定的阶梯杆

解：对于单元①~单元③，其单元刚度矩阵分别为：

$$\boldsymbol{K}^{(1)} = \frac{AE}{L}\begin{bmatrix} 2 & -2 \\ -2 & 2 \end{bmatrix}, \quad \boldsymbol{K}^{(2)} = \frac{AE}{L}\begin{bmatrix} 3 & -3 \\ -3 & 3 \end{bmatrix}, \quad \boldsymbol{K}^{(3)} = \frac{AE}{L}\begin{bmatrix} 2 & -2 \\ -2 & 2 \end{bmatrix}$$

形成扩大的单元刚度矩阵：

$$\boldsymbol{K}^{(1)} = \frac{AE}{L}\begin{bmatrix} 2 & -2 & 0 & 0 \\ -2 & 2 & 0 & 0 \\ 0 & 0 & 0 & 0 \\ 0 & 0 & 0 & 0 \end{bmatrix}$$

$$\boldsymbol{K}^{(2)} = \frac{AE}{L}\begin{bmatrix} 0 & 0 & 0 & 0 \\ 0 & 3 & -3 & 0 \\ 0 & -3 & 3 & 0 \\ 0 & 0 & 0 & 0 \end{bmatrix}$$

$$\boldsymbol{K}^{(3)} = \frac{AE}{L}\begin{bmatrix} 0 & 0 & 0 & 0 \\ 0 & 0 & 0 & 0 \\ 0 & 0 & 2 & -2 \\ 0 & 0 & -2 & 2 \end{bmatrix}$$

然后进行组装得到总刚度矩阵为：

$$K\delta = F = \frac{AE}{L} \begin{bmatrix} 2 & -2 & 0 & 0 \\ -2 & 5 & -3 & 0 \\ 0 & -3 & 5 & -2 \\ 0 & 0 & -2 & 2 \end{bmatrix} \begin{Bmatrix} u_1 \\ u_2 \\ u_3 \\ u_4 \end{Bmatrix} = \begin{Bmatrix} f_1 \\ -P \\ 2P \\ f_4 \end{Bmatrix}$$

整体结构的边界条件为：$u_1 = u_4 = 0$，则整体有限元方程组为：

$$Ka = F = \frac{AE}{L} \begin{bmatrix} 2 & -2 & 0 & 0 \\ -2 & 5 & -3 & 0 \\ 0 & -3 & 5 & -2 \\ 0 & 0 & -2 & 2 \end{bmatrix} \begin{Bmatrix} 0 \\ u_2 \\ u_3 \\ 0 \end{Bmatrix} = \begin{Bmatrix} X_1 \\ -P \\ 2P \\ X_4 \end{Bmatrix}$$

采用直接代入法引入边界条件，则整体有限元方程组中的第 2、3 个方程可以简化为：

$$\frac{EA}{L}[5u_2 - 3u_3] = -P; \quad \frac{EA}{L}[-3u_2 + 5u_3] = 2P$$

结点 2 位移为 $u_2 = \dfrac{PL}{16EA}$；　结点 3 位移为 $u_3 = \dfrac{7PL}{16EA}$。

7.5　框架与梁单元

7.5.1　梁单元的概念及其分类

构成框架的元件是梁。梁单元是三维或二维空间中的一维线形单元，具有一定的抵抗线（梁轴线）变形的刚度。这种变形包含轴向变形、弯曲变形，发生于梁轴线与横截面间的横向剪切变形，空间中还包含扭转变形。梁单元的网格划分原则与杆单元划分方法基本一致。然而，平面梁单元每个结点有两个线位移自由度 u、v 和一个角位移自由度 θ_z，可以承受拉伸、压缩、弯曲载荷作用。空间梁单元每个结点有三个线位移自由度 u、v、w 和三个角位移自由度 θ_x、θ_y、θ_z，可以承受拉伸、压缩、弯曲和扭转等载荷作用。在实际网格划分时，如果一根梁较长，也可以划分为若干单元。单元之间通过结点连接。此时，对于单元间的结点，其连接关系为刚接关系，既可以传递轴力，也可以传递扭矩和弯矩。对于初学者而言，应用梁单元之前，首先应当考察问题的几何特征是否适合用梁单元建模。梁本质上是构件特性的宏观概括，这种概括引入了许多假设，可以简化计算，从而提高计算的效率，减少计算所需的时间和成本。在有限元软件中，当分析大型结构时，柱、梁、支杆等结构可以简化为梁单元进行分析，鉴于其与长度有关的小截面尺寸，不需要为解决方案创建定义的实体单元。

在软件应用中，梁单元采取首字母 B 进行标识，Bxx 即代表梁单元的意思。首先应区别梁的维度问题，在 ABAQUS 中梁首先被区分为 2D 或者是 3D，然后在此基础上再进行细分。二维空间中的梁用 B2 表示，三维空间中的梁用 B3 表示。其次应区别有关梁的特性问题，在 ABAQUS 中梁被分为欧拉–伯努利（Euler-Bernoulli）梁、铁木辛柯（Timoshenko）梁两类，二者的主要区别在于后者可以考虑剪切变形。欧拉–伯努利梁一般被用于模拟细长梁，而铁木辛柯梁既可以用于模拟细长梁，也可以用于模拟短粗梁。

最后需要描述梁的结点个数，如两结点的梁单元还是多结点的梁单元。一般来讲，多结点的梁单元插值函数会更加灵活，单元没有线性单元那么刚硬，但即便采用线性单元，也可以通过细分网格来达到同样的目的。

经典的欧拉-伯努利梁理论应用的前提是梁具有足够的长细比，即梁的截面尺寸相比于梁轴线方向的典型尺寸足够小。所谓典型尺寸是一种整体尺寸，而非单元长度。满足上述要求时，可以忽略横向剪切变形的影响而使用在材料力学或结构力学中梁弯曲的平面假设，即变形前垂直于梁轴线的截面在弯曲变形后仍然与梁轴线垂直（几何非线性分析中，梁的横截面面积会不断变化）。因此，使用梁单元前都应仔细考察此假定是否成立，尤其是分析承受大量弯矩或轴向拉、压荷载的非实体截面，如管道、I 形及 U 形截面。这些截面可能发生崩溃，使截面性能变得很差，不能被梁理论预测。类似地，薄壁弯曲管道的抗弯性能更弱，也不能被梁理论预测，管壁很容易在自身平面内弯曲，这是由于上述基本假定导致的梁理论所不能考虑的另一种效应。

经典梁单元以梁的高度远小于跨度为先决条件。但是在工程实践中，常常会遇到需要考虑横向剪切变形影响的情况，如高度相对跨度不太小的高梁即属此情况。此时梁内的横向剪切力所产生的剪切变形将引起梁的附加挠度，并使原来垂直于中面的截面变形后不再和中面垂直，且发生翘曲。此时应当采用考虑剪切变形的铁木辛柯梁理论。在此理论中仍保持平截面的假设，实际上这也就同时引入了剪应力和剪应变在截面上均匀分布的假设，但实际上剪应变和剪应力在截面上不是均匀分布的，而是按抛物线分布，在中面达到最大值，在上、下表面等于零。因而截面也不再是平面，因此需要引入校正因子 k，将剪应变和剪切应变能进行修正。

上述梁单元的有限元列式一般都基于最小位能原理，平面梁单元以梁的法向位移 w（挠度）和角位移 θ_z（转角）为结点参数，但在能量泛函中引入了剪切应变能的影响。

7.5.2 欧拉-伯努利梁单元

欧拉-伯努利梁理论的梁弯曲变形所使用的假设有：

（1）梁使用线弹性材料；

（2）梁变形均为小变形；

（3）梁中既不伸长，也不缩短的纤维组成中性层；

（4）梁弯曲变形时，横截面仍保持为平面梁变形前与中性层垂直的截面，变形后仍与中性层垂直；

（5）梁由纵向纤维组成，这些纤维单向受拉或单向受压，纤维之间没有相互作用力，梁弯曲时截面不变形。

基于上述假设，推导出梁在纯弯曲时的梁截面上只有正应变，没有切应变。

ANSYS 所有老单元（BEAM 3｜4｜23｜24｜44｜54）都基于欧拉-伯努利梁理论，但可以将剪切变形通过实常数在单元中考虑。在经典梁理论的基础上引入剪切变形影响的梁单元仍属要求关于挠度一阶导数连续的 C^1 型单元。因为其中转角 θ_z 并非独立插值，而是对挠度求一阶导数得出的。所以，对于 2 结点梁单元，挠度应采用 Hermite 插值函数，即对结点位移和结点转角分别设计形函数。经典梁单元如图 7-7 所示，设其长度为 l，坐标原

点与结点 1 重合, 梁的挠度可以用局部坐标 ξ 表示为:

$$w(\xi) = \sum_{i=1}^{2} H_i^{(0)}(\xi) w_i + \sum_{i=1}^{2} H_i^{(1)}(\xi) \theta_i = N\delta^e \tag{7-34}$$

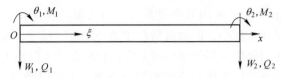

图 7-7　经典梁单元

单元自由度为:

$$\delta^e = \begin{bmatrix} w_1 & \theta_1 & w_2 & \theta_2 \end{bmatrix}^T \tag{7-35}$$

挠度采用 Hermite 插值函数表示如下:

$$N = \begin{bmatrix} N_1 & N_2 & N_3 & N_4 \end{bmatrix}$$

$$\begin{cases} N_1 = H_1^{(0)}(\xi) = 1 - 3\xi^2 + 2\xi^3 \\ N_2 = H_1^{(1)}(\xi) = (\xi - 2\xi^2 + \xi^3) l \\ N_3 = H_2^{(0)}(\xi) = 3\xi^2 - 2\xi^3 \\ N_4 = H_2^{(1)}(\xi) = (\xi^2 - \xi^3) l \end{cases} \quad \left(0 \leqslant \xi = \frac{x - x_1}{l} \leqslant 1 \right) \tag{7-36}$$

式中　$H_i^{(0)}$ ——定义于 i 结点的关于结点位移 (零次导数) 的插值函数;

　　　$H_i^{(1)}$ ——定义于 i 结点的关于结点转角 (一次导数) 的插值函数。

Hermite 插值函数具有以下性质:

$$H_i^0(\xi_j) = \delta_{ij}, \quad \left. \frac{dH_i^0(\xi)}{d\xi} \right|_{\xi_j} = 0, \quad H_i^1(\xi_j) = 0, \quad \left. \frac{dH_i^1(\xi)}{d\xi} \right|_{\xi_j} = \delta_{ij} \tag{7-37}$$

梁单元的结构离散化、局部坐标系中的单元刚度矩阵、坐标变换、总体刚度矩阵和载荷向量的组装等步骤都与杆单元类似, 不再详细讨论。梁单元刚度矩阵为:

$$k^e = \int_0^l \frac{EI}{l^3} \left(\frac{d^2 N^T}{d\xi^2} \right) \left(\frac{d^2 N}{d\xi^2} \right) d\xi = \frac{EI}{l^3} \begin{bmatrix} 12 & 6l & -12 & 6l \\ 6l & 4l^2 & -6l & 2l^2 \\ -12 & -6l & 12 & -6l \\ 6l & 2l^2 & -6l & 4l^2 \end{bmatrix} \tag{7-38}$$

其中, I 是在材料力学中引入, 表示截面绕中性轴的惯性矩。类似于杆单元公式, 梁单元的单元平衡方程形式为:

$$k^e \delta^e = f^e \tag{7-39}$$

应当注意, 梁单元问题对应的荷载向量 f^e 既包含集中力, 也包含集中力偶。

7.5.3　铁木辛柯梁单元

目前, 计算铁木辛柯梁结构的方法主要有分析法和有限元法两种方法。前者对边界条件的应用有限，后者采用有限元方法，适用性和灵活性更广，可以很容易地应用于各种边界条件。用铁木辛柯梁作为有限元分析最简单的单元，是 Hughes 导出的线性插值单元。Hughes 单元运用简单方便，应用较为广泛，但是它采用线性形函数，导致整个单元上的弯矩和曲率是常数，必须划分数量多的单元网格才能获得较好的逼近效果，然而当单元网格划分较粗时，使用 Hughes 单元将会导致不小的误差。改进的铁木辛柯梁单元的刚度矩阵通常通过对微分方程的求解，并引入单元边界条件而得到。随后 Suha Oral 提出了一种非等参插值杂交应力铁木辛柯梁单元，在 Oral 的单元中假定位移为二次抛物线，转角为线性函数，得到一组比 Hughes 方法精度要高的铁木辛柯梁单元公式。

铁木辛柯梁单元的基本特点是挠度 w 和截面转角 θ_z 各自独立插值。它是要求满足关于挠度零阶导数（即对于挠度本身）连续的 C^0 型单元。铁木辛柯梁考虑了剪切变形引起的附加挠度。当 $h/l \to 0$ 时，它将产生剪切锁死现象（梁不能发生弯曲，当梁很薄时导致不恰当的夸张了剪切应变能项的量级而造成的）。而减缩积分则无附加因子，因此当 $h/l \to 0$ 时，不会产生剪切锁死。计算结果和材料力学解答结果比较，仍存在 25% 的误差。这是由于二结点铁木辛柯梁单元，不像经典梁单元在挠度 w 的模式中精确地包含了二次函数所致。可通过增加单元数或改用高次单元来提高精度，但将使自由度相应成倍地增加。因此对于细长梁结构，剪切影响可以忽略时，仍应尽量采用经典梁单元。ANSYS 中的 BEAM188 和 BEAM189 都属于铁木辛柯梁单元。关于铁木辛柯梁单元的构造细节，请查阅相关文献或 ANSYS 单元手册。

7.5.4 ANSYS 梁单元的横截面方位设置

梁单元是用有限元法进行梁柱体系分析时常采用的单元类型之一。梁单元是个线单元，需要另外定义其截面特性。在 ANSYS 新版本中，通过 Section 来定义梁单元的截面形状。这里仅讨论定义标准截面的方法：

Main Menu→Preprocessor→Section→BEAM→Common Sections→出现 Common Section 定义对话框，按照梁的截面形状，输入各种数据。如果需要，可以修改截面的横向剪切刚度和添加分布质量以及定义锥形梁。

对于 BEAM188 或者 BEAM189 单元，为确定梁横截面方位，可以用 I、J、K 三点定位，以保持梁的横截面 Z^* 轴位于 I、J、K 三点确定的平面内，且 Z^* 轴正方向指向 K 点。其中，I、J 两点定义梁的轴线，K 点为方位点（orientation node）。如不用方位点，默认梁单元的截面 Z^* 轴平行于 X—Y 平面，如图 7-8 所示。如果线段是任意方向，不定义方向点，截面的方位较难控制；定义方向点，则截面的方位很容易确定。

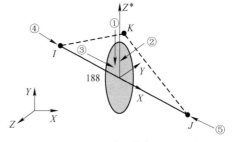

图 7-8 ANSYS 梁单元横截面方位确定

因此，一般情况下应该定义方向点，除非截面形状是圆形，则可以不定义方向点。

当使用 ANSYS 软件进行梁、壳单元的应力计算时，会发现梁单元结果只有变形图，没有应力等值线图，无法显示梁单元径向和轴向的应力分布图。而在进行壳单元应力结果后处理时，只能显示单层应力、变形。由于壳单元沿厚度方向的应力是非均匀分布的，需要确定该层应力和变形是代表哪层的结果。解决的方法是打开实际形状显示功能：Utility

Menu→PlotCtrls→Style→Size and Shape→/ESHAPE 选为 ON，然后即可绘制。注意梁单元 BEAM188 和 BEAM189 的应力结果是在单元坐标系中显示的，即 SXX 为轴向正应力，SXY、SXZ 为截面剪应力，没有其他应力分量。在缺省情况下，只输出 SXX，如果想观察 SXY、SXZ，请将 BEAM188 或 BEAM189 单元类型设置菜单下的 KEYOPT(4) 选为 Include both。

至于壳的应力显示也类似，打开实际形状显示功能，即可如同在实体上一样，显示出在不同位置和不同高度的应力值。如果只想画出顶部、中部或底部的应力图时，首先需关闭 Powergraphics（Toolbar 上点 POWRGRPH，选择 OFF），然后进入后处理模块：Main Menu→General Postproc→Option for outp→SHELL→选项栏中选择需要的位置。

例 7-2 梁结构的应用 ANSYS 算例（桁架桥梁结构分析）。

基于 ANSYS 图形界面的菜单操作流程如下。

（1）进入 ANSYS（设定工作目录和工作文件）。

程序→ANSYS→ANSYS Interactive→Working directory（设置目录）→Initial jobname（设置工作文件名）：TrussBridge→Run→OK

（2）设置计算类型。

ANSYS Main Menu→Preferences...→Structural→OK

（3）定义单元类型。

ANSYS Main Menu→Preprocessor→Element Type→Add/Edit/Delete...→Add...→Beam：2d elastic 3→OK（返回到 Element Types 窗口）→Close

（4）定义实常数以确定梁单元的截面参数。

ANSYS Main Menu→Preprocessor→Real Constants...→Add/Edit/DeleteAdd...select Type 1 BEAM 3→OK→input Real Constants Set No.：1，AREA：2.19E-3，Izz：3.83E-6（1 号实常数用于顶梁和侧梁）→Apply→input Real Constants Set No.：2，AREA：1.185E-3，Izz：1.87E-6（2 号实常数用于杆）→Apply→input Real Constants Set No.：3，AREA：3.031E-3，Izz：8.47E-6（3 号实常数用于底梁）→OK（back to Real Constants window）→Close（the Real Constants window）

（5）定义材料参数。

ANSYS Main Menu→Preprocessor→Material Props→Material Models→Structural→Linear→Elastic→Isotropic→input EX：2.1e11，PRXY：0.3（定义泊松比及弹性模量）→OK→Density（定义材料密度）→input DENS：7800，→OK→Close（关闭材料定义窗口）

（6）构造桁架桥模型。

1）生成桥体几何模型。

ANSYS Main Menu→Preprocessor→Modeling→Create→Keypoints→In Active CS→NPT Keypoint number：1，X，Y，Z Location in active CS：0，0→Apply→同样输入其余 15 个特征点坐标（最左端为起始点，坐标分别为 (4, 0)，(8, 0)，(12, 0)，(16, 0)，(20, 0)，(24, 0)，(28, 0)，(32, 0)，(4, 5.5)，(8, 5.5)，(12, 5.5)，(16, 5.5)，(20, 5.5)，(24, 5.5)，(28, 5.5)→Lines→Lines→Straight Line→依次分别连接特征点→OK

2）网格划分。

ANSYS Main Menu→Preprocessor→Meshing→Mesh Attributes→Picked Lines→选择桥顶

梁及侧梁→OK→select REAL：1，TYPE：1→Apply→选择桥体弦杆→OK→select REAL：2，TYPE：1→Apply→选择桥底梁→OK→select REAL：3，TYPE：1→OK→ANSYS Main Menu：Preprocessor→Meshing→MeshTool→位于 Size Controls 下的 Lines：Set→Element Size on Picker→Pick all→Apply→NDIV：1→OK→Mesh→Lines→Pick All→OK（划分网格）

（7）模型加约束。

ANSYS Main Menu→Solution→Define Loads→Apply→Structural→Displacement→On Nodes→选取桥身左端结点→OK→Select Lab2：All DOF（施加全部约束）→Apply→选取桥身右端结点→OK→Select Lab2：UY（施加 Y 方向约束）→OK

（8）施加载荷。

ANSYS Main Menu→Solution→Define Loads→Apply→Structural→Force/Moment→On Keypoints→选取底梁上卡车两侧关键点（X 坐标为 12 及 20）→OK→Select Lab；FY，Value：−5000→Apply→选取底梁上卡车中部关键点（X 坐标为 16）→OK→Select Lab：FY，Value −10 000→OK→ANSYS Utility Menu：→Select→Everything

（9）计算分析。

ANSYS Main Menu→Solution→Solve→Current LS→OK

（10）结果显示。

ANSYS Main Menu→General Postproc→Plot Results→Deformed shape→Def shape only→OK（返回到 Plot Results）→Contour Plot→Nodal Solu→DOF Solution，Y – Component of Displacement→OK（显示 Y 方向位移 UY）

1）定义线性单元 I 结点的轴力。

ANSYS Main Menu→General Postproc→Element Table→Define Table→Add→Lab：［bar-I］，By sequence num：［SMISC，1］→OK→Close

2）定义线性单元 J 结点的轴力。

ANSYS Main Menu→General Postproc→Element Table→Define Table→Add→Lab：［bar-J］，By sequence num：［SMISC，1］→OK→Close

3）画出线性单元的受力图。

ANSYS Main Menu→General Postproc→Plot Results→Contour Plot→Line Elem Res→LabI：［bar-I］，LabJ：［bar-J］，Fact：［1］→OK

（11）退出系统。

ANSYS Main Menu→File→Exit→Save Everying→OK

7.5.5 使用 ANSYS 增强方法进行钢筋混凝土建模

钢筋混凝土有限元建模的方法是对钢筋混凝土结构进行数值模拟的重要内容。目前使用 ANSYS 模拟钢筋混凝土主要有整体式建模、分离式建模（共结点）和 REINF 单元等方法。

整体式模型将钢筋混凝土结构中的钢筋弥散到整个混凝土结构中（采用混凝土实体单元 SOLID65 中自带的配筋率实常数设置）。其优点在于建模简单快捷，计算收敛性较好。缺点为计算结果粗略。

分离式建模考虑钢筋与混凝土的相互作用，分别选用不同的单元来模拟钢筋和混凝土。通常钢筋采用线单元 Link8 模拟，混凝土选用配筋率为 0 的素混凝土 SOLID65 单元或者实体单元 SOLID185 模拟。钢筋网与混凝土的连接采用"共结点"方法实现。钢筋与混凝土共结点，即：钢筋单元上的结点与其对应重合位置的混凝土结点形成为共结点。这种方法忽略了钢筋与混凝土间的黏结滑移作用，且在大多数情况下考虑黏结滑移与否对结果的影响不大。要使网格划分时钢筋结点与混凝土结点本身为共结点，那么就要求几何上钢筋线（Line）本身就是混凝土体（Volume）体内的线。通常在 ANSYS 中，先移动工作平面到设定位置，再使用 ANSYS 的布尔运算中的"Divide"命令，进行"Volu by WorkPlane"的操作实现。图 7-9 可以很好地帮助理解其原理。

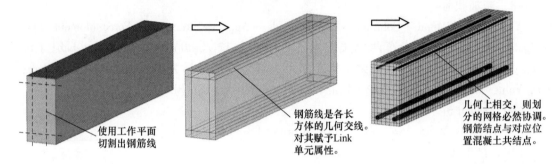

图 7-9　操作流程图

REINF 单元方法是指以实体单元（Solid 单元）或者和结构单元（Beam 和 Shell）为基材单元模拟混凝土，将 REINF264（梁单元）或 REINF265（壳单元）模拟钢筋或钢板植入基材单元内部的一种方法。采用命令 SECTYPE 和 SECDATA 定义加强筋单元的材料号、截面积、间距、位置和方向信息等。实践中采用 APDL 命令 EREINF 创建更容易。应用 REINF 单元时注意必须预先定义基材单元，以明确截面的局部坐标位置。如图 7-10 所示一根工字形截面梁内增强六根钢筋线。先定义 BEAM188 单元模拟混凝土，其局部坐标系原点位于截面中心位置。通过加强筋截面 SECTYPE 和 SECDATA 方式定义材料、横截面、间距和方向等，GUI 命令：Sections→Reinforcing→Add/Edit，将筋材作为加强单元插入母单元内的指定位置。工字形截面梁内增强六根钢筋线后的效果如图 7-11 所示。

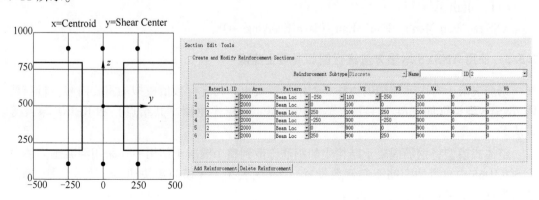

图 7-10　工字形截面梁内增强六根钢筋线位置示意图

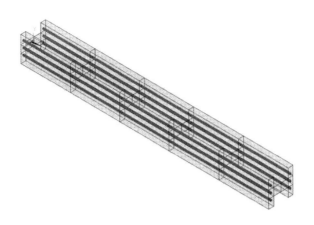

图 7-11 工字形截面梁内增强六根钢筋线效果图

使用"EREINF"进行加筋混凝土建模步骤：

（1）母材（混凝土）采用 BEAM188/189 梁单元或者 SHELL181/281 壳单元模拟；

（2）分别设置母材（混凝土）和加筋材料常数；

（3）赋以母材（混凝土）梁或壳的截面数据，明确其截面局部坐标位置；

（4）建模，构造母材（混凝土）梁或壳的几何模型，并划分网格；

（5）执行"EREINF"生产 REINF264（梁）或 REINF265（壳）单元。

注意：这些单元不能通过定义结点创建。最后将母材（混凝土）材料与加筋材料合并为一种增强复合材料。

GUI 命令：Main Menu → Preprocessor → Sections → Reinforcing → Add/Edit

添加每根筋线的截面数据（V_1、V_2 分别为筋线在梁截面坐标系中的 y^* 和 z^* 坐标初值，V_3、V_4 是 y^* 和 z^* 坐标终值，其他为 0）：Main Menu → Preprocessor → Sections → Reinforcing → Plot Section 绘制加筋混凝土截面图像。

相应的在 APDL 程序中的命令：EREINF。

7.6 ANSYS 屈曲分析方法

所谓屈曲（Buckling）是指细长杆件或薄壁板壳结构物在外加压力作用下发生突然侧弯或坍塌的失稳现象。屈曲是结构的失效形态中之一。屈曲会引起结构稳定性的偏差，这是致命的结构设计问题，屈曲的发生通常来说在结构强度还没有达到极限，那样构建结构就失败了。屈曲分析是一种用于确定结构开始变得不稳定时的临界载荷和屈曲结构发生响应时的模态形状的技术。在经典屈曲问题中，当力较小时系统是稳定的，而当力较大时系统就变成不稳定的。确定压杆临界载荷的理论分析方法有两种：一种是根据临界状态的静力特征而提出的静力法，即采用理论解-经典欧拉解（小变形）；另一种是根据临界状态的能量特征而提出的能量法。屈曲分析方法一般分为线性屈曲和非线性屈曲分析两大类，如图 7-12 所示。

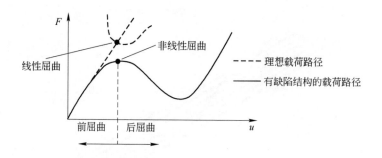

图 7-12 线性屈曲和非线性屈曲分析

　　线性屈曲分析方法相当于材料力学或弹性力学教科书里的弹性屈曲分析方法，其特征值公式决定结构的分叉点。例如，用经典的 Euler 梁组成的受压柱体，计算所得特征值与经典 Euler 屈曲解吻合。但是，结构形状的初始缺陷、材料非线性和几何大变形效应使得实际结构极限载荷都低于弹性稳定理论所得到的临界载荷值。因此，弹性特征值屈曲分析经常得到非保守解，通常不能用于实际工程的分析。然而，线性屈曲分析仍有两个优点：（1）分析相对省时快捷；（2）线性屈曲模态形状可用作非线性屈曲分析的初始几何缺陷。

　　线性屈曲分析基于经典的特征值问题。特征值分析提供了第一类稳定性问题的解决方案，它只能给出屈曲荷载和相应的不稳定模式，其优点是分析简单，计算迅速。事实上，它在实践中仍被使用，例如用于分析大型结构的温度荷载，钢结构设计手册中的许多结果都是基于特征值分析的结果，例如钢梁稳定性计算的稳定性系数和结构柱的计算长度。它的主要缺点是不能获得屈曲后的轨迹，不能考虑初始缺陷，如初始变形和应力状态，也不能考虑材料的非线性。然而，特征值屈曲分析作为非线性屈曲分析的初步评估是非常有用的。特征值屈曲分析预测的结果只考虑了最低的一阶，即得出的特征值临界失稳力的大小应为：$F = $ 实际施加力 × 第一价频率。为推导其特征值问题，首先求解线弹性前屈曲载荷状态 P_0 的载荷-位移关系，即给定 P_0，再求解平衡方程 $P_0 = K_0 u_0$，得到 u_0 表示施加载荷 P_0 的位移结果。还可以计算与 u_0 对应的应力 σ_0。假设前屈曲位移很小，则在任意载荷和变形状态（P、u、σ）下，增量平衡方程由式（7-40）给出：

$$\Delta P = \left[K_e + K_\sigma(\sigma) \right] \Delta u \tag{7-40}$$

式中　　K_e——弹性刚度矩阵；

　　$K_\sigma(\sigma)$——某种应力状态 σ 下计算的初始应力矩阵。

　　假设前屈曲行为可以看成是一个外加载荷 P_0 的线性函数，则：

$$P = \lambda P_0, \quad u = \lambda u_0, \quad \sigma = \lambda \sigma_0$$

　　则可得：

$$K_\sigma(\sigma) = \lambda K_\sigma(\sigma_0) \tag{7-41}$$

　　因此，整个前屈曲范围内的增量平衡方程变为：

$$\Delta P = \left[K_e + \lambda K_\sigma(\sigma_0) \right] \Delta u \tag{7-42}$$

不稳定性开始（屈曲载荷为 P_{cr}）时，在 $\Delta P \approx 0$ 的情况下，结构会出现一个变形 Δu。将 $\Delta P \approx 0$ 代入式（7-42），则有：

$$[\boldsymbol{K}_e + \lambda \boldsymbol{K}_\sigma(\sigma_0)]\Delta u = 0 \tag{7-43}$$

这就是经典特征值问题的基本方程。为了求出非零解，必须使系数矩阵的行列式为零：

$$\det[\boldsymbol{K}_e + \lambda \boldsymbol{K}_\sigma(\sigma_0)] = 0 \tag{7-44}$$

在 n 个自由度的有限元模型中，上述方程产生 λ（特征值）的 n 阶多项式，这种情况下特征向量 Δu_n 表示屈曲时叠加到系统上的变形，由计算出的 λ 最小值给定弹性临界载荷 P_{cr}。

根据线性屈曲分析的计算原理，线性屈曲分析方法的使用存在一定限制条件：线弹性假定，不考虑材料非线性、基于小变形理论，不考虑几何非线性，屈曲荷载是关于 λ_G 的线性函数，不支持位移荷载。因此，若要得到更准确的稳定分析结果，需要采用考虑材料非线性和几何非线性的直接分析方法进行计算。

非线性屈曲分析的第一步最好是特征值屈曲分析，它可以预测临界不稳定力的大致位置，从而预测非线性屈曲分析中要施加的力的大小。非线性屈曲分析要求结构是不完善的，例如，一根细长的棒材，其一端有固定的端部和轴向压力。如果细长杆最初没有发生小的侧向挠度，或者施加一个小的侧向力导致小的侧向挠度，那么非线性屈曲分析就不能完成，为了使结构不完整，可以在侧向施加一个小力。在这里，由于之前已经做了特征值屈曲分析，所以可以取一阶振动模式的变形结果，做一个小的变形比例，以便不使初始变形太强。当上一步完成后，加载计算得出的临界失稳力，激活变形单选按钮，使用弧长法计算，设置子步骤的数量并计算。后期处理主要是看结点位移与结点反力（力矩）的变化关系，找出结点位移突变时反力的大小，然后进行必要的分析处理。考虑到初始缺陷和非线性材料特性，包括非线性边界特性，非线性分析是获得结构和构件的后屈曲特性的一个好方法。然而，最好是以线性特征值为基础进行分析，这是因为这种方法的结果取决于添加的初始缺陷，如果添加的几何缺陷不是最低阶的，可以得到高阶不稳定模态。

非线性屈曲是考虑几何大变形等非线性因素的一种静力分析方法，其基本求解方法是先进行线性特征值屈曲分析，预测一个理想线弹性结构的理论屈曲强度（分叉点），理想线弹性屈曲模态形状可用作非线性屈曲分析的初始几何缺陷。然后采用逐步施加外载增量的弹塑性迭代计算，求解结构刚度方程式 $\boldsymbol{K}_T q = 0$。此时，结构刚度发生变化。当外载产生的压应力或剪应力使切线刚度阵 $\boldsymbol{K}_T$ 趋近奇异，结构趋于失稳，此时外载为失稳载荷。在比例加载求极限载荷的情况下，目前使用的主流方法是自动步长控制方法，即采用增量迭代法，每施加一级载荷增量后进行方程的平衡迭代使解的结构满足允许容差。载荷增量大小的控制对求解有很重要的意义，增量过大，难以收敛，这一点在接近极值点处特别明显。增量太小，意味着求解次数过多，使计算工作量增大。因此，人们给出一些控制参数，载荷增量的步长由算法控制，这就是自动步长选择法。自动步长法主要有控制位移法和控制弧长法，本书不详细讨论。

ANSYS 线性特征值屈曲分析包括以下主要步骤如下。

（1）建模。该任务与大多数其他有限元分析类似。但是应当注意，结构被设定只有线性行为，即使是非线性单元也按照线性处理。结构的刚度基于初始状态且不能改变。材料常数必须定义为杨氏模量。材料特性可以是线性各向同性或线性各向异性，但是忽略非线性特性。

（2）获得带有预应力的静力解。进行静力求解时，必须设置预应力标识，以进行后面的特征值屈曲分析。将荷载加入模型后先进行静力分析，打开初应力效应项：

Main Menu→Preprocessor→Loads→Analysis Options . . . →Prestress on

然后进行 Buckling 分析，完成特征值屈曲分析与屈曲模态结果显示。

（3）获得特征值屈曲带有预应力的静力解。通常单位载荷就足够了，计算出的特征值代表施加载荷上的屈曲载荷因子。注意，特征值代表所有载荷的比例因子，若某载荷是常数，而其他载荷是变量，则需确保常载荷的应力刚度矩阵没有被乘以比例因子。完成静态求解后，退出并重新进入求解器，并指定分析类型为特征值屈曲。为获得特征值屈曲解，要指定特征值提取方法和要提取的屈曲模态数目：

Main Menu→Solution→Analysis Options . . .

其中，Block Lanczos 是推荐的特征值提取方法，可以指定需要的模态阶数。

（4）获得特征值屈曲解。指定要写入结果文件模态数：

Main Menu→Solution→-Load Step Opts-Expansion Pass→Expand Modes . . .

利用应力选项，也可计算出相应的应力分布。特征值计算时，可以对特征值进行迭代，通过调整载荷（变量）直到特征值变为 1.0 或接近于 1.0。

（5）查看结果。可以在通用后处理器中查看特征值屈曲分析的结果，结果包括载荷因子、屈曲模态和相对应力分布：

Main Menu→General Postproc→Results Summary . . .

在输出结果表列中，"Set" 列表明屈曲模态数，"Time" 列的值表示相应的载荷因子。在检查结果时应当注意以下几点。

1）屈曲模态的最大位移归一化为 1.0。因此，位移不能代表真实的变形，且应力是相对于屈曲模态。

2）通常查看最初少数的屈曲模态是有益的，在随后的非线性屈曲分析中，结构的高阶屈曲模态可能是重要的。

3）若存在密排的特征值，表明该结构对缺陷敏感，应执行具有适当的缺陷或扰动的非线性屈曲分析。

4）有些情况下，在特征值屈曲分析中计算出负的特征值，在特征值提取过程中遇到数值困难时会发生这种情况。在这种情况下，可指定特征值提取的偏移点，在偏移点附近提取特征值最精确，这需要对临界载荷值有一定的了解。

5）在屈曲分析中，压力-载荷刚度矩阵对精确地计算载荷因子通常是重要的。缺省时，对特征值屈曲分析 ANSYS 自动包括压力-载荷刚度矩阵。尽管不是推荐的，用户仍可手动激活或停用压力-载荷刚度，通过命令：

Main Menu→Solution→Unabridged Menu

Main Menu→Solution→Load Step Opts-Solution Ctrl . . .

如果在第一步中由于加到模型上的力较大，使得计算不收敛，对于第二步特征值屈曲分析会有影响。建议调整 Analysis Options 中的 SHIFT 栏，定义计算起始点，有可能解决第二步不收敛的情况。但是，第一步静力计算不收敛的影响因素很多，一般要注意单元的选取和相应 Options 设置是否合理；结构屈曲分析是否需要考虑大变形和刚度硬化效应；还可以适当增加迭代子步数。

7.7　弹性板壳基本知识

板壳结构是指厚度方向的尺寸小于长度和宽度方向尺寸的结构。其中，表面为平面的称为板，表面为曲面的称为壳。板壳结构在工程上应用十分广泛，例如，航天航空工程中的飞机、火箭（见图 7-13）、宇宙飞船，石油化工业的罐体容器，工程机械起重设备的箱体、臂架结构等。在设计分析中采用板壳单元进行结构分析，可以得到足够的精度和良好的效果。

图 7-13　我国长征火箭

7.7.1　弹性薄板弯曲的基本方程

如图 7-14 所示薄板是指板厚 t 比板最小宽度 b 在 $\frac{1}{100} \sim \frac{1}{80} < \frac{t}{b} < \frac{1}{8} \sim \frac{1}{5}$ 范围的平板。

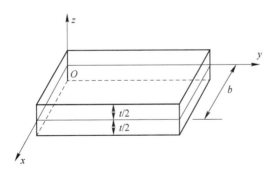

图 7-14　薄板结构

平分厚度的平面称为中面。

弹性薄板的克希霍夫（G. Kirchhoff）假定：

（1）板中面是中性面，没有变形；

（2）中面法线变形后仍为挠曲面法线，长度不变；

（3）忽略应力 σ_z 和应变 ε_z。

设板中面的横（z）向位移（挠度）为 $w（x,y）$。

7.7.1.1　几何关系

$$u=-z\frac{\partial w}{\partial x};\ v=-z\frac{\partial w}{\partial y};\ w=w(x,y) \tag{7-45}$$

显然，位移只与挠度 w 有关。定义：

$$\varepsilon_x=-z\frac{\partial^2 w}{\partial x^2};\ \varepsilon_y=-z\frac{\partial^2 w}{\partial y^2};\ \gamma_{xy}=-2z\frac{\partial^2 w}{\partial x\partial y} \tag{7-46}$$

其中，$\dfrac{\partial^2 w}{\partial x^2}$ 称为 x 向曲率；$\dfrac{\partial^2 w}{\partial y^2}$ 称为 y 向曲率；$-2\dfrac{\partial^2 w}{\partial x\partial y}$ 称为扭率。

这些量完全确定板的变形。因此称这些量组成的矩阵为形变矩阵，记作 $\boldsymbol{\chi}$，也即：

$$\boldsymbol{\chi}=\left[-\frac{\partial^2 w}{\partial x^2};\ -\frac{\partial^2 w}{\partial y^2};\ -2\frac{\partial^2 w}{\partial x\partial y}\right]^{\mathrm{T}} \tag{7-47}$$

由此可得薄板应变矩阵为：

$$\boldsymbol{\varepsilon}=z\boldsymbol{\chi} \tag{7-48}$$

7.7.1.2　弹性关系

如图 7-15 所示薄板的内力与位移向量可以表示为：

$$\boldsymbol{M}=\begin{Bmatrix}M_x\\M_y\\M_{xy}\end{Bmatrix}=\frac{Et^3}{12(1-v^2)}\begin{bmatrix}1&v&0\\v&1&0\\0&0&\dfrac{1-v}{2}\end{bmatrix}\begin{Bmatrix}-\dfrac{\partial^2 w}{\partial x^2}\\-\dfrac{\partial^2 w}{\partial y^2}\\-\dfrac{\partial^2 w}{\partial x\partial y}\end{Bmatrix}=\boldsymbol{D}\boldsymbol{\chi} \tag{7-49}$$

其中，M_x 称为绕 x 轴的弯矩；M_y 称为绕 y 轴的弯矩；M_{xy} 称为扭矩；t 为板的厚度。

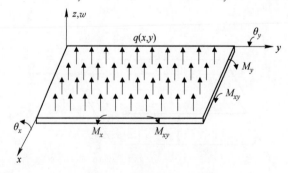

图 7-15　薄板的内力与位移

7.7.1.3　平衡微分方程

如图 7-15 所示，在荷载集度为 q 的均匀分布的压强作用下，板的微小单元满足平衡关系：

$$\frac{\partial^2 M_x}{\partial x^2} + 2\frac{\partial^2 M_{xy}}{\partial x \partial y} + \frac{\partial^2 M_y}{\partial y^2} = -q \tag{7-50}$$

7.7.1.4 边界条件

设边界的切线方向为 t，外法线方向为 n。则可将边界条件分为四类。

（1）挠度 w 的边界条件。要求在某一段边界（例如，Γ_1 上）满足：

$$w\big|_{\Gamma_1} = w^* \tag{7-51}$$

（2）转角边界条件。要求在某一段边界（例如 Γ_2 上）满足：

$$\frac{\partial w}{\partial n}\bigg|_{\Gamma_2} = \theta^* \tag{7-52}$$

（3）弯矩边界条件。要求在某一段边界（例如 Γ_3 上）满足：

$$M_n = -\frac{Et^3}{12(1-v^2)}\left(\frac{\partial w}{\partial n} + v\frac{\partial w}{\partial t}\right)\bigg|_{\Gamma_3} = M^* \tag{7-53}$$

（4）剪力边界条件。要求在某一段边界（例如 Γ_4 上）满足：

$$V_n = \frac{\partial M_n}{\partial n} + 2\frac{\partial M_{ns}}{\partial t} = -\frac{Et^3}{12(1-v^2)}\left[\frac{\partial^3 w}{\partial n^3} + (2-v)\frac{\partial^3 w}{\partial n \partial t^2}\right]\bigg|_{\Gamma_4} = V^* \tag{7-54}$$

其中，关于 w 和 $\dfrac{\partial w}{\partial n}$ 的边界条件为强制边界条件。

7.7.2 弹性薄板矩形四结点单元

7.7.2.1 位移函数

如图 7-16 所示矩形四结点薄板单元。设局部编号 1、2、3、4。x 、y 方向长度分别为 $2a$、$2b$。

矩形板单元每个结点仅 3 个自由度（w、θ_x、θ_y），单元自由度为 12。位移模式可设为如下不完全四次多项式：

$$\begin{aligned} w = {} & a_1 + a_2 x + a_3 y + a_4 x^2 + a_5 xy + a_6 y^2 + a_7 x^3 + \\ & a_8 x^2 y + a_9 xy^2 + a_{10} y^3 + a_{11} x^3 y + a_{12} xy^3 \end{aligned} \tag{7-55}$$

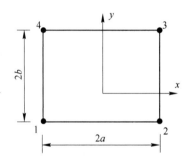

图 7-16 矩形四结点薄板单元

7.7.2.2 单元位移场

假定单元内任意点的变形为 w、θ_x、θ_y：

$$\begin{cases} w = \displaystyle\sum_{i=1}^{4} N_i(\xi, \eta) w_i \\[2mm] \theta_x = \displaystyle\sum_{i=1}^{4} N_i(\xi, \eta) \theta_{xi} \\[2mm] \theta_y = \displaystyle\sum_{i=1}^{4} N_i(\xi, \eta) \theta_{yi} \end{cases} \tag{7-56}$$

7.7.2.3 单元分析公式

设单元结点位移向量为：

$$\boldsymbol{u} = \{w_1 \quad \theta_{x1} \quad \theta_{y1} \quad w_2 \quad \theta_{x2} \quad \theta_{y2} \quad \cdots \quad w_4 \quad \theta_{x4} \quad \theta_{y4}\}^{\mathrm{T}}$$

位移场为：

$$\begin{Bmatrix} w \\ \theta_x \\ \theta_y \end{Bmatrix} = \begin{bmatrix} N_1 & 0 & 0 & N_2 & 0 & 0 & \cdots & N_4 & 0 & 0 \\ 0 & N_1 & 0 & 0 & N_2 & 0 & \cdots & 0 & N_4 & 0 \\ 0 & 0 & N_1 & 0 & 0 & N_2 & \cdots & 0 & 0 & N_4 \end{bmatrix} \boldsymbol{u} \tag{7-57}$$

曲率向量为:

$$\boldsymbol{\chi} = \begin{Bmatrix} \dfrac{\partial \theta_y}{\partial x} \\[2mm] -\dfrac{\partial \theta_x}{\partial y} \\[2mm] \dfrac{\partial \theta_y}{\partial y} - \dfrac{\partial \theta_x}{\partial x} \end{Bmatrix} = \begin{bmatrix} 0 & 0 & \dfrac{\partial N_1}{\partial x} & \cdots & 0 & 0 & \dfrac{\partial N_4}{\partial x} \\[2mm] 0 & -\dfrac{\partial N_1}{\partial y} & 0 & \cdots & 0 & -\dfrac{\partial N_4}{\partial y} & 0 \\[2mm] 0 & -\dfrac{\partial N_1}{\partial x} & \dfrac{\partial N_1}{\partial y} & \cdots & 0 & -\dfrac{\partial N_4}{\partial x} & \dfrac{\partial N_4}{\partial y} \end{bmatrix} \boldsymbol{u} = \boldsymbol{B}_1 \boldsymbol{u} \tag{7-58}$$

横向剪切应变向量为:

$$\begin{Bmatrix} \gamma_{yz} \\ \gamma_{xz} \end{Bmatrix} = \begin{Bmatrix} -\theta_x + \dfrac{\partial w}{\partial y} \\[2mm] \theta_y + \dfrac{\partial w}{\partial x} \end{Bmatrix}$$

$$= \begin{bmatrix} \dfrac{\partial N_1}{\partial y} & -N_1 & 0 & \dfrac{\partial N_2}{\partial y} & -N_2 & 0 & \cdots & \dfrac{\partial N_4}{\partial y} & -N_4 & 0 \\[2mm] \dfrac{\partial N_1}{\partial x} & 0 & N_1 & \dfrac{\partial N_2}{\partial x} & 0 & N_2 & \cdots & \dfrac{\partial N_4}{\partial x} & 0 & N_4 \end{bmatrix} \boldsymbol{u} = \boldsymbol{B}_0 \boldsymbol{u} \tag{7-59}$$

其中, $\boldsymbol{B}_1$ 和 $\boldsymbol{B}_0$ 为几何矩阵。单元刚度矩阵通过数值积分形成:

$$\boldsymbol{k} = \iint\limits_e \left[\boldsymbol{B}_1^{\mathrm{T}} \boldsymbol{D} \boldsymbol{B}_1 + \boldsymbol{B}_0^{\mathrm{T}} \frac{Et}{2(1+v)} \boldsymbol{B}_0 \right] \mathrm{d}x\mathrm{d}y$$

$$= \int_{-1}^{1} \int_{-1}^{1} \left[\boldsymbol{B}_1^{\mathrm{T}} \boldsymbol{D} \boldsymbol{B}_1 + \boldsymbol{B}_0^{\mathrm{T}} \frac{Et}{2(1+v)} \boldsymbol{B}_0 \right] |\det J| \mathrm{d}\xi \mathrm{d}\eta \tag{7-60}$$

7.7.3　ANSYS 板壳单元应用

ANSYS 主要使用四边形四结点 SHELL181 和四边形小结点 SHELL281 两种板壳单元。由于这类薄壳单元忽略横向剪切变形,也称为 Kirchhoff 单元。

板壳单元本质是二维面单元,应该按照创建面(Areas)方式建模。为了提高建模效率,经常采用"删体留面"的方法建立曲面。即:创建体元后,使用 GUI 命令:

Main Menu→Preprocessor→Modeling→Delete→Volume Only

此时使用:

Utility Menu →Plot→ Areas

可以看到体元已经删除,而曲面仍然保留。与梁单元类似,使用板壳单元时必须提供板壳的截面信息。ANSYS 提供的板壳单元,在划分网格后以面单元形式展现。可以利用 ANSYS 高级绘图功能,将板壳横截面的几何形状在网格图中显示。GUI 命令:

Utility Menu →PlotCtrls → Style → Size and Shape→On

ANSYS 提供的板壳单元可以在厚度方向分层铺设不同取向的各项异性复合材料。因此，板壳的截面信息包含各层的厚度，材料号和材料铺设方位角。温度可以当作单元体载荷输入。第一个角温度默认为 TUNIF。如果所有的其他的温度都没有指定，则均默认为 T_1。一般第一个温度设定为各层底部四角温度，最后一个温度设定为顶部四个角的温度。

如图 7-17 所示，选定 ANSYS 提供的 SHELL181 或 SHELL281 板壳单元后，应当在 Options 的选项表的第四栏设置输出内容。默认为仅输出顶层和底层的计算结果。计算结束后，在通用后处理器中，可以通过：

Main Menu→General Postproc→Options for Output

在第六栏设置要显示的层的计算结果。

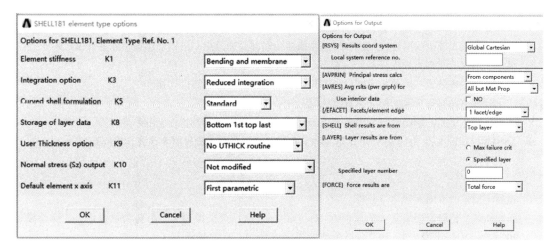

图 7-17　SHELL181/281 单元在 Options 选项表和 General Postproc 控制分层输出

本 章 小 结

杆梁结构是指长度远大于其横截面尺寸的构件组成的杆件系统。杆单元每个结点有 2 个平移自由度（平面杆）或 3 个平移自由度（空间杆），通过铰结点连接。梁单元每个结点有 2 个平移自由度与 1 个转动自由度（平面梁）或 3 个平移自由度与 3 个转动自由度（空间梁），通过刚结点连接。由于材料力学与结构力学中已给出杆梁单元的位移解析解答，无需使用多项式的近似函数作为位移模式。杆梁问题有限元分析得到的是精确解。杆梁单元的结点位移、结点力以及单元刚度矩阵都是在单元的局部坐标系中确定的，而整体分析必须在统一的整体坐标下进行。由于杆梁单元的坐标轴方位一般是不同的，所以只有通过坐标变换将所有的单元刚度矩阵与结点载荷向量从局部坐标系转换到统一的整体坐标系下，才能组集整体刚度方程，进行整体分析。ANSYS 通过方位点来确定梁单元截面方位。ANSYS 中的 BEAM188 和 BEAM189 都属于铁木辛柯梁单元，且具有很好的截面形状显示能力。屈曲分析方法一般分为线性屈曲分析和非线性屈曲分析两大类。弹性特征值屈曲分析得到偏大的极限（临界）载荷，通常不能用于实际工程的分析。然而，线性屈曲分析相对省时快捷，而且可用作非线性屈曲分析的初始几何缺陷分析。

复习思考题

7-1　为什么梁单元的形函数没有像实体单元的形函数那样构造，即不是按照多项式的阶数，由低向高逐次递增？

7-2　什么样的工程对象可以使用梁单元进行模拟？

7-3　如果要预测"鸟巢"对于地震的响应特性，可以使用梁单元对其结构进行模拟吗？

7-4　如果要模拟大气中的腐蚀性气体对建筑物横梁的局部腐蚀效果，可以使用梁单元进行模拟吗？

7-5　将一条柔软的绳索离散成杆单元，需要对杆单元有什么约束？

7-6　将一根线段离散成三段梁单元网格，中间结点是铰链连接还是刚性连接？

7-7　试比较杆单元与梁单元的形函数有何异同？

7-8　试比较实体单元的形函数与梁单元的形函数在构造方法以及函数特性上的差异。

7-9　ANSYS 提供的 Link 3D 180 杆单元是一种大变形单元，在求解设置时要注意什么问题？

上机作业练习

7-1　超静定桁架的有限元建模与分析。

问题描述：超静定桁架受水平力（10^7 N）作用，下面三点支撑约束。材料为普通钢材，弹性模量 200 GPa，泊松比为 0.3。计算分析模型如图 7-18 所示。目的是学习使用空间杆单元和利用各种建模命令高效地创建空间桁架。

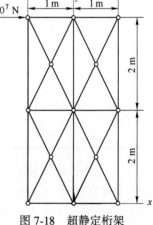

图 7-18　超静定桁架分析模型

ANSYS 菜单操作步骤如下。

（1）Main Menu→Preference→选中 Structural→OK，指定分析范畴为结构分析。

（2）Utility Menu → File → Change Jobname，输入文件名：Truss Structure。

（3）选择单元类型。

　　Main Menu→Preprocessor→Element Type→Add/Edit/Delete→Add→Link 3D 180→OK

（4）定义材料参数。

　　Main Menu→Preprocessor→Material Props→Material Models→Structural→Linear→Elastic→Isotropic→EX：2.0e11，PRXY：0.3→OK

（5）定义实常数。

　　Main Menu→Preprocessor→Real Constants . . .→Add . . .→Select Type 1→OK→ AREA：0.0025→OK→Close

（6）生成关键点。

　　Main Menu→Preprocessor→Modeling→Create→Keypoints→In Active CS→依次输入四个点的坐标：

　　input：1（0，0，0）→APPLY→2（1，0，0）→APPLY→3（1，2，0）→APPLY→4（0，2，0）→OK

（7）生成 5 条线。

Main Menu→Preprocessor→Modeling→Create→Lines→Straight lines→依次连接 13 两个点；24 两个点；14 两个点；23 两个点；34 两个点→OK

（8）通过布尔 Partition 运算，使所有杆铰链连接。

Main Menu→Preprocessor→Modeling→Operate→Booleans→Partition→Lines→Pick All→OK

（9）用 COPY 命令生成一半桁架。

Main Menu→Preprocessor→Modeling→Copy→Lines→Pick All→OK→在 DY 框内填 2→OK

（10）用 Reflect 命令生成桁架。

Main Menu→Preprocessor→Modeling→Reflect→Lines→Pick All→OK→选默认的 YZ 对称面→OK

（11）用 Overlap 命令黏合桁架中各杆。

Main Menu→Preprocessor→Modeling→Operate→Booleans→Overlap→Lines→Pick All→OK

（12）网格划分。

Main Menu→Preprocessor→Meshing→Mesh Tool→Mesh：lines→Mesh→Pick All（in Picking Menu）→Close（the Mesh Tool window）

（13）设定求解参数。

Main Menu→Solution→Analysis Type→New analysis→Static→Sol'n Controls→Analysis Options→Large Displacement→Calculate prestress effects 框内打勾→OK

（14）分别给模型最底层的三个关键点施加 X、Y、Z 方向的约束。

Main Menu→Solution→Define Loads→Apply→Structural→Displacement→On Keypoints→拾取最底层的三个关键点→OK→Select Lab2：UX, UY, UZ→填 0 值→OK

（15）给左上角关键点施加 X 方向载荷 1E7（N）。

Main Menu→Solution→Define Loads→Apply→Structural→Force/Moment→On Keypoints→拾取左上角关键点→OK→Lab：FX, Value：1e7→OK

（16）分析计算。

Main Menu→Solution→Solve→Current LS→OK（to close the solve Current Load Step window）→OK

（17）结果显示。

Main Menu → General Postproc → Plot Results → Deformed Shape → Select Def + Undeformed→OK（back to Plot Results window）→Contour Plot→Element Solu→select Stress→1st principal stress→OK

题 7-1 参考图

（18）退出系统。

参考图请扫二维码。

7-2　T 形截面外伸梁的受力与变形分析。

问题描述：由 T 形截面钢构成的外伸梁受到均布荷载和自重作用，如图 7-19 所示，参数见表 7-1。求支点反力以及梁在中间截面处的最大应力和挠度。

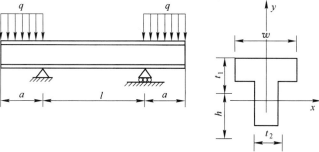

图 7-19　T 形截面外伸梁示意图

表 7-1 T 形截面外伸梁受力与变形分析计算参数

材 料 参 数	几 何 参 数	载 荷
弹性模量，$E = 200$ GPa； 泊松比为 0.3； 质量密度，$\rho = 7800$ kg/m³（钢的密度 $\rho = 7.8$ g/cm³）	$l = 0.8$ m； $a = 0.2$ m； $w = 0.08$ m； $h = 0.06$ m； $t_1 = 0.025$ m； $t_2 = 0.025$ m	均布荷载集度，$q = 2$ kN/m； 重力加速度，$g = 9.81$ m/s²

ANSYS 菜单操作步骤如下。

（1）Main Menu→Preference→选中 Structural→OK，指定分析范畴为结构分析。

（2）Utility Menu→File→Change Jobname，输入文件名：BEAM。

（3）选择单元类型。

Main Menu→Preprocessor→Element Type→Add/Edit/Delete→Add→select BEAM188→OK（back to Element Types window）→Close（the Element Type window）

（4）定义材料参数。

Main Menu→Preprocessor→Material Props→Material Models→Structural→Linear→Elastic→Isotropic →input EX：200e9，PRXY：0.3→Density：7800→OK

（5）定义截面。

Main Menu→Preprocessor→Sections→BEAM→Common Sections→定义 T 形截面（注意图中实际是倒 T 形，此时 Y 轴方向水平向右）ID：1，Name：T-Type，依次填入 W1 = 0.08，W2 = 0.085，t1 = 0.025，t2 = 0.025→OK

（6）生成几何模型。

1）生成关键点。

Main Menu→Preprocessor→Modeling→Create→Keypoints→In Active CS→依次输入两个点的坐标：input：1（0，0，0），2（1.2，0，0）和输入参考点的坐标 3（0，1，0），4（0，0，1），5（0，0，-1），6（0，-1，0）→OK

2）生成线。

Main Menu→Preprocessor→Modeling→Create→Lines→Straight lines→依次连接两个点：1→2→OK

（7）网格划分。

Main Menu→Preprocessor→Meshing→Mesh Attributes→Picked Lines 拾取线→Pick Orientation Keypoint（s）打勾 yes→Apply→拾取参考点 6→OK→Mesh Tool→（Size Controls）lines：Set→拾取梁边：OK→input NDIV：4→OK→（back to the mesh tool window）Mesh：line→Mesh→Pick All（in Picking Menu）→Close（the Mesh Tool window）

（8）显示梁体的 Main Menu。

Utility Menu→PlotCtrls→Style→Size and Shape→/ESHAPE→On→OK（注意：这里选择参考点 6，试比较不要参考点或者采用其他参考点有什么差别）

（9）在支撑位置施加位移约束。

Main Menu→Solution→Define Loads→Apply→Structural→Displacement→On Nodes→选中 1/4 处结点→OK→限制 UX. UY. UZ. ROTX. ROTY 的 VALUE：0

同理：限制 3/4 处结点 UY. UZ. ROTX. ROTY 的 VALUE：0。

（10）定义均布载荷。

Main Menu→Solution→Define Loads→Apply→Structural→Pressure→On Beams→弹出选择界面，选

择左侧的单元→Apply→弹出选择界面→在"Pressure value at node I"栏输入-2000，在"Pressure value at node J"域输入-2000。再选择右边的那个单元，定义均布载荷。

（11）施加 Y 方向的自重载荷（添加 Y 方向加速度，注意：重力加速度的方向与重力方向相反）。

Main Menu→Solution→Define Loads→Apply→Structural→Inertia→Gravity→Global→ACELX：9.81→OK

（12）分析计算。

Main Menu→Solution→Solve→Current LS→OK（to close the solve Current Load Step window）→OK

（13）列出支点反力。

Main Menu→General Postproc→List Results→Reaction Solu

在"List Reaction Solution"对话框中选择"All struc forc F"，列出全部的结点支反力。

（14）显示梁的位移分布。

Main Menu→General Postproc→Plot Results→Contour Plot→Nodal Solu

显示 Y 方向位移，选择"Def+undeformed"（由结点位移显示可知，中截面位移；最大位移在梁的两端）。

（15）退出程序。

参考图请扫二维码。

题 7-2 参考图

7-3 异形截面梁的几何特性和扭转切应力分布。

问题描述：计算图 7-20 所示的异形截面对形心轴的惯性矩。然后计算这种截面梁的扭转应力分布。ANSYS 菜单操作步骤如下。

（1）Main Menu→Preference→选中 Structural→OK，指定分析范畴为结构分析。

（2）Utility Menu→File→Change Jobname，输入文件名：Profiled cross-section。

（3）选择单元类型。

Preprocessor → Element Type → Add/Edit/Delete → Add → Not Solved→Mesh Facet 200→OK→Close

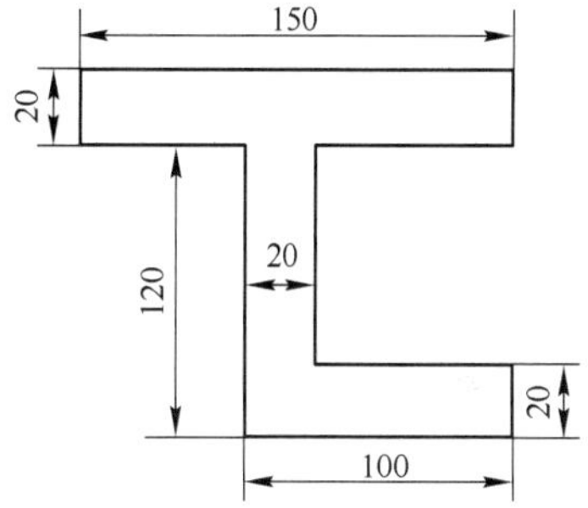

（4）生成关键点，建立异形截面的几何尺寸。

图 7-20 异形截面梁（单位：mm）

Preprocessor→Modeling→Create→Keypoints→In Active CS→依次输入各关键点的坐标（注意：为了统一单位，一律用米为长度单位）...→OK

Preprocessor→Modeling→Create→Areas→Arbitrary→Through KPs→依次 5、连接各关键点，可以形成图形

（5）网格划分设计。将异形截面划分为单元网格提供线划分数：

Preprocessor→Meshing→Size Cntrls→Manual Size→Lines→All Lines→选定 Element edge length（单元边长：0.01）值→OK

（6）生成截面几何参数并且划分网格。

Preprocessor→Sections→BEAM→Custom Sections→Write from areas→选择截面→起名（例如，填 mysect）→Read Sect Mesh→命名 ID 号（自动选 1）和 Section Name（例如，填 sect1）（此时网格已经自动划分出来）→用 Browse 在指定的路径下找到已经生成的文件（扩展名：.SECT，例如：可找到 mysect.SECT）

（7）显示已经计算出来的异形截面的几何数据。

Preprocessor→Sections→BEAM→Plot Sections→选择刚命名的 ID 号和 Section Name（即：1 sect1）→把选项置为 Yes→OK（可以在屏幕上得到所需要的异形截面的几何特性参数）

（8）退出 ANSYS。

（9）重新进入 ANSYS。

（10）选择单元类型。

　　Main Menu→Preprocessor→Element Type→Add/Edit/Delete→Add→Select BEAM 2node 188→OK（back to Element Types window）→Close

（11）定义材料参数。

　　Main Menu→Preprocessor→Material Props→Material Models→Structural→Linear→Elastic→Isotropic→input EX：200e9, PRXY：0.3→OK

（12）定义截面。

　　Main Menu→Preprocessor→Sections→BEAM→Custom Sections→Read Sect Mesh→选择刚命名的 ID 号 和 Section Name（即：1 sect1）→OK

（13）生成关键点。

　　Main Menu→Preprocessor→Modeling→Create→Keypoints→In Active CS→依次输入三个点的坐标：input：1（0, 0, 0），2（2.5, 0, 0），3（1.25, 1, 0）→OK

（14）连点成线。

　　Main Menu→Preprocessor→Modeling→Create→Lines→Lines→Straight Lines→连接两个关键点，1（0, 0, 0），2（2.5, 0, 0）→OK

（15）设置单元属性并拾取方位点。

　　Main Menu→Preprocessor→Meshing→Mesh Attributes→Picked lines→拾取：直线→OK→Pick Orientation Keypoint（s）：YES→OK→拾取：3（1.25, 1, 0）→OK

（16）网格划分。

　　Mesh Tool→（Size Controls）lines：Set→Pick All（in Picking Menu）→input NDIV：10→OK（back to Mesh Tool window）→Mesh→Pick All（in Picking Menu）→Close（the Mesh Tool window）

（17）显示梁体。

　　Main Menu→PlotCtrls→Pan Zoom Rotate→Iso→Close

　　Main Menu→PlotCtrls→Style→Size and Style→/ESHAPE→On→OK

（18）给关键点 1 施加约束。

　　Main Menu→Solution→Define Loads→Apply→Structural→Displacement→On Keypoints→拾取 1 Keypoint→OK→select All DOF→OK

（19）给关键点 2 施加力偶 100 N·m。

　　Main Menu→Solution→Define Loads→Apply→Structural→Force/Moment→On Keypoints→拾取 2 Keypoint→Lab：MZ, VALUE：100→Apply

（20）分析计算。

　　Main Menu→Solution→Solve→Current LS→OK

（21）结果显示。

　　Main Menu→General Postproc→Plot Results→Contour Plot→element Solution→Stress→XY Shear Stress→OK

（22）退出系统。

参考图请扫二维码。

题 7-3 参考图

7-4　工字形悬臂梁的屈曲分析。

　　问题描述：工字形悬臂梁模型如图 7-21 所示。一根工字形悬臂梁在轴向压力作用下发生屈曲，用线弹性方法分析其临界载荷值，设集中力 $F = 10^6$ N。材料的弹性模量 $E = 200$ GPa，泊松比为 0.29，梁长度为 2.5 m。工字形悬臂梁横截面积尺寸见表 7-2。

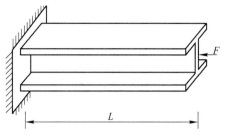

图 7-21 工字形悬臂梁模型

表 7-2 工字形悬臂梁横截面积尺寸 （mm）

宽度 B	高度 H	腹板厚 t_1	翼缘厚 t_2
150	250	15	15

ANSYS 菜单操作步骤如下。

（1）指定分析范畴为结构分析。

Main Menu→Preference→选中 Structural→OK

（2）设置文件名。

Utility Menu→File→Change Jobname，输入"Buckling of a I-type beam"

（3）选择单元类型。

Main Menu→Preprocessor→Element Type→Add/Edit/Delete→Add→BEAM 3node 189→OK→Close

（4）定义材料参数。

Main Menu→Preprocessor→Material Props→Material Models→Structural→Linear→Elastic→Isotropic →input EX：200E9，PRXY：0.29→OK

（5）定义截面。

Main Menu→Preprocessor→Sections→BEAM→Common Sections→在 Sub-Type 中选择"工"形截面→定义截面：w1=0.15，w2=0.15，w3=0.25，t1=0.015，t2=0.015，t3=0.015→截面网格疏密程度 Coarse-Fine 滚动条选择 2→OK

（6）生成关键点。

Main Menu→Preprocessor→Modeling→Create→Keypoints→In Active CS→依次输入三个点的坐标：1（0，0，0）→Apply→2（2.5，0，0）→Apply→3（1.25，1，0）→OK

（7）生成线。

Main Menu→Preprocessor→Modeling→Create→Lines→Lines→Straight Lines→连接两个关键点，1（0，0，0），2（2.5，0，0）→OK

（8）单元属性及梁的截面方位设置。

Main Menu→Preprocessor→Meshing→Mesh Attributes→Picked lines→拾取：直线→OK→Pick Orientation Keypoint（s）：YES→OK→拾取：3号关键点→OK

（9）网格划分。

Main Menu→Preprocessor→Meshing→Mesh Tool→Size Controls，Lines：Set→在拾取对话框内，Pick All→NDIV：10→OK→Mesh→Pick All→Close

（10）显示梁体几何造型。

Utility Menu→PlotCtrls→Pan Zoom Rotate→Iso→Close

Utility Menu→PlotCtrls→Style→Size and Style→/ESHAPE→On→OK

（11）给关键点 1 施加约束。

Main Menu→Solution→Define Loads→Apply→Structural→Displacement→On Keypoints→拾取 1 号关键点→OK→第一个输入栏中，选择 All DOF→OK

（12）给自由端施加集中压力。

Main Menu→Solution→Define Loads→Apply→Structural→Force/Moment→On Keypoints→拾取 2 号关键点→第一个输入栏 Lab：选择 FX，下面的输入栏 VALI：-1e6→OK

（13）特征值屈曲分析参数设置。

Main Menu→Solution→Unabridged Menu（打开完整菜单）→Solution→Analysis Type→Sol'n Controls→选中 Calculate Prestress 框→OK（可以确认缺省方法：Analysis Type→Analysis Optional→Block Lanczos→OK）

（14）静力分析。

Main Menu→Solution→Solve→Current LS→OK

（15）暂时退出求解器。

Main Menu→Finish

（16）特征值屈曲分析与屈曲模态扩展。

Main Menu→Solution→Analysis Type→New Analysis→Eigen Buckling→OK→Analysis Options→NMODE：6→OK→Load Step Opts→Expansion Pass→Single Expand→Expand Modes→NMODE：6，Calculate Elem results：Yes→OK→Solve→Current LS→OK

（17）暂时退出求解器。

Main Menu→Finish

（18）读入文件第一阶屈曲特征值。

Main Menu→General Postproc→Read Results→First Set

（19）观察屈曲模态。

Main Menu→General Postproc→Plot Results→Deformed Shape→Def+undef edge→OK

（20）读入下个载荷步的结果。

Main Menu→General Postproc→Read Results→Next Set

（21）依次观察五阶屈曲模态。

（22）退出系统。

参考图请扫二维码。

题 7-4 参考图

7-5　两边简支半圆拱壳表面受均匀分布载荷作用。

问题描述：模型如图 7-22 所示，一根两边简支半圆拱壳表面受均匀分布压强作用下发生弯曲变形。设荷载集度 $q = 0.1$ MPa。各向同性材料的弹性模量 $E = 10$ GPa，泊松比为 0.32，半圆拱壳长度为 1000 mm，半径为 500 mm，厚度为 5 mm。

解题基本步骤如下。

（1）设定偏好，选定单元。

Main Menu→Preference→选中 Structural→OK

Main Menu→Preprocessor→Element Type→Add/Edit/Delete→Add→Shell181→OK→Close

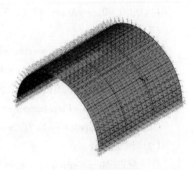

图 7-22　两边简支半圆拱壳示意图

（2）定义材料参数。

Main Menu→Preprocessor→Material Props→Material Models→Structural→Linear→Elastic→Isotropic→input EX：10e3，PRXY：0.32→OK

（3）定义截面。

Main Menu→Preprocessor→Sections→Shell→Lay-up→Add/Edit→Thickness：填入 5→Name：填入 Shell→OK

（4）生成半圆柱。

Main Menu→Preprocessor→Modeling→Create→Volume→Cylinder→Partial Cylinder→Rad-1：填入 500→Theta1：填入 0，Rad-2：填入 0→Theta2：填入 180，Depth：填入 1000→OK

（5）删体留面得到半圆拱壳。

Main Menu→Preprocessor→Modeling→Delete→Volume Only，在拾取框内选 Pivk All→OK

Utility Menu→Plot→Areas

Main Menu→Preprocessor→Modeling→Delete→Areas and Below，出现在拾取框后，鼠标拾取前半圆平面（2 号面），后半圆平面（1 号面）和两个底面（4，5 号面）→OK

Utility Menu →Plot→ Areas

（6）网格划分。

Main Menu→Preprocessor→Meshing→Mesh Tool→Size Controls，Lines：Set→在拾取对话框内，Pick All→SIZE Element edge length：20→OK→回到 Mesh Tool→选择 Quad 和 Mapped→Mesh→Pick All→Close

注意：可以显示板壳横截面的几何形状。

Utility Menu →PlotCtrls → Style → Size and Shape→On

（7）施加约束。

Main Menu→Solution→Define Loads→Apply→Structural→Displacement→On Lines→拾取两条底面直线（7，8 号线）→OK→输入栏中，选择 UX→Apply（再重复 4 次，分别选中 UY→Apply→...UZ→Apply→...ROTX→Apply→ROTY →OK）

注意：本题两边简支，允许壳单元绕 Z 轴转动。

（8）给半圆拱壳表面受均布压力。

Main Menu→Solution→Define Loads→Apply→Structural→Pressure→On Areas→拾取半圆拱壳表面（3 号面）→第 1 个输入栏：0.1，第 2 个输入栏（Load key, usually face no.）：将 1 改成：2→OK

改变显示符合：

Utility Menu →PlotCtrls→Symbols→将第 12 栏：Face outlines 改成 Arrows→OK

Main Menu→Solution→Load Step Opts→Write LS File→在框内填：1→OK

（9）分析计算。

Main Menu→Solution→Solve→Current LS→OK

（10）结果显示。

Main Menu→General Postproc→Read Results→First Set

Main Menu→General Postproc→Plot Results→Contour Plot→Nodal Solution→Stress→1st Principal stress→OK

注意：将显示板壳横截面的几何形状关闭，可以看到各层云图。

Utility Menu →PlotCtrls → Style → Size and Shape→Off

通过在第六栏设置要显示的层的计算结果。

Main Menu→General Postproc→Options for Output

（11）退出系统。

参考图请扫二维码。

题 7-5 参考图

7-6 具有中心圆孔的分层复合材料矩形薄板一端固定，一端受均匀拉伸载荷作用。

问题描述：模型如图 7-23 所示，分层复合材料矩形薄板长为 200 mm，宽为 100 mm，厚度 5 mm，中心圆孔半径 10 mm。按照-60°、-30°、0°、30°、60°沿厚度均匀铺设 5 层方向各异的材料。设拉伸

荷载集度 $q = 1$ MPa。各向异性材料的弹性模量：$E_x = 135$ GPa，$E_y =$ 10.3 GPa，$E_z = 10.3$ GPa，泊松比 PRXY = 0.21，PRYZ = 0.21，PRXZ = 0.11，剪切模量 $G_{xy} = 6.6$ GPa，$G_{yz} = 2.6$ GPa，$G_{xz} = 6.6$ Gpa。计算孔边应力分布。

图 7-23　具有中心圆孔分层复合材料矩形薄板示意图

解题基本步如下。

（1）设定偏好，选定单元。

　　Main Menu→Preference→选中 Structural→OK

　　Main Menu→Preprocessor→Element Type→Add/Edit/Delete→Add→Shell281→OK→Close

（2）定义材料参数。

　　Main Menu→Preprocessor→Material Props→Material Models→Structural→Linear→Elastic→Orthotropic→EX：135E3, EY：10.3E3, EZ：10.3E3, PRXY：0.21, PRYZ：0.21, PRXZ：0.11, GXY：6.6E3, GYZ：2.6E3, GXZ：6.6E3→OK

（3）定义截面。

　　Main Menu→Preprocessor→Sections→Shell→Lay-up→Add/Edit→Name：填入 Shell→第 1 层 Thickness：填入 1→Orientation：−60→Add Layer→第 2 层 Thickness：填入 1→Orientation：−30→Add Layer→第 3 层 Thickness：填入 1→Orientation：0→Add Layer→第 4 层 Thickness：填入 1→Orientation：30→Add Layer→第 5 层 Thickness：填入 1→Orientation：60→OK

（4）生成矩形薄板。

　　Main Menu→Preprocessor→Modeling→Create→Areas→Rectangle→By 2 Corners→Width：填入 100→Height：填入 200→OK

（5）在中心挖出圆孔。

　　Main Menu：Preprocessor→Modeling→Create→Areas→Circle→SolidCircle→WPX：填入 50，WPY：填入 100→Radius：填入 10→OK

　　Main Menu→Preprocessor→Modeling→Operate→Booleans→Subtract→出现在拾取框后，鼠标拾平面（1 号面）→Apply→鼠标拾圆面（2 号面）→OK

　　Utility Menu →Plot→ Areas

（6）网格划分。

　　Main Menu：Preprocessor→Meshing→Mesh Tool→鼠标拾 Smart Size，将滑块拉到左边→选择 Quad 和 Free→Mesh→Pick All→Close

　　注意：可以显示板壳横截面的几何形状：

　　Utility Menu →PlotCtrls → Style → Size and Shape→On

（7）给板底边线施加约束。

　　Main Menu→Solution→Define Loads→Apply→Structural→Displacement→On Lines→拾取底边直线→OK→输入栏中，选择 All DOF →OK

（8）给板顶边线施加均布拉伸应力。

　　Main Menu→Solution→Define Loads→Apply→Structural→Pressure→On Lines→拾取板顶边线→第 1 个输入栏：−1→OK

　　改变显示符合：

　　Utility Menu →PlotCtrls→Symbols→将第 12 栏：Face outlines 改成 Arrows→OK

　　Main Menu：Solution→Load Step Opts→Write LS File→在框内填：1→OK

（9）分析计算。

Main Menu→Solution→Solve→Current LS→OK

（10）结果显示。

Main Menu→General Postproc→Read Results→First Set

Main Menu→General Postproc→Plot Results→Contour Plot→Nodal Solution→Stress→1st Principal stress→OK

注意：将显示板壳横截面的几何形状关闭，可以看到各层云图。

Utility Menu →PlotCtrls → Style → Size and Shape→Off

通过在第 6 栏设置要显示的层的计算结果。

Main Menu→General Postproc→Options for Output

（11）退出系统。

参考图请扫二维码。

题 7-6 参考图

8 有限单元法应用中的若干实际考虑

第8章数字资源

本章学习要点

　　本章主要介绍自由度耦合与约束方程的基本知识。要求了解最佳应力计算点概念与应力光滑的基本原理；熟悉现代有限元方法中的非协调单元的特点以及保证其收敛必须通过分片试验的要求；了解各种非协调单元进行内部自由度静态凝聚的目的等基本概念和方法。

思政课堂

长征五号

　　长征五号的成功发射，标志着我国由航天大国迈向航天强国，标志着我国运载火箭实现了升级换代，标志着我国运载能力进入国际先进行列。长征五号的成功大大提高了我国运载火箭科技创新的水平，填补了我国大推力、无毒、无污染液体火箭发动机的空白。"我们的征途是星辰大海"，相信在不远的未来，中国航天行业绝对可以征服那片星辰大海！在这段征程的路上充满了艰辛、困难，但在我们亿万万人中，总有几颗璀璨的星带领我们前行！

　　航天工程中离不开有限元的应用，各种结构图、立场图、温度场图等都需要运用有限元分析方法。长征五号的成功发射也离不开有限元方法的分析利用，设计人员通过在有限元模型上加载外力的分析法，分析关键位置结点在外力下的响应，实现对全箭低频振动环境的预示结果修正，另外通过有限元分析法可以研究长征五号的机体结构、零件构造、运动轨迹及燃料温度场变化等，以此来确保长征五号的顺利发射。

　　周湘虎，一个普普通通的名字，他是文昌航天发射场工程建设指挥部的一名青年工程师，他望着远方的发射架，似乎已然看到了"胖五"发射成功的场面。但事实很残酷，他以后将很难看见他热爱的星空了，这是因为高强度工作导致他已近乎失明。2007年8月，经国务院、中央军委批准，文昌航天发射场工程正式立项，工程代号"078"。周湘虎等人调到了海南文昌开展工作，当时他是"078"工程建设指挥部的一名助理工程师。"078"项目给他的事业带来了新的希望。他们的首要任务是勘察新的太空发射基地的地点，铺设道路和打地基。这些看惯了蓝图、拿惯了铅笔的工程师们，戴上了草帽，拿起了木刀，每天都要在荆棘丛中涉水打桩，一寸一寸地研究场地的地形情况。经过一年多的努力，当工地勘探工作完成后，就好像上天和他开了个天大的玩笑，悲剧来得毫无迹象：那是9月初的一天，周湘虎突然感到头部剧痛，视线模糊，眼前也是开始忽明忽暗，最终左眼几乎处于一片黑暗中。当他的工友把他扶到宿舍时，他的双眼只有微弱的光感。在接受了医生的检查后，发现他的左眼几乎完全失明，右眼也只有 0.04 的视力时，他顿时哭了起来，俗话说男子汉流血不流泪，不过他的落泪是因为他知道，以后不能再为国家航空行业做贡献。那是他的梦想，他的执着！即便这样，他依然想看到发射塔架拔地而起，想看到那追求已久的璀璨星空，他不想远离自己的梦想。他不顾众人反对，坚持来到施工场地，由于几近失明的视力，他会随身带着一个放大镜，每次工作，他都需要贴在图纸上，那样他才能尽可能地看清一条条线路、一组组数据，时间久了，眼睛生疼，但他依然一丝不苟，最终交出了一份完美的答卷。

光阴荏苒，长征五号已然成功发射。长征五号承载了太多人的梦想，它的成功发射不仅代表着我国航天行业的进一步发展，还彰显了我国的大国风范及吃苦耐劳、不惧艰辛的精神！面对光荣使命和繁重任务，载人航天工程全线深入学习贯彻党的二十大精神，充分发挥新型举国体制优势，精心准备、精心组织、精心实施，全力以赴确保重大任务圆满完成，确保工程"三步走"战略目标如期完成。

8.1 自由度耦合与约束方程

为了简化模型，在有些模型中采用梁、壳和实体的混合单元类型网格。由于梁单元和壳单元的结点除平动自由度外，一般具有转动自由度。而实体单元结点表示的是一个空间点，因此只有平动自由度。在这些模型中，往往需要考虑对单元耦合位置的结点自由度进行约束和处理。此外，在一些特殊的场合，会用到局部刚化或其他一些处理形式，同样需要对结点自由度进行处理。实现自由度耦合的方法有以下几种。

8.1.1 共同结点

ANSYS 梁、壳单元与实体单元进行刚性连接时，由于实体单元的结点没有转动自由度将会在连接处形成错误的"相对转动"。一个简单的改进办法是将壳或梁单元嵌入到实体模型中一部分，采用共同结点来连接不同类型单元方式，主要用于杆单元与实体单元，梁单元与实体单元，壳单元与实体单元进行自由度耦合。此时，需要保证所有单元具有相同尺寸，以确保在相接位置具有公共结点，否则会出现材料分离现象，如图 8-1 所示。

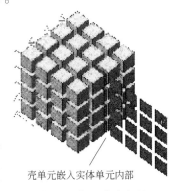

壳单元嵌入实体单元内部

图 8-1 嵌入形式实现
自由度耦合

8.1.2 结点自由度耦合

自由度耦合是指一组被约束在一起，有着相同大小，但数值未知的自由度集。耦合自由度集包含一个主自由度和一个或多个其他自由度。典型的耦合自由度应用如下。

（1）由不同类型的具有不同结点自由度的单元形成的网格。

（2）在两重复结点间形成销钉、铰链、万向节和滑动连接。

（3）迫使模型的一部分表现为刚体（形成刚性位移）。

（4）无摩擦的界面。通常两个物体通过接触而相互作用是典型的边界非线性问题，其求解步骤繁多，算法复杂而且不容易得到收敛的结果。然而如果可以满足以下条件，

ANSYS 就可用耦合自由度来模拟无摩擦的接触面。

1）表面始终保持接触；

2）此分析是几何线性的（小变形）；

3）在两个接触界面上，双方的结点是一一对应的；

4）仅通过耦合垂直于接触面的移动来模拟接触。

这种方法的优点是分析仍然是线性的，并且不会产生通常接触算法的收敛性问题。

8.1.3 刚性区法

当交界面处结点较多时，逐一建立梁结点与各个实体结点的约束方程十分烦琐，且容易出错。可以通过刚性区法自动生成交界面处各结点之间的约束方程，自主选择所约束结点的自由度的类型和数量。

如图 8-2 所示，为了将 SOLID185 实体单元与 BEAM188 梁单元串联建模，可以用刚性区法在交界面进行刚性连接。先确定一个刚性连接面的位置，选定梁的结点（称为主结点-Master Node）号，实体单元在此面上其他所有结点为附属结点（Slave Nodes）。ANSYS 在刚性连接面上自动生成交界面处各结点之间的约束方程，这实际是保证了梁在弯曲变形时横截面的平面假设。

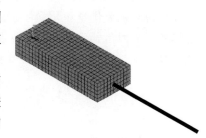

图 8-2 用刚性区法将实体单元与梁单元串联

实践中，先用 Select 命令确定主结点号，然后再使用 Select 命令（通常可以通过坐标定位选择）确定所有附着在此面上的实体单元的结点。用 GUI 命令：

Main Menu→Preprocessor→Coupling/Ceqn→Rigid Region

先在标识框内填写主结点号，点击 Apply，然后点击 Pick All。

8.2 ANSYS 耦合自由度的方法

ANSYS 耦合自由度的方法如下。

（1）在给定结点处生成耦合自由度集，命令为：

Main Menu→Preprocessor→Coupling / Ceqn→Couple DOFs

在生成一个耦合结点集之后，通过执行一个另外的耦合操作（保证用相同的参考编号集）将更多结点加到耦合集中来。

（2）耦合重合结点。通过在每对重合结点上定义自由度，标记生成一耦合集而实现对模型中重合结点的耦合。此操作对"扣紧"几对结点（如一条缝处）尤为有用。命令为：

Main Menu→Preprocessor→Coupling / Ceqn→Coincident Nodes

（3）替换方法使重复结点有相同的响应。

1）如果对重复结点所有自由度都要进行耦合，使用合并结点命令为：

Main Menu→Preprocessor→Numbering Ctrls→Merge Items

2）通过在重复结点对之间生成二结点单元来连接它们，命令为：

Main Menu→Preprocessor→Create→Elements→At Coincide Nd

3）将两个具有不相似网格模式的区域连接起来。这项操作使一个区域的选定结点与另一个区域的选定单元连接起来生成约束方程，命令为：

Main Menu→Preprocessor→Coupling/Ceqn→Adjacent Regions

4）生成更多的耦合集。如已有一个或多个耦合集，可用这些方法生成另外的耦合集。

①结点号相同但使用与已有耦合集不同的自由度标记生成新的耦合集：

Main Menu→Preprocessor→Coupling／Ceqn→Gen w/Same Nodes

②生成与已有耦合集不同（均匀增加的）的结点编号但有相同的自由度标记的新的耦合集：

Main Menu→Preprocessor→Coupling／Ceqn→Gen w/Same DOF

使用耦合注意事项如下：

（1）每个耦合的结点都在结点坐标系下进行耦合操作，通常应当保持结点坐标系的一致性；

（2）自由度是在一个集内耦合而不是集之间的耦合，不允许同一个自由度出现在不同的耦合集中；

（3）由其他约束命令指定的自由度值不能包括在耦合集中；

（4）在减缩自由度分析中，如果主自由度要从耦合自由度集中选取，只有主结点的自由度才能被指定为主自由度。

8.2.1　ANSYS 约束方程形式

约束方程提供了比耦合更通用的联系自由度的方法。生成约束方程的命令为：

Main Menu→Preprocessor→Coupling／Ceqn→Constraint Eqn

修改约束方程命令为：

Main Menu→Preprocessor→Coupling／Ceqn→Modify ConstrEqn

Main Menu→Preprocessor→Loads→Other→Modify ConstrEqn

Main Menu→Solution→Other→Modify ConstrEqn

8.2.2　如何生成约束方程

（1）直接生成约束方程。命令 CE：

GUI：Main Menu→Preprocessor→Coupling/Ceqn→Constraint Eqn

（2）自动生成约束方程。

生成刚性区域：CERIG 命令通过写约束方程定义一个刚性区域，通过连接一主结点到许多从结点来定义刚性区（此操作中的主自由度与减缩自由度分析的主自由度是不同的），命令 CERIG：

GUI：Main Menu→Preprocessor→Coupling／Ceqn→Rigid Region

将 CERIG 命令的 Ldof 设置为 ALL（缺省），此操作将为每对二维空间的约束结点生成三个方程。这三个方程在总体笛卡尔空间确定三个刚体运动（UX、UY、ROTZ）。为在二维模型上生成一个刚性区域，必须保证 X—Y 平面为刚性平面，并且在每个约束结点有 UX、UY 和 ROTZ 三个自由度。类似地，此操作也可在三维空间为每对约束结点生成六个方程，在每个约束结点上必须有六个自由度（UX、UY、UZ、ROTX、ROTY 和 ROTZ）。输入其他标记的 Ldof 域将有不同的作用。如果此区域设置为 UXYZ，程序在二维（X，Y）空间将写两个约束方程，而在三维空间（X，Y，Z）将写三个约束方程。这些方程将写成从结点的平移自由度和主结点的平移和转动自由度。类似地，RXYZ 标记允许生成忽略从结点的平移自由度的部分方程。其他标记的 Ldof 将生成其他类型的约束方程。总之，从结点只需要由 Ldof 标记的自由度，但主结点必须有所有的平移和转动自由度（即二维的 UX、UY 和 ROTZ 和三维的 UX、UY、UZ、ROTX、ROTY、ROTZ）。对由没有转动自由度单元组成的模型，应当考虑增加一个虚拟的梁单元以在主结点上提供旋转自由度。将疏密不同的已划分网格区域连在一起，可将一个区域（网格较密）的已选结点与另一个区域（网格较稀）的已选单元用 CEINTF 命令（菜单途径 Main Menu→Preprocessor→Coupling / Ceqn→Adjacent Regions）连起来生成约束方程。

8.3　应力计算结果的性质与应力平滑处理

在有限元方法发展的早期阶段，应力计算直接在结点处完成。当等参数单元出现后，通过分析发现如果解的误差估计是平均意义下的，在角结点处的计算精度与这个估计相比最差，而在边中点、面中点的结果则次之。可以证明，对等参数单元而言，高斯积分点上应力的精度最佳。当单元接近矩形时，结果将收敛性与精确解。为了提高输出应力的精度。可以先在高斯点上计算应力，再用插值的方法（内插和外推）得出其他应力输出点上的应力。

应力结果的精度：使用位移有限元法进行结构分析时，未知的场函数是结构位移。利用最小位能原理建立的求解方程是系统的平衡方程，求解方程得到的是各结点的位移，但实际工程问题往往更关注结构应力分布。

位移有限元法求解应力的基本步骤如下：

（1）引入位移边界条件；

（2）求解方程组得到各结点的位移；

（3）根据单元各结点位移，通过导数运算求得应变和应力。

从前面的讨论中可知，基于位移的低阶单元的位移解在全域是连续的，应变和应力解在单元内部是连续的而在单元之间通常是不连续的，即在单元边界上发生突跳（类似于梯田的三维图像）。因此对于同一个结点，由围绕它的不同单元计算得到的应变值和应力值一般是不同的。此外，在边界上应力解一般与力的边界条件不相符合。等参数单元虽然在高斯积分点上具有较高的精度，但在结点上计算得到的应力精度却较差。通常实际工程问题中希望获得由结点应力所描绘的应力云图，因此需对计算得到的应力进行处理，以改善所得到的结果。最简单的处理应力结果的方法是取相邻单元或围绕结点各单元应力的平均值。

（1）取相邻单元应力的平均值。这种方法最常用于三角形三结点单元中。由于应力解在单元内是常数，所以可以将其看作是单元内应力的平均值或是单元形心处的应力。由于应力近似解总是在真正解上下振荡，所以可以取与相邻单元应力的平均值作为这两个单元公共边界结点的应力。但三角形三结点单元性能很差，在结构分析中已不使用，此平均值方法不深入讨论。

（2）取围绕结点各单元应力的平均值：

$$\sigma_i = \frac{1}{m}\sum_{e=1}^{m}\sigma_i^e \tag{8-1}$$

式中 m——围绕在 i 结点周围的全部单元总数。

取平均值时也可进行面积加权：

$$\sigma_i = \sum_{e=1}^{m} w_{ei}\sigma_i^e \tag{8-2}$$

如果将第 e 个单元的面积记为 s_i^e，面积加权系数为：

$$w_{ei} = \frac{s_i^e}{\sum_{i}^{m} s_i^e} \tag{8-3}$$

（3）总体应力光滑。前面已经指出，用位移元解得的应力场在全域是不连续的，可以用总体应力光滑的方法来改进计算结果，得到在全域连续的应力场。应力总体光滑方法的主要缺点是计算工作量十分庞大。总体应力光滑时，需要形成和求解这样庞大的方程组以及需要耗费比原来求解位移场时更多的机时。实际上采用这种方案改进应力解，相当于进行二次有限元的计算，一次求位移场，另一次求应力场。

（4）单元应力光滑。为了减少改进应力结果的工作量，当单元足够小时，光滑可以在各个单元内进行。基本步骤为：当高斯积分点的应力值求得后，由积分点应力外推插值到本单元的结点处得到本单元的结点应力。四边形四结点等参元中的高斯点位置及编号顺序（Ⅰ，Ⅱ，Ⅲ，Ⅳ），以及四个结点号位置及编号顺序（1，2，3，4），如图8-3所示。按照等参元内插公式，高斯点处的应力可以通过四个角结点的应力值内插得到：

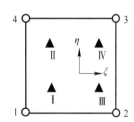

图8-3 四边形四结点等参元高斯积分点应力外推

$$\sigma_i^G = \sum_{j=1}^{4} N_j\sigma_j \qquad (i = Ⅰ，Ⅱ，Ⅲ，Ⅳ) \tag{8-4}$$

式中 σ_i^G——高斯积分点的应力；

σ_j——在结点的应力，$j=1，2，3，4$；

N_j——关于第 j 个结点的形函数。

其具体函数形式为：

$$N_1 = \frac{1}{4}(1+\xi)(1+\eta)$$

$$N_2 = \frac{1}{4}(1-\xi)(1+\eta)$$

$$N_3 = \frac{1}{4}(1-\xi)(1-\eta)$$

$$N_4 = \frac{1}{4}(1+\xi)(1-\eta)$$

式（8-4）可以表示成矩阵形式：

$$\begin{Bmatrix} \sigma_I^G \\ \sigma_{II}^G \\ \sigma_{III}^G \\ \sigma_{IV}^G \end{Bmatrix} = L \begin{Bmatrix} \sigma_1 \\ \sigma_2 \\ \sigma_3 \\ \sigma_4 \end{Bmatrix} \qquad (8\text{-}5)$$

其中，L 是形函数 N_j 代入各高斯点坐标值后形成的联系矩阵。

求解式（8-5），可以得其逆式：

$$\begin{Bmatrix} \sigma_1 \\ \sigma_2 \\ \sigma_3 \\ \sigma_4 \end{Bmatrix} = L^{-1} \begin{Bmatrix} \sigma_I^G \\ \sigma_{II}^G \\ \sigma_{III}^G \\ \sigma_{IV}^G \end{Bmatrix} \qquad (8\text{-}6)$$

展开式（8-6），便得到将高斯积分点的应力外推到结点的应力计算公式：

$$\begin{Bmatrix} \sigma_1 \\ \sigma_2 \\ \sigma_3 \\ \sigma_4 \end{Bmatrix} = \begin{bmatrix} a & b & b & c \\ b & c & a & b \\ c & b & b & a \\ b & a & c & b \end{bmatrix} \begin{Bmatrix} \sigma_I^G \\ \sigma_{II}^G \\ \sigma_{III}^G \\ \sigma_{IV}^G \end{Bmatrix} \qquad (8\text{-}7)$$

其中，$a = 1 + \dfrac{\sqrt{3}}{2}$，$b = -\dfrac{1}{2}$，$c = 1 - \dfrac{\sqrt{3}}{2}$。

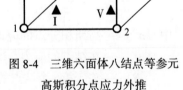

对于三维六面体八结点等参元，利用 2×2×2 高斯积分，高斯点位置及编号顺序（I，II，III，IV，V，VI，VII，VIII），以及八个结点号位置及编号顺序（1，2，3，4，5，6，7，8），如图8-4所示。按照类似方法将积分点的应力外推得到八个角结点的应力值。可以具体表示为：

图 8-4   三维六面体八结点等参元
高斯积分点应力外推

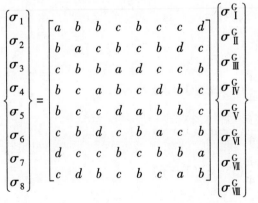

$$\begin{Bmatrix} \sigma_1 \\ \sigma_2 \\ \sigma_3 \\ \sigma_4 \\ \sigma_5 \\ \sigma_6 \\ \sigma_7 \\ \sigma_8 \end{Bmatrix} = \begin{bmatrix} a & b & b & c & b & c & c & d \\ b & a & c & b & c & b & d & c \\ c & b & b & a & d & c & c & b \\ b & c & a & b & c & d & b & c \\ b & c & c & d & a & b & b & c \\ c & b & d & c & b & a & c & b \\ d & c & c & b & c & b & b & a \\ c & d & b & c & b & c & a & b \end{bmatrix} \begin{Bmatrix} \sigma_I^G \\ \sigma_{II}^G \\ \sigma_{III}^G \\ \sigma_{IV}^G \\ \sigma_V^G \\ \sigma_{VI}^G \\ \sigma_{VII}^G \\ \sigma_{VIII}^G \end{Bmatrix}$$

其中，$a = \dfrac{5 + 3\sqrt{3}}{4}$，$b = -\dfrac{\sqrt{3} + 1}{4}$，$c = \dfrac{\sqrt{3} - 1}{4}$，$c = \dfrac{5 - 3\sqrt{3}}{4}$。

8.4 有限元收敛性

有限元法是一种数值求解方法，需要考虑解的收敛性问题。

有限元法的收敛性指的是：随着网格的逐渐加密，有限元解的序列会向精确解收敛；或者当单元的大小不变时，每个单元的自由度越多，有限元解就越能向精确解收敛。

有限元的收敛条件包括以下四个方面。

（1）在单元内，位移函数必须是连续的。多项式是单值连续函数，因此当选择多项式作位移函数时，单元内的连续性可以得到保证。

（2）在单元内，位移函数必须包括刚体位移项。一般情况下，单元内任一点的位移包括形变位移和刚体位移两部分。形变位移与物体形状及体积的改变相联系，因而产生应变；刚体位移只改变物体位置，不改变物体的形状和体积，即刚体位移是不产生变形的位移。空间内一个物体包括三个平动位移和三个转动位移，总共有六个刚体位移分量。

（3）在单元内，位移函数必须包括常应变项。每个单元的应变状态总可以分解为不依赖于单元内各点位置的常应变和由各点位置决定的变量应变。当单元的尺寸足够小时，单元中各点的应变趋于相等，单元的变形比较均匀，因而常应变就成为应变的主要部分。为反映单元的应变状态，单元位移函数必须包括常应变项。由于一个单元牵连在另一些单元上，其他单元发生变形时必将带动单元做刚体位移。由此可见，为模拟一个单元的真实位移，假定的单元位移函数必须包括刚体位移项。

（4）位移函数在相邻单元的公共边界上必须协调。对一般单元而言，协调性是指相邻单元在公共结点处有相同的位移，而且沿单元边界也有相同的位移，也就是说，要保证不发生单元的相互脱离开裂和相互侵入重叠。要做到这一点，就要求函数在公共边界上能由公共结点的函数值唯一确定。对一般单元，协调性保证了相邻单元边界位移的连续性。但是，在板壳的相邻单元之间，还要求位移的一阶导数连续，只有这样，才能保证结构的应变能是有界量。

总的说来，协调性是指在相邻单元的公共边界上满足连续性条件。收敛条件（1）~（3）称为完备性条件，满足完备条件的单元称为完备单元；收敛条件（4）是协调性要求，满足协调性的单元称为协调单元；否则称为非协调单元。完备性要求是收敛的必要条件，四条全部满足，构成收敛的充分必要条件。

8.4.1 关于收敛性的问题

在有限元分析中，当结点数目趋近于无穷大的时候（即当单元尺寸趋近于零时）或单元插值位移的项数趋于无穷大，最后的解答如果能够无限地逼近准确解，那么这样的位移函数（或形状函数）是逼近于真解的，这就称为收敛（convergence）。

为使有限元分析的解答收敛，位移函数必须满足一些收敛准则（convergence criterion）。关于这些准则的严密论证，可以参阅更多的文献。也就是说，当单元尺寸趋于零时，其位移函数及其应变总是趋向于某一常数，否则，单元的势能将不存在。由此可见，对位移函数的基本要求应当是：函数本身应在单元上连续，还要包括使得位移函数及对应于应变的导数都为常数的项，即常位移项和常应变项。

对于常用单元，能够保证常位移项和常应变项的多项式为：

(1) 轴力杆单元，1，x；

(2) 平面单元，1，x，y；

(3) 空间单元，1，x，y，z；

(4) 平面梁单元，1，x，x^2；

(5) 平板弯曲单元，1，x，y，x^2，xy，y^2。

要保证单元的收敛性，还要考虑单元之间的位移协调。不仅结点处的位移应协调，沿整个单元边界上的位移都应当是协调的（或相容的），这也是最小势能原理要求的基本前提。

每一个单元的真实位移通常总可以分解成刚体位移和变形位移两部分，在单元位移函数中包含了刚体位移，就使之能更好地反映实际情况，因而收敛较快。当然，结构整体的刚体位移自由度必须完全约束，否则会出现刚度矩阵奇异。

根据以上的讨论，给出具体的收敛性准则见 8.4.2 节。

8.4.2 位移函数构造的收敛性准则

收敛性的含义为，当单元尺寸趋于零时，有限元的解趋近于真实解。以下两个有关单元内部以及单元之间的函数构造准则可以保证单元的收敛性。

基本原理 收敛性准则 1：完备性要求（针对单元内部）。

若在（势能）泛函中所出现位移函数的最高阶导数是 m 阶，则有限元解答收敛的条件之一是选取单元内的位移场函数至少是 m 阶完全多项式。

基本原理 收敛性准则 2：连续性要求（针对单元之间）。

若在（势能）泛函中位移函数出现的最高阶导数是 m 阶，则位移函数在单元交界面上必须具有直至 $(m-1)$ 阶的连续导数，即 C_{m-1} 连续性。

下面就一般的平面问题和梁的弯曲问题进行讨论。

例 8-1 平面单元位移函数选取的要求。在平面问题中，势能泛函为：

$$H = U - W = \frac{1}{2}\int_{\Omega}(\sigma_{xx}\varepsilon_{xx} + \sigma_{yy}\varepsilon_{yy} + \tau_{xy}\gamma_{xy})\mathrm{d}\Omega - \left[\int_{\Omega}(b_x u + b_y v)\mathrm{d}\Omega + \int_{Sp}(p_x u + p_y v)\mathrm{d}A\right]$$

$$(8\text{-}8)$$

其中，b_x、b_y、p_x、p_y 为作用在物体上的体积力和面力；由几何方程可知 $\varepsilon_{xx} = \partial u/\partial x$，$\varepsilon_{yy} = \partial v/\partial y$，$\gamma_{xy} = \partial u/\partial y + \partial v/\partial x$，讨论该平面问题位移函数选取的要求。

解：可以看出所出现的物理量关于位移 u、v 的最高阶导数是 1，因此 $m=1$。由收敛性准则 1，形状函数至少应包含完整的一次多项式，即：

$$u(x, y) = a_0 + a_1 x + a_2 y \tag{8-9}$$

$$v(x, y) = b_0 + b_1 x + b_2 y \tag{8-10}$$

这代表刚体位移和常应变的位移模式。在平面三结点单元和平面四结点单元中，其位移模式都包含了式（8-9）和式（8-10）的多项式。

由收敛性准则 2，平面三结点单元和平面四结点单元的位移函数为 C_0 连续，即在单元之间的位移函数要求零阶导数连续，即函数的本身连续，但其一阶导数可以不连续。

8.5 Wilson 非协调单元

前几章讨论以最小势能原理为基础的有限元公式，要求在单元内假设的位移场（试探函数）满足协调条件（在不同的单元内可以假设不同的位移场）。满足协调条件的单元，它们的收敛性等问题已做了研究。等参数单元就是目前处理二阶问题时应用最广的一种协调单元。由于低阶单元可能产生"剪切锁闭"或者当网格扭曲时影响计算精度，而高阶单元由于边中点或面内点并不适合大应变问题。使用减缩积分虽改善了锁闭现象，然而单元刚度矩阵的病态很容易产生所谓的沙漏模式（hourglass model），自然不能保证得到正确的计算结果。数值试验结果表明，不同模型的计算结果有不同的误差收敛与发散的规律。这些问题促使人们寻求一种比传统格式性能更强的有限元模式，以改善协调位移模型使结构过于刚硬的缺陷。它们不满足协调条件，但仍可以收敛到真实解，这类单元称为非协调单元，它可以看成是对等参数单元的一种改进。使用非协调单元并不明显增加计算量，而使单元的实际精度有所改善。

为了改善二维线性单元的性质，提高其精度，Wilson 提出在单元的位移插值函数中附加内部无结点的位移项，使得在单元与单元的交界面上是不保证协调的，也就是说由于单元内增加了附加位移项而致使单元之间不能保证在交界面上位移的连续性。这些附加位移项称为非协调项，引入非协调位移项的单元称为非协调单元。

8.5.1 Wilson 非协调单元内假设位移场

传统等参数单元的位移试探函数一般采用多项式的形式。为了满足完备性和协调性的要求，二维单元的多项式是按照图 8-5 所示的 Pascal 三角形由高向低逐渐选取。如果无法选取成完全阶次的多项式时，必须满足对称性的要求。

例如，四边形四结点等参数单元无法选取成完全二阶次的多项式时，为满足对称性的要求，其位移试探函数在自然坐标系下的项次选择如图 8-6 所示。正是由于二阶次的不完全性质，导致了这种低阶单元的固有缺陷。

图 8-5 Pascal 三角形

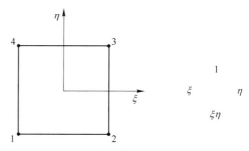

图 8-6 四边形四结点等参数单元位移试探函数
在自然坐标系下的项次选择

Wilson 非协调单元可以看成是由等参数单元演变来的单元，其构造单元的思路是在四边形四结点等参数单元引入内部位移自由度，使位移模式具有完全二次式的形式。然而，内部位移自由度并不和实际的结点相联系，因此可以理解为增加了虚拟的内部结点（位置不确定）。这种单元的结点位移不能保证两个单元的界面位移连续，因此称为非协调单元。Wilson 非协调单元的位移插值函数为：

$$u = \sum_{i=1}^{4} N_i(\xi, \eta) u_i + \alpha_1^u(1 - \xi^2) + \alpha_2^u(1 - \eta^2)$$

$$v = \sum_{i=1}^{4} N_i(\xi, \eta) v_i + \alpha_1^v(1 - \xi^2) + \alpha_2^v(1 - \eta^2)$$

$$(8\text{-}11)$$

与标准四边形四结点等参元相比，单元内假定的位移场多了四项，即 $\alpha_1^u(1 - \xi^2)$、$\alpha_2^u(1 - \eta^2)$、$\alpha_1^v(1 - \xi^2)$、$\alpha_2^v(1 - \eta^2)$。

8.5.2 Wilson 非协调单元特性

Wilson 非协调单元特性如下。

（1）不影响结点处的位移值，故称 α_1^u、α_2^u、α_1^v、α_2^v 为单元的"内部自由度"。在计算单元变形能和单元体积力做功时计入这些位移，但在计算边界外力做功（为了将边界力化为等效结点力）时不计这些位移。即在计算边界外力做功时只计 $N_i(\xi, \eta) u_i$ 和 $N_i(\xi, \eta) v_i$ 各项。

（2）补充这些项后，单元内的位移场是 ξ、η 的完全二次多项式。当实际单元为矩形时，单元内位移场将是 x、y 的完全二次多项式。

（3）协调性分析。沿单元的一边，如结点 1、2 所在的边，$\eta = -1$。u、v 是 ξ 的二次函数，完全由 u_1、v_1、α_1 和 u_2、v_2、α_2 决定。但由于不同单元的 $\alpha_1 \sim \alpha_4$ 彼此独立，故不能保证单元之间位移的协调性。对于不满足协调条件的单元，显然不能再用最小势能原理。至于能否保证收敛到真实解，则需要其他的途径求解。

协调性分析的特点如下：

1）非协调元的位移插值函数中附加内部无结点的位移项；

2）非协调元不满足有限元中的相容性要求，在单元与单元的交界面上是不保证协调的；

3）通过分片实验的非协调元可以保证解的收敛；

4）可以改善单元性质，提高精度。

8.5.3 单元分析与静态凝聚

由于单元具有内部自由度，在单元分析中结点自由度表示为：

$$\delta^e = \{u_1 \quad v_1 \quad u_2 \quad v_2 \quad u_3 \quad v_3 \quad u_4 \quad v_4\}^T \tag{8-12}$$

内部自由度表示为：

$$\alpha^e = \{\alpha_1^u \quad \alpha_2^u \quad \alpha_1^v \quad \alpha_2^v\}^T \tag{8-13}$$

式（8-11）所定义的单元位移场可写成：

$$a = \begin{Bmatrix} u \\ v \end{Bmatrix} = N\delta^e + \overline{N}\alpha^e \tag{8-14}$$

其中，结点形函数矩阵表示为：

$$N = \begin{bmatrix} N_1 & 0 & N_2 & 0 & N_3 & 0 & N_4 & 0 \\ 0 & N_1 & 0 & N_2 & 0 & N_3 & 0 & N_4 \end{bmatrix} \tag{8-15}$$

内部自由度形函数矩阵表示为：

$$\overline{N} = \begin{bmatrix} \overline{N}_1 & \overline{N}_2 & 0 & 0 \\ 0 & 0 & \overline{N}_1 & \overline{N}_2 \end{bmatrix} \tag{8-16}$$

并且有：

$$\overline{N}_1 = 1 - \xi^2 \quad \text{和} \quad \overline{N}_2 = 1 - \eta^2$$

设问题属于平面应力状态，则应变矩阵为：

$$\begin{Bmatrix} \varepsilon_x \\ \varepsilon_y \\ \tau_{xy} \end{Bmatrix} = \begin{bmatrix} \dfrac{\partial}{\partial x} & 0 \\ 0 & \dfrac{\partial}{\partial y} \\ \dfrac{\partial}{\partial y} & \dfrac{\partial}{\partial x} \end{bmatrix} \begin{Bmatrix} u \\ v \end{Bmatrix} = B\delta^e + \overline{B}\alpha^e \tag{8-17}$$

其中，B 为关于结点位移的应变矩阵：

$$B = \begin{bmatrix} \dfrac{\partial N_1}{\partial x} & 0 & \dfrac{\partial N_2}{\partial x} & 0 & \dfrac{\partial N_3}{\partial x} & 0 & \dfrac{\partial N_4}{\partial x} & 0 \\ 0 & \dfrac{\partial N_1}{\partial y} & 0 & \dfrac{\partial N_2}{\partial y} & 0 & \dfrac{\partial N_3}{\partial y} & 0 & \dfrac{\partial N_4}{\partial y} \\ \dfrac{\partial N_1}{\partial y} & \dfrac{\partial N_1}{\partial x} & \dfrac{\partial N_2}{\partial y} & \dfrac{\partial N_2}{\partial x} & \dfrac{\partial N_3}{\partial y} & \dfrac{\partial N_3}{\partial x} & \dfrac{\partial N_4}{\partial y} & \dfrac{\partial N_4}{\partial x} \end{bmatrix} \tag{8-18}$$

$\overline{B}$ 为关于内部自由度的应变矩阵：

$$\overline{B} = \begin{Bmatrix} \dfrac{\partial}{\partial x} & 0 \\ 0 & \dfrac{\partial}{\partial y} \\ \dfrac{\partial}{\partial y} & \dfrac{\partial}{\partial x} \end{Bmatrix} \begin{bmatrix} \overline{N}_1 & \overline{N}_2 & 0 & 0 \\ 0 & 0 & \overline{N}_1 & \overline{N}_2 \end{bmatrix} = \begin{bmatrix} \dfrac{\partial \overline{N}_1}{\partial x} & \dfrac{\partial \overline{N}_2}{\partial x} & 0 & 0 \\ 0 & 0 & \dfrac{\partial \overline{N}_1}{\partial y} & \dfrac{\partial \overline{N}_2}{\partial y} \\ \dfrac{\partial \overline{N}_1}{\partial y} & \dfrac{\partial \overline{N}_2}{\partial y} & \dfrac{\partial \overline{N}_1}{\partial x} & \dfrac{\partial \overline{N}_2}{\partial x} \end{bmatrix} \tag{8-19}$$

单元刚度矩阵形式为：

$$\begin{bmatrix} k_{uu} & k_{u\alpha} \\ k_{u\alpha}^{\mathrm{T}} & k_{\alpha\alpha} \end{bmatrix} \begin{Bmatrix} \delta^e \\ \alpha^e \end{Bmatrix} = \begin{Bmatrix} F_u^e \\ F_\alpha^e \end{Bmatrix} \tag{8-20}$$

其中，标准四边形四结点等参数单元刚度矩阵为：

$$k_{uu} = \iint_e B^T DB t \mathrm{d}x\mathrm{d}y = \int_{-1}^{1}\int_{-1}^{1} B^T DB \det J t \mathrm{d}\xi\mathrm{d}\eta \qquad (8\text{-}21)$$

关联刚度矩阵为：

$$k_{u\alpha} = \iint_e B^T D\overline{B} t \mathrm{d}x\mathrm{d}y = \int_{-1}^{1}\int_{-1}^{1} B^T D\overline{B} \det J t \mathrm{d}\xi\mathrm{d}\eta \qquad (8\text{-}22)$$

内部自由度的修正刚度矩阵为：

$$k_{\alpha\alpha} = \iint_e \overline{B}^T D\overline{B} t \mathrm{d}x\mathrm{d}y = \int_{-1}^{1}\int_{-1}^{1} \overline{B}^T D\overline{B} \det J t \mathrm{d}\xi\mathrm{d}\eta \qquad (8\text{-}23)$$

标准的结点载荷向量为：

$$F_u^e = \int_v N^T f_v \mathrm{d}v + \int_{S_\sigma} N^T p_s \mathrm{d}s \qquad (8\text{-}24)$$

修正的结点载荷向量为：

$$F_\alpha^e = \int_v \overline{N}^T f_v \mathrm{d}v + \int_{S_\sigma} \overline{N}^T p_s \mathrm{d}s \qquad (8\text{-}25)$$

由于 $\alpha^e = \{\alpha_1^u \quad \alpha_2^u \quad \alpha_1^v \quad \alpha_2^v\}^T$ 是单元的内部自由度（位移参数），与其他单元无关，因此在集成之前可通过静态凝聚消去。将式（8-20）的第二行展开，解出单元的内部自由度：

$$\alpha^e = k_{\alpha\alpha}^{-1}(F_\alpha^e - k_{u\alpha}^T \delta^e) \qquad (8\text{-}26)$$

将式（8-26）代入式（8-20）的第一行，可得：

$$\overline{k}^e \delta^e = \overline{F}^e \qquad (8\text{-}27)$$

其中，单元的等效刚度矩阵为：

$$\overline{k}^e = k_{uu} - k_{u\alpha}(k_{\alpha\alpha})^{-1}(k_{u\alpha})^T \qquad (8\text{-}28)$$

单元的修正结点载荷向量为：

$$\overline{F}^e = F_u^e - k_{u\alpha}(k_{\alpha\alpha})^{-1}F_\alpha^e \qquad (8\text{-}29)$$

式（8-27）为包含附加内部位移项的单元刚度矩阵和载荷列阵。它是在单元刚度矩阵和载荷列阵内增加了修正项而得到的。消去内部自由度以及修正单元刚度矩阵和载荷列阵都是在单元分析过程中进行的，此过程称为内部自由度的静态凝聚。经凝聚后，单元的自由度仍是原四边形单元的结点自由度，可以按照和等参数单元相同的解题步骤进行单元组装和求解。

8.5.4　非协调单元的收敛性和分片试验

由于非协调单元存在内部自由度，在单元的边界（$\xi = \pm 1$ 或 $\eta = \pm 1$）上位移呈二次抛物线变化。因此，位移在单元与单元的边界面上是不保证协调的，也就是说由于单元内增加了附加位移项而致使单元之间不能保证在交界面上位移的连续性。这些附加位移项称为非协调项。引入非协调位移项的单元称为非协调单元。显然非协调单元是违反有限元解的收敛准则的。然而，对于 C^0 型问题，如果在单元尺寸不断缩小的极限情形下（单元应变趋于常数），单元的边界面上的位移连续性能得到满足，则非协调单元的解仍趋于正确解。因此，问题转换为检验非协调单元是否能描述常应变，以及在常应变条件下能否自动地保证位移的连续性。为了检验采用非协调单元的任意网格划分时能否达到上述连续性的要求，Irons 提出了一个称作分片试验（patch test）的检验方法。实践表明，这种检验方法是有效的。分片试验长期以来是有限元分析中行之有效的收敛判据，然而其提法是描述性的。数学家试图给分片试验以精确的数学定义，并鉴于分片试验主要用于非协调单元的收敛性问题，将其变分试函数违反经典变分法理论的间断取名为变分犯规（Variational crime），但未曾对其间断性质作出规定，这是一个很大的缺点。分片试验的提法是：由若干元素组成的分片至少有一个结点被单元完全包围（见图 8-7 中的结点 i），关于结点 i 的平衡方程为：

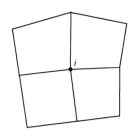

图 8-7　单元分片试验

$$\sum_{e=1}^{m} \boldsymbol{k}_{ij}^{\mathrm{e}} a_j - F_i^{\mathrm{e}} = 0 \tag{8-30}$$

式中　e——单元号；

m——单元片包含的单元数；

j——单元片内除 i 结点外的所有结点。

当单元内的所有结点具有与常应变状态对应的位移和荷载值时，校验上述平衡式能否满足。如果能满足，则称这种元素能够通过分片试验。

由平面问题的方程可知，与常应变（也相当于常应力）状态相应的载荷条件应有体积力为零，同时在 i 点上也不能作用集中力（包括面积力的等效力），因此 F_i^{e} 也必须为零。此时，通过分片试验要求的式（8-30）演变为当赋予各结点以线性分布位移（与常应变相应的位移值）。

在平面问题中，与常应变相应的位移是线性位移，即：

$$u = \beta_1 + \beta_2 x + \beta_3 y$$
$$v = \beta_4 + \beta_5 x + \beta_6 y \tag{8-31}$$

赋予各结点以与常应变状态相应的位移，即令结点位移为：

$$u_j = \beta_1 + \beta_2 x_j + \beta_3 y_j$$
$$v_j = \beta_4 + \beta_5 x_j + \beta_6 y_j \tag{8-32}$$

此时，式（8-33）成立：

$$\sum_{e=1}^{m} \boldsymbol{k}_{ij}^{\mathrm{e}} a_j = 0 \tag{8-33}$$

如果式（8-33）不成立，说明当单元片各结点具有与常应变状态相应的位移时，结点 i 不能保持平衡。必须在结点 i 施加额外载荷，平衡才能维持。这就说明这种非协调单元不能满足常应变的要求，不能通过分片试验。

现在来研究 Wilson 的平面四边形四结点非协调单元通过分片试验的条件。这种非协调单元的位移插值表示式见式（8-14）。显然，当单元的位移插值不包含非协调项时（即 $\alpha_1^u = \alpha_2^u = \alpha_1^v = \alpha_2^v = 0$），单元退化为协调单元是满足收敛条件的，当然也必定通过分片试验。因此，当单元片各结点赋予与常应变相应的位移值〔见式（8-32）〕时，应有 $\alpha_1^u = \alpha_2^u = \alpha_1^v = \alpha_2^v = 0$。另一方面，令式（8-26）中 $F_i^e = F_\alpha^e = 0$，可知：

$$\alpha^e = -\boldsymbol{k}_{\alpha\alpha}^{-1}\boldsymbol{k}_{\alpha u}\delta^e = -\boldsymbol{k}_{\alpha\alpha}^{-1}\iint_e \overline{\boldsymbol{B}}^T \boldsymbol{D}\boldsymbol{B}t\mathrm{d}x\mathrm{d}y\delta^e \tag{8-34}$$

将与常应变状态相应的结点位移记为 δ_u^e，则有：

$$\delta_u^e = \delta^e \tag{8-35}$$

因此，通过分片试验的要求等价表示为：

$$\alpha^e = \boldsymbol{k}_{\alpha\alpha}^{-1}\iint_e \overline{\boldsymbol{B}}^T \boldsymbol{D}\boldsymbol{B}t\mathrm{d}x\mathrm{d}y\delta_u^e = 0 \tag{8-36}$$

又因为 $\boldsymbol{k}_{\alpha\alpha}$ 是非奇异的（因为附加位移不存在刚体移动），其逆矩阵 $\boldsymbol{k}_{\alpha\alpha}^{-1}$ 存在。同时还因为和常应变相应的应力是常应力，即：

$$\boldsymbol{\sigma} = \boldsymbol{D}\boldsymbol{B}\delta_u^e = \mathrm{const} \tag{8-37}$$

是常应力状态。所以，通过分片试验的要求可以由式（8-36）简化为：

$$\iint_e \overline{\boldsymbol{B}}^T t\mathrm{d}x\mathrm{d}y = \int_{-1}^{1}\int_{-1}^{1} \overline{\boldsymbol{B}}^T \det \boldsymbol{J}t\mathrm{d}\xi\mathrm{d}\eta = 0 \tag{8-38}$$

式中，$\det\boldsymbol{J}$ 是单元进行等参数变换的 Jacobi 矩阵的行列式。如将式（8-38）的被积函数显示展开，它将包含下列各项：

$$\xi\frac{\partial x}{\partial \xi}, \quad \xi\frac{\partial x}{\partial \eta}, \quad \xi\frac{\partial y}{\partial \xi}, \quad \xi\frac{\partial y}{\partial \eta}, \quad \eta\frac{\partial x}{\partial \xi}, \quad \eta\frac{\partial x}{\partial \eta}, \quad \eta\frac{\partial y}{\partial \xi}, \quad \eta\frac{\partial y}{\partial \eta}$$

可以验证，当单元形状为矩形或平行四边形时，$\dfrac{\partial x}{\partial \xi}$、$\dfrac{\partial x}{\partial \eta}$、$\dfrac{\partial y}{\partial \xi}$、$\dfrac{\partial y}{\partial \eta}$ 都是常数，此时 $\det\boldsymbol{J}$ 也是常数。则式（8-38）变为在对称区间中对于奇函数的积分，必然等于零。式（8-38）得到满足。由式（8-34）可知：

$$\boldsymbol{k}_{\alpha\alpha}^{-1}\boldsymbol{k}_{\alpha u}\delta^e = 0 \tag{8-39}$$

代入式（8-28），有：

$$\overline{\boldsymbol{k}}^e\delta^e = (\boldsymbol{k}_{uu}^e - \boldsymbol{k}_{u\alpha}^e(\boldsymbol{k}_{\alpha\alpha}^e)^{-1}\boldsymbol{k}_{\alpha u}^e)\delta^e = \boldsymbol{k}_{uu}^e\delta^e = 0 \tag{8-40}$$

因此：

$$\overline{\boldsymbol{k}}^e = \boldsymbol{k}_{uu}^e \tag{8-41}$$

也即：

$$\sum_{e=1}^{m} \boldsymbol{k}_{ij}^{e} a_j = 0 \tag{8-42}$$

因而，式（8-33）得到满足。也就是说当网格划分是矩形或平行四边形单元时，非协调单元可以通过分片试验。当单元尺寸不断减小，非协调单元的解答将收敛于真实解。当然，在实际应用中如果限制单元的形状只能是平行四边形或矩形，那是很不方便而且也是不现实的。为了使非协调单元在任意四边形的单元中也能通过分片试验，Wilson 建议在对扭曲不严重的单元，计算 $\det \boldsymbol{J}$ 时，$\dfrac{\partial x}{\partial \xi}$、$\dfrac{\partial x}{\partial \eta}$、$\dfrac{\partial y}{\partial \xi}$、$\dfrac{\partial y}{\partial \eta}$ 取单元中心（$\xi = \eta = 0$）处的数值来代替单元中各点不同的各个偏导数值，因此单元中 $\det \boldsymbol{J}$ 仍是常数。这样一来式（8-33）将恒被满足，也就达到了通过分片试验的要求，实践证明效果很好。Wilson 还将上述平面四结点非协调单元的方法推广到八结点和二十结点的三维元以及十六结点的厚壳元上。

应当指出，分片试验并非是非协调单元的解答收敛于真实解的充要条件。目前还可以用所谓 Babuška-Brezzi 条件，简称 BB 条件，检验非协调元的解答收敛性质。

8.6 u/p 混合插值单元与选择积分

一般以位移为基本未知量的单元，对于接近不可压缩材料（如橡胶材料）发生大变形和金属材料发生大应变塑性变形时，有限元数值模拟可能出现体积锁闭现象，即由于泊松比接近 0.5 而导致刚度矩阵严重病态，体积锁闭的发生将导致计算数值不可靠。此时计算结果可以显现相邻单元之间的压应力变化梯度很大。各国学者为消除体积锁闭提出了很多有效的方法。其中，混合 u/p 公式法、增强应变公式法和选择性缩减积分法得到了广泛深入的研究。混合公式法是 Herrmann 于 1965 年提出的，之后各种混合公式用于求解类似于橡胶等不可压缩材料的弹性、塑性问题。u/p 混合插值单元与选择积分已经被 Taylor、Hughes、Malkus、Simo 等人证明在消除体积锁闭问题上非常有效。

8.6.1 u/p 混合插值单元公式

采用选择性减缩积分法时，选择位移 u 和单元静水压力 p 为独立插值变量，相应的单元称为 u/p 混合插值单元。通常位移 u 用完全精确积分构造，单元静水压力 p 用减缩的一点积分计算。实践证明对接近不可压缩材料，这种单元性能优良。

根据应力的分解理论，一点处的应力张量 σ_{ij} 可以分解成偏应力张量 s_{ij}（deviatoric stresses）与静水压力 p（hydrostatic pressure）之和的形式：

$$\sigma_{ij} = s_{ij} - \frac{1}{3} p \delta_{ij} \tag{8-43}$$

式中，$s_{ij} = \sigma_{ij} - \dfrac{1}{3}\sigma_{kk}\delta_{ij}$；$p = -\dfrac{1}{3}\sigma_{kk}$；$\sigma_{kk} = (\sigma_x + \sigma_y + \sigma_z)/3$，为平均应力；$\delta_{ij} = \begin{cases} 1, & i = j \\ 0, & i \neq j \end{cases}$ 为克罗内克尔运算符。

对于应变率无关的材料，具有体积不可压缩的约束条件：

$$\frac{\partial u}{\partial x} + \frac{\partial v}{\partial y} + \frac{\partial w}{\partial z} + \frac{p}{K} = 0 \tag{8-44}$$

式中，$\dfrac{\partial u}{\partial x} + \dfrac{\partial v}{\partial y} + \dfrac{\partial w}{\partial z} = \varepsilon_x + \varepsilon_y + \varepsilon_z$ 表示体积应变；K 表示体积弹性模量。

仿照推导等参数单元的方法，应用虚功原理来建立单元公式。将 s_{ij} 与 p 作为独立变量代入应变能公式，略去详细推导步骤，可以得到 u/p 混合插值单元刚度矩阵：

$$\begin{bmatrix} \boldsymbol{k}_{uu} & \boldsymbol{k}_{up} \\ \boldsymbol{k}_{up}^{\mathrm{T}} & \boldsymbol{k}_{pp} \end{bmatrix} \begin{Bmatrix} \delta^{\mathrm{e}} \\ p^{\mathrm{e}} \end{Bmatrix} = \begin{Bmatrix} \boldsymbol{F}_u^{\mathrm{e}} \\ 0 \end{Bmatrix} \tag{8-45}$$

其中

$$\boldsymbol{k}_{uu} = \iint_e \boldsymbol{B}^{\mathrm{T}} \boldsymbol{D} \boldsymbol{B} t \mathrm{d}x\mathrm{d}y = \int_{-1}^{1}\int_{-1}^{1} \boldsymbol{B}^{\mathrm{T}} \boldsymbol{D} \boldsymbol{B} \det \boldsymbol{J} t \mathrm{d}\xi\mathrm{d}\eta \tag{8-46}$$

为标准四边形四结点等参元刚度矩阵。

$$\boldsymbol{k}_{up} = -\iint_e \boldsymbol{B}_v^{\mathrm{T}} \boldsymbol{H} t \mathrm{d}x\mathrm{d}y = -\int_{-1}^{1}\int_{-1}^{1} \boldsymbol{B}_v^{\mathrm{T}} \boldsymbol{H} \det \boldsymbol{J} t \mathrm{d}\xi\mathrm{d}\eta \tag{8-47}$$

为关联刚度矩阵。

$$\boldsymbol{k}_{pp} = -\iint_e \frac{1}{K} \boldsymbol{H}^{\mathrm{T}} \boldsymbol{H} t \mathrm{d}x\mathrm{d}y = -\int_{-1}^{1}\int_{-1}^{1} \boldsymbol{H}^{\mathrm{T}} \boldsymbol{H} \det \boldsymbol{J} t \mathrm{d}\xi\mathrm{d}\eta \tag{8-48}$$

为压力刚度矩阵。

$$\boldsymbol{F}_u^{\mathrm{e}} = \int_e \boldsymbol{N}^{\mathrm{T}} f_v t \mathrm{d}x\mathrm{d}y + \int_{S_\sigma} \boldsymbol{N}^{\mathrm{T}} \boldsymbol{p}_s \mathrm{d}s \tag{8-49}$$

为标准的结点载荷向量。

$\boldsymbol{B}_v$ 和 $\boldsymbol{H}$ 分别表示体积应变矩阵和压力插值矩阵，其具体表达式见 Taylor、Hughes 和 Simo 等人的研究文章。

由于 p^{e} 是定义于单元中心的静水压力，与其他单元无关。因此，在集成之前可通过静态凝聚消去后得到：

$$\overline{\boldsymbol{k}}^{\mathrm{e}} \delta^{\mathrm{e}} = \overline{\boldsymbol{F}}^{\mathrm{e}} \tag{8-50}$$

其中

$$\overline{\boldsymbol{k}}^{\mathrm{e}} = \boldsymbol{k}_{uu}^{\mathrm{e}} - \boldsymbol{k}_{up}^{\mathrm{e}}(\boldsymbol{k}_{pp}^{\mathrm{e}})^{-1}(\boldsymbol{k}_{up}^{\mathrm{e}})^{\mathrm{T}} \tag{8-51}$$

为单元的等效刚度矩阵。在式（8-48）的积分公式中，采用减缩积分方案，而对于其他项的积分则用完全积分公式。经过在单元层级的静态凝聚后，可以按照与等参数单元相同的解题步骤进行单元组装和求解。

8.6.2　u/p 混合插值单元的压力场

在 u/p 混合插值单元中，单元静水压力用一点减缩积分方法在单元中心计算，这势必造成各个单元之间静水压力的不连续而产生虚假的棋盘静水压力模式，无法得到正确的全局应力解。为了克服此弊病，可以对各个单元之间的静水压力进行全局光滑处理，将不连续的静水压力表示为分片组装的形式：

$$p^d = \sum_{e=1}^{Nel} \psi^e p^e \qquad (8\text{-}52)$$

式中 *Nel*——网格的单元总数；

  p^e——定义于单元中心的静水压力；

  ψ^e——单元特征函数。

$$\psi(x) = \begin{cases} 1, & x \in \Omega^e \\ 0, & x \notin \Omega^e \end{cases} \qquad (8\text{-}53)$$

将光滑后连续的静水压力也表示为分片组装的形式：

$$\bar{p} = \sum_{k=1}^{N} N_k \bar{p}_k \qquad (8\text{-}54)$$

式中 $\bar{p}_k$——光滑后的结点静水压力；

  N——网格的总结点数。

通过最小二乘法将光滑前后的不同的静水压力场进行拟合，可得到：

$$T_{ij}\bar{p}_j = P_i \qquad (8\text{-}55)$$

式中，下标 $i = 1, 2, \cdots, Nel$；下标 $j = 1, 2, \cdots, N$。

式（8-55）可以用张量形式简记为：

$$T\bar{p} = P \qquad (8\text{-}56)$$

将 T 和 P 按照单元顺序进行组装，可有：

$$T = \mathop{A}\limits_{e=1}^{Nel} (t^e) \qquad (8\text{-}57)$$

$$P = \mathop{A}\limits_{e=1}^{Nel} (p^e) \qquad (8\text{-}58)$$

其中，算子 A 表示单元组装运算。公式涉及的单元内的拟合运算子定义为：

$$p^e = p_i^e \qquad (8\text{-}59)$$

$$t^e = t_{ij} \quad (1 \leqslant i \leqslant Nel; \quad 1 \leqslant j \leqslant N) \qquad (8\text{-}60)$$

$$p_i^e = p^e \int_{\Omega^e} N_i^e \, \mathrm{d}\Omega \qquad (8\text{-}61)$$

$$t_{ij}^e = \int_{\Omega^e} N_i^e N_j^e \, \mathrm{d}\Omega \qquad (8\text{-}62)$$

应当注意：T 实际是一个二维对称和正定矩阵，并且具有带状结构。T 还可以进一步简化为对角形式的矩阵，具体步骤为，先设定一个对角矩阵化的 t^e，展开后为：

$$t_{ij}^e = \delta_{ij} j^e(\xi_i, \ \eta_i) \quad （注意：i \text{ 不求和}） \qquad (8\text{-}63)$$

其中
$$j^e = \det J = \det \begin{bmatrix} \dfrac{\partial x^e}{\partial \xi} & \dfrac{\partial x^e}{\partial \eta} \\[3mm] \dfrac{\partial y^e}{\partial \xi} & \dfrac{\partial y^e}{\partial \eta} \end{bmatrix} \qquad (8\text{-}64)$$

$$x^e = \begin{Bmatrix} x^e \\ y^e \end{Bmatrix} = \sum_{i=1}^{N} N_i^e x_i^e = \sum_{i=1}^{N} N_i^e \begin{Bmatrix} x_i^e \\ y_i^e \end{Bmatrix} \tag{8-65}$$

ξ_i 和 η_i 是结点 i 在单元自然坐标系下的左边值。类似地，可以对单元静水压进行处理得到：

$$p_i^e = p^e j^e(\xi_i, \eta_i) \tag{8-66}$$

对于二维轴对称问题，由于沿 z 轴（在 ANSYS 软件中，用 y 轴表示），$x = 0$。会导致 T 中出现零对角项。为此，Hughes 提出可以采用"按行求和"的技术，即：

$$t_{ij}^e = \delta_{ij} \int_{\Omega^e} N_i^e \mathrm{d}\Omega \quad （注意：i 不求和） \tag{8-67}$$

以上积分可以采用标准的 2×2 的高斯积分公式完成。为了改进边界结点的光滑效果，要求区分网格边界线上的结点为非角结点、外凸角结点和内凹角结点共三种类型，分别如图 8-8~图 8-10 所示。按照结点类型的不同（见图 8-11），采用不同的算法进行光滑处理。具体步骤如下。

（1）设 A 点是非角结点，可以利用与此点同一条线上的 A、B 两点的数据进行插值：

$$2\tilde{p}_A - \tilde{p}_B \rightarrow \bar{p}_A$$

其中，$\tilde{p}$ 表示静水压的代数平均值，需要在光滑计算前预先确定。假定结点 k 与 m 个单元相连，则有：

$$\tilde{p}_k = \frac{\sum_{e=1}^{m} p^e}{m} \tag{8-68}$$

（2）设 A 点是外凸角结点，需要使用与其相联系的 B、C、D 结点的数值进行加权平均插值：

$$\frac{\tilde{L}_B \tilde{p}_B + \tilde{L}_C \tilde{p}_C + \tilde{L}_D \tilde{p}_D}{L} \rightarrow \bar{p}_A \tag{8-69}$$

其中，各运算符定义如下：

$$\tilde{L}_B = L_B + (y_C - y_D)x_A + (x_D - x_C)y_A$$

$$\tilde{L}_C = L_C + (y_D - y_B)x_A + (x_B - x_D)y_A$$

$$\tilde{L}_D = L_D + (y_B - y_C)x_A + (x_C - x_B)y_A$$

$$L_B = x_C y_D - x_D y_C$$

$$L_C = x_D y_B - x_B y_D$$

$$L_D = x_B y_C - x_C y_B$$

$$L = L_B + L_C + L_D \tag{8-70}$$

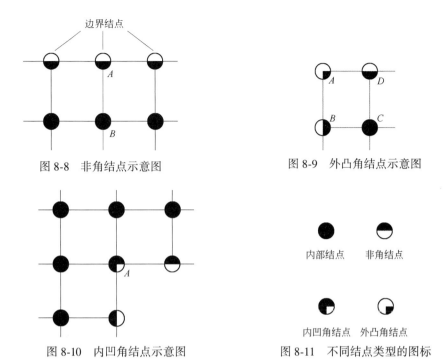

边界结点

图 8-8 非角结点示意图

图 8-9 外凸角结点示意图

图 8-10 内凹角结点示意图

内部结点　　非角结点

内凹角结点　外凸角结点

图 8-11 不同结点类型的图标

（3）设 A 点是内凹角结点，由于结点与多个单元相连接，需要对每个与其相连接的单元使用与步骤（2）相同的方法进行计算后，取代数平均值。

定义在单元内的高斯积分点处的静水压力可以通过标准的单元内插公式由结点值获得。

8.7 增强应变单元

常规四结点等参元因单元结点数过少，对变形过度约束，容易产生锁闭现象。在大变形模拟计算时，由于刚度平均化，难以模拟出变形局部化现象，如颈缩（轴对称问题）或剪切带（平面应变问题）现象，从而不会产生符合实际需要的极限载荷。由 Simo 等人提出的增强应变方法通过采用一个附加的应变场（即增强应变场），来增加单元的自由度数，从而提高单元柔性和适应变形局部化的特点。

8.7.1 增强应变场

增强应变单元属于非协调单元，不宜采用在推导等参数单元公式时使用的最小势能原理，而需要采用胡海昌和鹫津久一郎提出的广义三场变分原理。在单元内的位移、应变和应力被视作独立场变量。根据此变分原理，应变场构造为：

$$\varepsilon_{ij} = \varepsilon_{ij}^{协调} + \varepsilon_{ij}^{增强} \tag{8-71}$$

这里 $\varepsilon_{ij}^{协调}$ 是协调单元中的应变场，$\varepsilon_{ij}^{增强}$ 则为增强应变场。然而，增强应变场 $\varepsilon_{ij}^{增强}$ 不可任意选取。为满足具有三个独立场的广义变分原理，必须在单元内部预先对应力场 σ_{ij} 施加相对于增强应变场 $\varepsilon_{ij}^{增强}$ 的 L_2 正交化条件：

$$\langle \sigma_{ij}, \quad \varepsilon_{ij}^{增强} \rangle_{L_2} = \int_{\Omega^e} \sigma_{ij} \varepsilon_{ij}^{增强} \mathrm{d}V = 0 \tag{8-72}$$

8.7.2   增强应变单元公式

增强应变单元的自由度由结点位移 δ^e 和单元内部自由度 α^e 组成。经过推导，可以得到与 Wilson 非协调单元的单元刚度矩阵非常相似的形式：

$$\begin{bmatrix} K_{uu} & K_{u\alpha} \\ K_{u\alpha}^{\mathrm{T}} & K_{\alpha\alpha} \end{bmatrix} \begin{Bmatrix} \delta^e \\ \alpha^e \end{Bmatrix} = \begin{Bmatrix} F_u^e \\ F_\alpha^e \end{Bmatrix} \tag{8-73}$$

其中

$$K_{uu} = \int_{\Omega^e} B^{\mathrm{T}} CB \mathrm{d}\Omega \tag{8-74}$$

表示协调的单元刚度矩阵。

$$K_{\alpha\alpha} = \int_{\Omega^e} G^{\mathrm{T}} CG \mathrm{d}\Omega \tag{8-75}$$

表示增强的单元刚度矩阵。

$$K_{\alpha u} = \int_{\Omega^e} G^{\mathrm{T}} CB \mathrm{d}\Omega \tag{8-76}$$

表示与增强关联的单元刚度矩阵。

B 表示协调的应变矩阵，G 表示增强的应变矩阵，具体表达式见 Tylor 和 Simo 等人的研究文章。

其中

$$F_u^e = \int_V N^{\mathrm{T}} f_V \mathrm{d}V + \int_{S_\sigma} N^{\mathrm{T}} p_s \mathrm{d}s \tag{8-77}$$

为标准的结点载荷向量。

$$F_\alpha^e = \int_V \overline{N}^{\mathrm{T}} f_V \mathrm{d}V + \int_{S_\sigma} \overline{N}^{\mathrm{T}} p_s \mathrm{d}s \tag{8-78}$$

为增强的结点载荷向量。

为了不使作为独立变量的假设应变出现在总刚度方程中，独立变量需要在单元一级用静态凝聚方法消掉。之后可以采用与等参数单元相同的解题步骤进行单元组装和求解。已经证明只要在式（8-73）~式（8-78）的积分公式中，采用单元中心点的自然坐标来计算增强应变项的导数，就可以通过分片实验，得到收敛结果。目前，u/p 混合插值单元和增强应变单元已经广泛地应用在商业有限元软件中。例如，ANSYS 提供的四边形四结点 PLANE182 的单元公式是基于一种称为 B-Bar 的方法（详见 SIMO 的有关文献）。此单元公式属于改进的混合 u/p 公式。

8.8   单元类型及网格划分与计算精度的关系

使用有限元分析方法时应当关注两个基本问题。

（1）分析过程的有效性，即：在满足各种初始条件和边界条件的前提下，数值计算过程是否能够有效地进行到底。

（2）计算结果的可靠性，即：数值结果是否能够收敛于问题的真实解，计算误差是否在容许范围内。

在使用商业有限元软件时，对于上述问题，除了要合理地设置初始条件、边界条件和求解参数外，单元类型和网格形状的选择对于得到合理、收敛的计算结果起着非常重要的作用。例如，对于平面问题，采用三角形单元比较适合不规则边界形状但是应力结果的精度较差，而采用四边形单元精度较高但是划分网格的要求较高。同样，考虑对于畸变网格的计算精度时，采用协调单元还是非协调单元各有利弊。

以图 8-12 所示的悬臂梁发生横向剪力弯曲为例，对比不同类型单元、不同的单元划分数以及网格畸变与计算精度的关系。设梁的跨度与截面宽度 B 的比值为 $L/B = 100$，跨度与高度的比值为 $L/h = 10$，材料的弹性模量 $E = 10^7$，泊松比为 0.3。梁一端固定，另一端部作用一集中力 $P = 10^4$ N。此悬臂梁在端部的垂直位移需要考虑横向剪切的影响，可按弹性力学解出精确值：$v = \dfrac{PL^3}{3EI} + \dfrac{6PL}{5GA} = 4 + 0.03 = 4.03$。

图 8-12　悬臂梁发生横向剪力弯曲

表 8-1 给出了有限元模拟计算中采用的不同类型单元及其单元参数。

表 8-1　有限元模拟计算采用的不同类型单元及其单元参数

单　元	单元自由度数	单元类型	积分点数
T3（CST）	6	位移协调型	1
T6（LST）	12	位移协调型	3
Q4	8	位移协调型	2×2
Q8	16	位移协调型	3×3
Q4WT（Wilson，Taylor）	8	位移非协调型	2×2
Q4PS（Pian，Sumihara）	8	应力杂交型	2×2

注：T 代表三角形；Q 代表矩形；Q4WT 代表平面四边形四结点位移非协调单元；Q4PS 代表平面四边形四结点应力杂交非协调单元。

图 8-13 所示为采用两种不同三角形单元的单元划分数以及网格畸变。表 8-2 为六种不同类型单元的单元划分数以及网格畸变度与计算精度的关系。

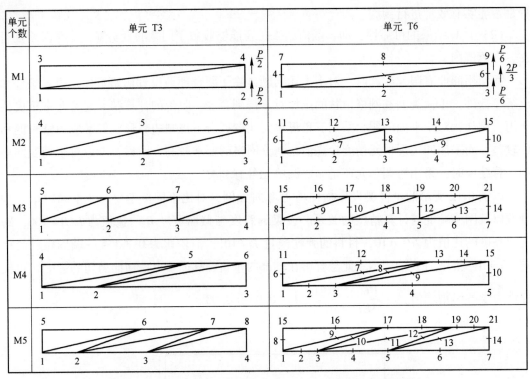

图 8-13   采用两种不同三角形单元的单元划分数以及网格畸变

表 8-2   六种不同类型的单元划分数以及网格畸变度与计算精度的关系

单元个数	单元划分数及网格畸变度	T3 (1)	T6 (6)	Q4 (2×2)	Q4WT	Q4PS	Q8 (3×3)
M1	(0, 10) (100, 10) / (0, 0) (100, 0) ↑P	0.05 (8)	3.00 (18)	0.10 (8)	3.03 (8)	3.03 (8)	3.03 (16)
M2	(50, 10) / (50, 0) ↑P	0.13 (12)	3.70 (30)	0.38 (12)	3.78 (12)	3.78 (12)	3.70 (26)
M3	(33.33, 10) (66.67, 10) / (33.33, 0) (66.67, 0) ↑P	0.25 (16)	3.84 (42)	0.75 (16)	3.92 (16)	3.92 (16)	3.84 (36)
M4	(75, 10) / (25, 0) ↑P	0.06 (12)	3.02 3.17 (30)	0.12 (12)	0.30 (12)	0.49 (12)	0.64 (26)
M5	(50, 10) (83.33, 10) / (16.67, 0) (50, 0) ↑P	0.10 (16)	3.09 3.80 (42)	0.22 (16)	1.79 (16)	1.94 (16)	1.76 (36)

图 8-14 所示为六种不同类型单元的单元划分数与计算精度的关系。其中，M1~M5 表示不同单元划分数，设定三角形单元数是矩形单元数的 2 倍。在网格 M5 中，单元 T3 和单元 Q4 的总自由度为 16，T6 的总自由度为 42，Q8 的总自由度为 36。图 8-15 所示为五种不同类型单元的网格畸变度与计算精度的关系。

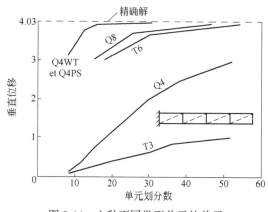

图 8-14　六种不同类型单元的单元
划分数与计算精度的关系

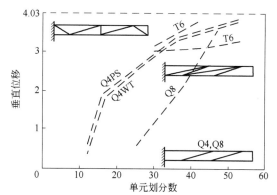

图 8-15　五种不同类型单元的网格
畸变度与计算精度的关系

很明显，无内部自由度单元的计算精度是相当差的。将改进后的具有内部自由度的单元和精确解比较，可以看到计算精度有显著的提高。

最后强调一点，尽管以上三种非协调元方法都使用了静态凝聚，但是静态凝聚与非协调单元是两个不同的概念。静态凝聚是一种数值技术，其目的是消去内自由度，以减少总体代数方程的规模。不论是协调单元还是非协调单元，只要存在内自由度，都可以在单元分析过程中将内自由度凝聚掉。不进行静态凝聚，除了增加解总体方程的工作量外不会有其他任何（好的或不好的）影响。静态凝聚方法也广泛地用于组合单元和子结构，这是一项很有价值的技术。

至此，对非协调单元的印象是：（1）分单元假设的位移场（即试探函数）不完全满足协调条件；（2）形式上套用了协调单元的具体做法。至于能否收敛到真实解，目前并不清楚。实际情况是：有时能保证收敛性，有时则不能。为了明确回答这些问题，必须涉及有关非协调单元的数学理论。

例 8-2　基于网格加密的求解精度估计。为考察单元的求解精度和收敛速度，以平面问题为例，单元的位移场 u 展开为以下级数：

$$u = u_i + (\partial u/\partial x)_i \Delta x + (\partial u/\partial y)_i \Delta y + \cdots \qquad (8\text{-}79)$$

如果单元的尺寸为 h 量级，即式（8-79）中的 Δx、Δy 是 h 量级，讨论网格细化时的精度问题。

解　若单元的位移函数采用 p 阶完全多项式，即它能逼近上述 Taylor 级数的前 p 阶多项式，那么位移解 u 的误差将是 $o(h^{p+1})$ 量级。具体就平面三结点三角形单元而言，由于插值函数是线性的，即 $p=1$，所以 u 的误差是 $o(h^2)$ 量级，并可预见收敛速度也是 (h^2) 量级，也就是说在第一次有限元分析的基础上，再将有限单元的网格进一步细分，使所有单元尺寸减半，则 u 的误差是前一次有限元分析误差的 1/4。

同样的推论也可以用于应变、应力以及应变能等误差和收敛速度的估计。例如，应变是由位移的 m 阶导数给出的，则它的误差是 $o(h^{p-m+1})$ 量级，当采用平面三结点三角形单元时，有 $p=m=1$，则应变的误差估计是 $o(h)$ 量级。至于应变能，因为它是由应变的平方项来表示的，所以误差为 $o[h^{2(p-m+1)}]$ 量级，具体就平面三结点三角形单元，应变能的误差是 $o(h^2)$ 量级。

对于满足完备性和协调性要求的协调单元，由于当单元尺寸 $h\to 0$ 时，有限元分析的结果是单调收敛的，所以还可以就两次网格划分所计算的结果进行外推，以估计结果的准确值。如第 1 次网格划分的解答是 u_1，则将各单元尺寸减半作为第 2 次的网格划分，得到解答为 u_2。如果该单元的收敛速度是 $o(h^s)$，则可由式（8-80）对准确解 u 进行估计：

$$u_1 - u/u_2 - u = o(h^s)/o[(h/2)^s] \tag{8-80}$$

具体就平面三结点三角形单元，有 $s=2$，式（8-80）可写为：

$$u_1 - u/u_2 - u = o(h^2)/o[(h/2)^2] = 4 \tag{8-81}$$

即可以估计出准确解为：

$$u = \frac{1}{3}(4u_2 - u_1) \tag{8-82}$$

以上讨论的误差仅局限于网格的离散误差，即当一个连续的求解域被划分成有限个子域（单元），由单元的试函数来对整体域的场函数进行近似所引起的误差。另外，实际误差还应包括计算机的数值运算误差。

8.9 应力奇异性的处理

有限元分析中，由于计算机内存的限制，必须适当地简化模型，忽略一些包含细节尺寸变化。例如，通常简化螺纹孔、倒角、安装凸台和其他一些我们认为并不重要的部分。但问题是，随着倒角和其他一些细节被简化，在它们邻近区域内计算出的应力值可能不准确。比如用一个尖角代替倒角，尖角处产生应力奇异分布，导致该处有很大的应力集中因子。虽然应力奇异分布并不妨碍该处的应力计算，但计算的结果却不能反映真实应力。在实际情况下，任何物体都是有一定的强度的，不会出现应力无穷大的现象。因此，应力奇异是不符合实际的，不能够使用一个奇异的应力值去评定零件的强度。在计算时要能够判断应力集中位置是否出现了应力奇异现象，如果出现了要去解决。一般在有限元计算中，应力奇异通常会出现在几何不连续的位置，如没有圆角过渡的拐角处、受力的边缘等。

添加圆角之后细化网格必然会增加网格数量，对于一些大型的计算来说会增加计算成本，因此 ANSYS 提供了子模型方法，可以实现局部细化。

子模型计算分为如下步骤：

（1）使用较粗糙网格计算整体；

（2）复制前面的整体分析系统，切割出需要局部细化的区域；

（3）子模型的边界条件导入；

（4）细化网格再次求解。

由于单元网格的疏密不同，计算的结果可能比实际值过高或过低。虽然计算的应力值是不准确的，若奇异应力产生的区域并不是特别关注的地方，则该应力的误差值可以忽略。有些模型细节明显可以被简化，而有些细节开始显得并不重要，但后来的分析却证明这些细节是至关重要的。此时，用户必须运用他们的经验和直觉来判断如何修改设计细节，确定它们能否被简化而不产生错误的结果。

有几种选择方案来判断计算结果的正确性。第一种方法是利用弹性力学的解析公式对细节部位进行线弹性应力校核，前提是该模型具有解析解。第二种方法是在模型中有细节的区域加密网格重新计算，该方法适应于具有简单边界条件和相对比较简单的几何实体。然而，如果一次计算量很大，那么修改并重新计算整个模型并非是很好的选择。此时应该在已有的计算结果基础上进行处理完善，例如采用在包含有细节的相关区域建立子模型来计算精确的应力。使用 ANSYS 软件时，可以通过在线文档了解子模型法的实施步骤。第三种方法是外推插值法。这种方法假设在周边区域没有出现奇异性应力，利用周边区域的应力通过外推插值来计算有细节区域的应力值，并使用应力集中因子来核算应力值。对于过约束情况，需要正确简化模型的边界条件或者调整边界条件的施加，如任意使用固定约束会容易出现应力奇异。可以采用远端位移（ansys）、耦合点约束/位移约束（abaqus）建立真实模型间的接触以约束解决。

仍无法解决应力奇异，可利用该区域应力通过应力集中系数来估算奇异点处真实应力；如果应力奇异点处于非重点关注的区域可以直接忽略（圣维南原理）。

8.10　提高计算精度的 h 方法和 p 方法

有许多提高有限元分析计算精度的方法，目前使用较多的还是分两种：一种为 h 方法；另一种为 p 方法。

8.10.1　h 方法

在不改变各单元基底函数的配置情况下，只通过逐步加密有限元网格来接近正确结果。这种方法非常常见，而且采用较为简单的单元结构。h 方法可以使误差控制在 5% ~ 10%，但它的收敛性能与 p 方法相比略有降低，由于 h 方法的基底函数为简单低阶的，不采用高阶多项式为基底函数，所以其数值稳定性和可靠性较好。

8.10.2　p 方法

在保持有限元的网格部分固定不变时，增加各单元上基底函数的阶次，以此来改善计算精度，这种方法称为 p 方法。

大量实践结果表明，p 方法的收敛性比 h 方法好。p 方法的收敛性可根据 Weierstrass 定理来推论。但 p 方法采用高阶多项式做基底函数，其数值稳定性问题较为突出。而且，由于计算机容量和速度的限制，多项式的阶次不能太高，一般不超过 9 次，尤其是在振动和稳定问题求解高阶特征值时，h 方法和 p 方法都不能令人满意，这是多项式插值本身具有的局限性造成的。

本 章 小 结

使用 ANSYS 进行自由度耦合与约束方程涉及内容有不同单元类型之间如何连接和进行自由度耦合的选项。对等参数单元而言，高斯积分点上应力的精度最佳。为了提高输出应力的精度，一般先在高斯点上计算应力，再用插值的方法（内插和外推）得出其他应力输出点上的应力。Wilson 非协调单元可以看成是由四边形四结点等参元演变来的单元，其构造单元的思路是在引入内部位移自由度，使位移模式具有完全二次式的形式，具有优良的性质。分片试验并非是非协调单元的解答收敛于真实解的充要条件。目前还可以用所谓"Babuška-Brezzi"条件检验非协调单元的解答收敛性质。当网格划分是矩形或平行四边形单元时，非协调单元可以通过分片试验。非协调单元的解答将收敛于真正解。对扭曲不严重的单元，将 $\dfrac{\partial x}{\partial \xi}$、$\dfrac{\partial x}{\partial \eta}$、$\dfrac{\partial y}{\partial \xi}$、$\dfrac{\partial y}{\partial \eta}$ 取单元中心（$\xi=\eta=0$）处的数值来代替单元中各点不同的各个偏导数值，也就达到了通过分片试验的要求。自由度静态凝聚是缩减自由度的一种方法，一般是通过用主自由度表示从自由度，从而使方程中去掉从自由度的一种做法。自由度凝聚的主要作用是：

（1）向外部提供统一的接口，如需要凝聚的单元与通常单元相连接时；

（2）减少数据的准备与输入，如子结构法；

（3）减少系统的求解规模。

模型具有几何突变时，将产生应力集中，出现与实际不符合的应力奇异性问题。然而，是否要通过圆滑过渡来避免这种应力奇异性，用户必须在求解效率与计算结果的正确性之间平衡。有几种选择方案来判断计算结果的正确性。

复习思考题

8-1　"由于梁、壳和实体单元的结点自由度不同，不可以将它们混合在一个有限元网格中。"这种说法对吗？

8-2　"由于三维等参数单元可以从一个实际扭曲的六面体映射为在自然坐标系下的立方单元体，所以实际单元即使有严重的扭曲，也不影响计算精度。"这种说法对吗？

8-3　常规四结点等参数单元因单元结点数过少，对变形过度约束，容易产生锁闭现象。为什么现代有限元软件中没有采用在单元边界和单元内部设置多个结点，以提高单元总自由度的方法？

8-4　在现代有限元方法中，广泛使用哪些非协调单元？它们适用于什么研究领域？请上网查询。

8-5　本章分析了应力奇异性问题，对有限元解的误差来源做了介绍。在实践中，如何判断有限元计算结果的正确性？

上机作业练习

8-1 壳-实体单元的自由度耦合。

问题描述：风扇由圆柱形电机和三个叶片固结而成。其形状如图8-16所示（仅画其中一个叶片）。已知：$r_1 = 0.01$ m，$r_2 = 0.02$ m，$r_3 = 0.04$ m，$r_4 = 0.6$ m。电机厚度 $t_1 = 0.01$ m，叶片厚度 $t_2 = 0.002$ m。设材料均为钢材，材料的弹性模量 $E = 200$ GPa，泊松比为0.3，质量密度 $\rho = 7800$ kg/m^3。在圆柱坐标下，绕 z 轴的速度50 rad/s，z 方向重力加速度 $g = 9.81$ m/s^2。分析风扇旋转时的应力。叶片用壳单元离散，圆柱形电机用实体单元离散。通过将壳单元嵌入实体模型中实现两种单元的自由度耦合。为了方便镶嵌，网格划分时，壳单元和实体单元应当具有相同的划分数。

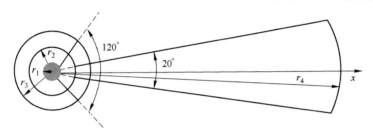

图8-16　壳-实体单元的自由度耦合

ANSYS菜单操作步骤如下。

（1）指定分析范畴为结构分析。

　　Main Menu→Preference→选中Structural→OK

（2）设置文件名。

　　Utility Menu→File→Change Jobname，输入"Rotation of Fan"

（3）选择单元类型。

　　Main Menu→Preprocessor→Element Type→Add/Edit/Delete→Add→Solid→Brick 8node 185→Apply→Add→Shell→3D 4node 181→OK→Close

（4）定义材料参数。

　　Main Menu→Preprocessor→Material Props→Material Models→Structural→Linear→Elastic→Isotropic→input EX：200e9，PRXY：0.3→Density→DENS：7800→OK

（5）打开面编号。

　　Utility Menu→PlotCtrls→Numbering→Areas 为ON

（6）生成两个圆弧面，模拟一根叶片。

　　Main Menu→Preprocessor→Modeling→Create→Areas→Circle→Partial Annulus→在拾取对话框内依次输入：Rad-1 = 0.02，Theta-1 = −10，Rad-2 = 0.04，Theta-2 = 10→Apply→Rad-1 = 0.04，Theta-1 = −10，Rad-2 = 0.6，Theta-2 = 10→OK（观察面号，分别是1、2）

（7）建立6个圆弧体。

　　Main Menu→Preprocessor→Modeling→Create→Volumes→Cylinder→Partial Cylinder→在拾取对话框内依次输入：（第1块）Rad-1 = 0.01，Theta-1 = −60，Rad-2 = 0.02，Theta-2 = −10，Depth = 0.005→Apply→（第2块）Rad-1 = 0.01，Theta-1 = −10，Rad-2 = 0.02，Theta-2 = 10，Depth = 0.005→Apply→（第3块）Rad-1 = 0.01，Theta-1 = 10，Rad-2 = 0.02，Theta-2 = 60，Depth = 0.005→Apply→（第4块）Rad-1 = 0.02，Theta-1 = −60，Rad-2 = 0.04，Theta-2 = −10，Depth = 0.005→Apply→（第5块）Rad-1 = 0.02，Theta-1 = −10，Rad-2 = 0.04，Theta-2 = 10，Depth = 0.005→Apply→（第6块）Rad-1 = 0.02，Theta-1 = 10，Rad-2 = 0.04，Theta-2 = 60，Depth = 0.005→OK

（8）复制体，DZ=-0.005。

　　Main Menu→Preprocessor→Modeling→Copy→Volumes→Pick All→在拾取对话框内，ITIME：2；DX：0；DY：0；DZ：-0.005→OK

（9）通过布尔 Glue 运算，使 6 个圆柱体相黏结。

　　Main Menu→Preprocessor→Modeling→Operate→Booleans→Glue→Volumes→Pick All

（10）通过合并删除重合的关键点、线和面。

　　Main Menu→Preprocessor→Numbering Ctrls→Merge Items→Type of items to be merge→选 All→OK

（11）压缩重合的关键点、线、面号。

　　Main Menu→Preprocessor→Numbering Ctrls→Compress Numbers→选 All→OK

（12）设定单元属性。

　　Main Menu→Preprocessor→Meshing→Mesh Attributes→Picked Areas→拾取两个弧面（如果无法拾取，直接在输入栏中填：1，2）→OK→TYPE Element type number→2 SHELL181→OK

　　Main Menu→Preprocessor→Meshing→Mesh Attributes→Picked Volumes→Pick All→TYPE Element type number→1 SOLID185→OK

（13）选择需要划分的面。

　　Utility Menu→Select→Entities→Areas→By Num/Pick→在拾取栏内填入：1，2→OK

（14）画出已经选择的面。

　　Utility Menu→Plot→Areas

（15）设定壳（面）单元划分数。

　　Main Menu→Preprocessor→Meshing→Meshtool→Lines Set→将弹出拾取对话框，拾取叶片的三条弧线→OK→在 No. of Element divisions 对话框中输入 4→Apply→将弹出拾取对话框，拾取大叶片的两条直边线→OK→在 No. of Element divisions 对话框中输入 16→OK

（16）划分壳单元网格。

　　Main Menu→Preprocessor→Meshing→Meshtool→在 Meshtool 拾取对话框内，Mesh：Area，Shape：Quad，选中 Mapped→Mesh→将弹出 Mesh Areas 拾取对话框→Pick All

（17）恢复全部选择。

　　Utility Menu→Select→Everything

（18）画出体单元。

　　Utility Menu→Plot→Volumes

（19）设定体单元划分（关键是壳单元和实体单元在重合的面积上有相同划分数）

　　Main Menu→Preprocessor→Meshing→Meshtool→Lines Set→将弹出拾取对话框，拾取电机与叶片重合面积（上、中、下）的 6 根弧线→OK→在 No. of Element divisions 对话框中输入 4→OK

（20）划分体单元网格。

　　Main Menu→Preprocessor→Meshing→Meshtool→Volumes→Hex→Sweep→Sweep 将弹出 Mesh Volumes拾取对话框→Pick All→关闭 Meshtool 工作框。

（21）保存数据。

　　Utility Menu→Files→Save as ...→Rot-fan-mesh. db→OK

（22）电机体的下底面施加 Z 方向位移约束。

　　Main Menu→Solution→Define Loads→Apply→Structural→Displacement→On Areas→选电机体的下底面（点开模型控制工具条，利用自由按钮将电机旋转到合适的方位，按住鼠标左键不松，移动拾取）→OK→UZ→第四行 VALUE 选 0→OK

（23）分别给电机体沿环向正 60° 和负 60° 的两端面施加对称约束边界条件。

　　Main Menu→Solution→Define Loads→Apply→Structrual→Displacement→Symmetry B. C.→On Areas

→拾取电机体沿环向正 60°和负 60°的两端面→OK

（24）将当前激活的直角坐标系转为柱坐标系。

Utility Menu→WorkPlane→Change Active CS to→Global Cylinderical（注：窗口下方显示 Csys=1，Secn=1 表示为：Cylindrical=1）

（25）施加径向位移前，先要将电机体的内弧面各结点旋转变换，使其坐标与当前坐标系（柱坐标系）一致。

Main Menu→Preprocessor→Modeling→Move/Modify→RotateNode→To Active CS→拾取电机体的内弧面各结点（提示：可以用拾取对话框中的 Circle 拉圆框功能框取）→OK

（26）对电机体中心内弧面施加径向位移为零。

Main Menu→Solution→Define Loads→Apply→Structural→Displacement→On Nodes→用拾取对话框中的 circle 拉圆框功能拾取电机体内弧面的所有结点→OK→第 2 栏：UX（表示径向）→VALUE 选 0→OK

（27）将当前激活的柱坐标系转为直角坐标系。

Utility Menu→WorkPlane→Change Active CS to→Global Cartesian

（28）施加转速的 OMEGA 命令。

Main Menu→Solution→Define Loads→Apply→Structural→Inertia→Angular Velocity→Global→OMEGZ Global Cartesian Z-Comp=314.15926（rad/s）→OK

（29）施加 Z 方向重力加速度（重力指向 Z 负方向，重力加速度指向 Z 正方向）

Main Menu→Solution→Define Loads→Apply→Structural→Inertia→Gravity→Global→在拾取框内，Global Cartesian Z-Comp =9.81→OK

（30）分析计算。

Main Menu→Solution→Solve→Current LS→OK

（31）将结果显示坐标系转为柱坐标。

Main Menu→General Postproc→Options for Outp→Rsys→Global cylindric

（32）画径向应力分布。

Main Menu→General Postproc→Plot Results→Contour Plot→Nodal Solu→Stress→X Component of stress→OK

（33）画周向应力分布。

Main Menu→General Postproc→Plot Results→Contour Plot→Nodal Solu→Stress→Y Component of stress→OK

（34）可以选择设置变形放大系数。

Utility Menu→PlotCtrls→Style→Displacement Scaling→将弹出拾取对话框，在 Displacement scale factor 选项，选中 User specified→在 User specified factor 栏，填入"1"→OK

（35）将单元网格绕 Y 轴旋转 3 次，每次 120°，形成完整的三叶风扇图。

Utility Menu→PlotCtrls→Style→Symmetry Expansion→User Specified Expansion→在"1st Expansion of Symmetry"栏中，No of repetitions：填"3"，Type of expansion：填"Polar"，DX，DY，DZ，Increments：填"0，120，0"→OK

（36）画径向应力分布。

Main Menu→General Postproc→Plot Results→Contour Plot→Nodal Solu→Stress→X Component of stress→OK

（37）画周向应力分布。

Main Menu→General Postproc→Plot Results→Contour Plot→Nodal Solu→Stress→Y Component of stress→OK

（38）退出系统。

参考图请扫二维码。

8-2　梁与梁的自由度耦合过程。

问题描述：考虑 3D 梁之间的铰链连接模型，梁与梁的自由度耦合如图 8-17 所示。梁 123 和梁 567 长度为 2 m，梁 24 长度为 3 m。每个结点上有 6 个自由度 u_x、u_y、u_z 和 rot_x、rot_y、rot_z，A 点为刚性连接，通过共用结点实现。B 点为平面铰链连接，通过将 B 点的 4 号关键点和 6 号关键点的自由度 u_x、u_y、u_z 以及 rot_x、rot_y 耦合起来，使 rot_z 作为自由变量实现。然后在关键点 1 加位移 $u_y = 1$，就模拟了带有销子的夹板绕铰链转动。设梁截面矩形（10 mm×10 mm），材料的弹性模量 $E = 200$ GPa，泊松比为 0.3。

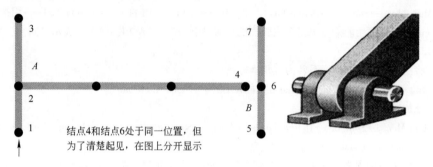

图 8-17　梁与梁的自由度耦合

ANSYS 菜单操作步骤如下。

（1）指定分析范畴为结构分析。

　　　Main Menu→Preference→选中 Structural→OK

（2）设置文件名。

　　　Utility Menu→File→Change Jobname，输入"DOF Coupling of beams"

（3）选择单元类型。

　　　Main Menu→Preprocessor→Element Type→Add/Edit/Delete→Add→BEAM188→OK→Close

（4）定义材料参数。

　　　Main Menu→Preprocessor→Material Props→Material Models→Structural→Linear→Elastic→Isotropic →input EX：200e9，PRXY：0.3→OK

（5）定义截面。

　　　Main Menu→Preprocessor→Sections→Beam→Common Sections→定义矩形梁，其横截面积尺寸：ID=1，0.01 m×0.01 m

（6）根据已知尺寸，创建关键点 1~7。注意：关键点 4 和关键点 6 取相同坐标。

（7）创建线，其中 24 连线用 4 点和 567 连线用 6 点坐标→连接关键点 1→2；2→3；2→4（注意：4、6 点有相同坐标，对提问直接 OK）→连接关键点 5→6；6→7（注意：4、6 点有相同坐标，对提问点击 NEXT→OK）。

（8）先对 1、2、3 点连线、2、4 点连线划分单元。然后对 5、6、7 点连线划分单元。

（9）在关键点 4 和关键点 6 处用自由度约束方式模拟平面铰链，即两组梁单元可以绕 z 轴相对转动。创建耦合关系的菜单路径：

　　　Main Menu→Preprocessor→Coupling / Ceqn→Couple DOFs→拾取将要耦合的结点（关键点 4、6），可拉框选取结点→OK（可能屏幕没有反应）→在拾取对话框内，输入耦合设置参考号（NSET Set reference number）：1；默认自由度卷标（Lab Degree of freedom）：UX→OK

（10）在零偏移量的一组结点之间，在相同参考号下，生成附加耦合关系。

Main Menu→Preprocessor→Coupling / Ceqn→Gen w/Same Nodes→在拾取对话框内，输入参考号 1→设置需要被约束的自由度：UY, UZ, ROTx, ROTy（不约束 ROTz）→OK

（11）在关键点 1 加约束位移 $u_y = 1$；在关键点 5 加固定端约束。

（12）求解。

题 8-2 参考图

（13）变形结果显示，两组梁单元绕 z 轴发生了相对转动。

（14）退出系统。

参考图请扫二维码。

8-3 壳与壳的自由度耦合过程。

问题描述：考虑两片合页之间通过铰链连接的模型，壳与壳的自由度耦合如图 8-18 所示。合页用壳单元（Shell 3D 4node181）离散，壳单元每个结点上有 6 个自由度 u_x、u_y、u_z 和 rot_x、rot_y、rot_z，必须通过自由度耦合实现铰链连接。通过将合页之间的两组关键点的自由度 u_x、u_y、u_z 以及 rot_y、rot_z 耦合起来，使 rot_x 作为自由变量实现板绕铰链转动。单片合页尺寸：长度（x 方向）× 宽度（y 方向）× 厚度（z 方向）= 100 mm × 60 mm × 2 mm，材料的弹性模量 $E = 200$ GPa，泊松比为 0.3。要求将一片合页的端部固定，另一片合页的右端部加垂直方向位移 $u_z = 1$ mm。

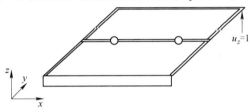

图 8-18　壳与壳的自由度耦合

ANSYS 菜单操作步骤如下。

（1）指定分析范畴为结构分析。

Main Menu→Preference→选中 Structural→OK

（2）设置文件名。

Utility Menu→File→Change Jobname，输入 "DOF Coupling of laminas"

（3）选择单元类型。

Main Menu→Preprocessor→Element Type→Add/Edit/Delete→Add→Shell 3D 4node 181→OK→Close

（4）定义材料参数。

Main Menu→Preprocessor→Material Props→Material Models→Structural→Linear→Elastic→Isotropic→input EX：200e3, PRXY：0.3→OK

（5）定义截面。

Main Menu→Preprocessor→Sections→Shell→Lay-up→Add/Edit→在拾取对话框内→Thickness = 2→OK

（6）创建第一片合页。

Main Menu→Preprocessor→Modeling→Create→Areas→Rectangle→By two corners →WP X, WP Y 均输入 0，Width 输入 100，Height 输入 60→OK

（7）设定单元长度为 20。

Main Menu→Preprocessor→Meshing→Size Cntrls→ManualSize→Global→Size→将弹出 Global Element Sizes→在对话框中的 Element edge length 对话框中输入 20→OK

（8）划分网格。

　　Main Menu→Preprocessor→Meshing→Mesh→Areas→Mapped→3 or 4 sided→将弹出 Mesh Areas 拾取对话框→Pick All

（9）用 Reflect 命令生成第二片合页。

　　Main Menu→Preprocessor→Modeling→Reflect→Areas→Pick All→OK→选 X-Z 对称面→OK

（10）打开结点编号。

　　Utility Menu→Plot Ctrls→Numbering→Nodes number 为 ON

　　Utility Menu→Plot Nodes

（11）在结点 3 和结点 27 处用自由度约束方式模拟平面铰链，即两片壳可以绕 x 轴相对转动。创建耦合关系的菜单路径：

　　Main Menu→Preprocessor→Coupling / Ceqn→Couple DOFs→拾取将要耦合的结点，可拉框选取结点→OK（可能屏幕没有反应）→在拾取对话框内，输入耦合设置参考号（NSET Set reference number）= 1；默认自由度卷标（Lab Degree of freedom）：UX→OK

（12）在零偏移量的一组结点之间，在相同参考号下，生成附加耦合关系。

　　Main Menu→Preprocessor→Coupling / Ceqn→Gen w/Same Nodes→在拾取对话框内，输入参考号 1→设置需要被约束的自由度：UY, UZ, ROTy, ROTz（不约束 ROTx）→OK

（13）在关键点 6~30 处用自由度约束方式模拟平面铰链，即两片壳可以绕 x 轴相对转动。创建耦合关系的菜单路径：

　　Main Menu→Preprocessor→Coupling / Ceqn→Couple DOFs→拾取将要耦合的结点，可拉框选取结点→OK（可能屏幕没有反应）→在拾取对话框内，输入耦合设置参考号（NSET Set reference number）= 2；默认自由度卷标（Lab Degree of freedom）：UX→OK

（14）在零偏移量的一组结点之间，在相同参考号下，生成附加耦合关系。

　　Main Menu→Preprocessor→Coupling / Ceqn→Gen w/Same Nodes→在拾取对话框内，输入参考号 1→设置需要被约束的自由度：UY, UZ, ROTy, ROTz（不约束 ROTx）→OK

（15）在结点 10 加约束位移 $u_z = 10$。

（16）在关键点 7~8 点连线加固定端约束。

（17）求解。

（18）变形结果显示，两组壳单元绕 x 轴发生了相对转动。

（19）退出系统。

参考图请扫二维码。

题 8-3 参考图

8-4　圆棒拉伸颈缩。

　　问题描述：设圆棒长 $L = 100$ mm，为诱导颈缩的出现，取圆棒两端截面半径 $R_1 = 6$ mm，棒中截面半径 $R_2 = 0.98R_1$。弹性模量 $E = 200$ GPa，泊松比为 0.3，初始屈服强度 $\sigma_y = 200$ MPa。假设为各向同性硬化材料服从 Mises 屈服准则。材料弹塑性应力-应变关系采用饱和硬化（satiation hardening）表达式：$\sigma = \sigma_y + R_0\bar{\varepsilon}_p + R_{inf}[1 - \exp(-b\bar{\varepsilon}_p)]$，对于本题材料为：$\sigma = 200 + 400[1 - \exp(-16.93\bar{\varepsilon}_p)]$（MPa），设圆棒轴向拉伸拉长量 11.2 mm。由于圆棒的对称性，取 $\frac{1}{4}$ 圆棒进行分析，选择轴对称单元，如图 8-19 所示。

ANSYS 菜单操作步骤如下。

（1）指定分析范畴为结构分析。

　　Main Menu→Preference→选中 Structural→OK

（2）设置文件名。

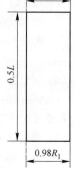

图 8-19　圆棒拉伸颈缩

Utility Menu→File→Change Jobname，输入 "Necking of a tensile bar"

（3）选择单元类型。

Main Menu→Preprocessor→Element Type→Add/Edit/Delete→Add→select Solid Quad 4node 182→OK→Options→K3：Axisymmetric→OK→Close

（4）定义材料参数。

Main Menu→Preprocessor→Material Props→Material Models→Structural→Nonlinear→Inelastic→Rate independent→Isotropic hardening plasticity→Mises plasticity→Nonlinear→input EX：200e3，PRXY：0.3→Sigy0 = 200，R0 = 0，Rinf = 400，b = 16.93→OK

（5）建立关键点。

Main Menu→Preprocessor→Modeling→Create→Key points→In Active CS→依次输入 4 个点的坐标：1（0，0，0）→Apply→2（5.88，0，0）→Apply→3（6，50，0）→Apply→4（0，50，0）→OK

（6）生成面。

Main Menu→Preprocessor→Modeling→Create→Areas→Arbitrary→Through KPS→依次连接四个特征点，1→2→3→4→OK

（7）网格划分。

Main Menu→Preprocessor→Meshing→Mesh Tool→（Size Controls）lines，Set→拾取长边：OK→input NDIV：40→Apply→拾取短边：→input NDIV：8→OK→Mesh：Areas，Shape：Quad，Mapped→Mesh→Pick All→Close

（8）施加边界条件：底边界、左边界为对称边界。在上边界施加非零位移 u_y = 5.6mm 模拟轴向的拉伸变形。

（9）求解参数设置。

Main Menu→Solution→Analysis Type→New analysis→Static→OK

Main Menu→Solution→Sol'n Controls→Analysis Options→Large Displacement Static→Number of Substeps = 100；Max No substeps = 1E5；Min No substeps = 50→OK

（10）求解。

（11）将对称面沿旋转轴旋转 270°，形成实体剖面图。

Utility Menu→PlotCtrls→Style→Symmetry Expansion→2D Axi-Symmetic→3/4 Expansion→OK

（12）输出 von Mises 等效应力。

Main Menu→General Postproc→Plot Results→Contour Plot→Nodal Solu→Stress→von Mises stress→OK

（13）输出等效塑性应变。

Main Menu→General Postproc→Plot Results→Contour Plot→Nodal Solu→Plastic Strain→Equivalent plastic strain→OK

题 8-4 参考图

（14）退出系统。

参考图请扫二维码。

讨论：在四边形四结点单元（4node 182）的类型选项表中，通过设置 K1 和 K6 不同的选择内容，分别使用缺省方法（B-Bar）、减缩积分（URI）和增强应变（EAS）三种不同单元技术求解此题，观察应力和等效塑性应变有什么变化。

8-5 超弹性梁剪切弯曲。

问题描述：使用缺省方法（B-Bar）、减缩积分（URI）和增强应变（EAS）三种不同单元技术，求解梁的非线性弹性变形，比较关于剪切锁闭的结果。模型为悬臂梁，如图 8-20 所示。其尺寸为：长×高 = 300 mm×10 mm。简化为二维平面应变问题。使用非线性超弹性材料三项的 Mooney-Rivlin 模型。非线性超弹性材料多指橡胶类材料和高分子聚合物材料，其应力应变特征是：在相当大的应变范围内弹性应变不可忽视，弹性应力与弹性应变之间是非线性关系，不能用胡克定律。有多种本构模型描述非线性超弹性材料，其中之一称为 Mooney-Rivlin 模型。为适应较大应变，用其三参数表达式：

$$W = C_{10}(\bar{I}_1 - 3) + C_{01}(\bar{I}_2 - 3) + C_{11}(\bar{I}_2 - 3)(\bar{I}_2 - 3) + \frac{1}{d}(J - 1)^2$$

其中，W 表示应变能势函数；$\bar{I}_1$ 表示偏应变的第一不变量；$\bar{I}_2$ 表示偏应变的第二不变量；C_{10}，C_{01}，C_{11} 表示材料发生歪斜变形的常数；d 是材料不可压缩性参数；初始体积弹性模量 $K = \dfrac{2}{d}$；J 表示弹性变形梯度 $F_{ij} = \partial x_i / \partial X_j$ 的 Jacobi 行列式值。本题采用材料常数为：$C_{10} = 0.163498$，$C_{01} = 0.125076$，$C_{11} = 0.014719$，$d = 6.93063 \times 10^{-5}$。

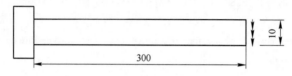

图 8-20　超弹性梁剪切弯曲

要求检查中间结果，画出力-挠度响应曲线，需要存储所有子步骤的输出。梁的端部约束需要重视，完全约束端部的所有自由度会使模型趋于过分约束，因此仅约束每个梁在 $X = 0$ 处的所有 U_X 和最底部 U_Y。施加的剪切载荷是作用于 SURF153 表面效应单元面，在方向 2（1 表示法线方向，2 表示切线方向）上的载荷集度为 1×10^{-4}。使用表面单元加载的目的是载荷将作为一个随动力，总是与梁的端部相切。

ANSYS 菜单操作步骤如下。

（1）指定分析范畴为结构分析。

　　Main Menu→Preference→选中 Structural→OK

（2）设置文件名。

　　Utility Menu→File→Change Jobname，输入"Bending of a hyperelastic beam"

（3）Utility Menu→File→Change Title：Stress in Cantilever_beam

（4）选择单元类型。

　　Main Menu→Preprocessor→Element Type→Add/Edit/Delete→Add→Solid Quad 4node 182→OK→Options→K3：Plane Strain→OK→Add→Surface Effect：2D structural 153→OK→Close

（5）为了验证四边形四结点单元性能，按顺序共三次修改单元技术（element technology）并进行选择，当完成计算获得结果后，再返回此处继续下个选择。

　　Main Menu→Preprocessor→Element Type→Add/Edit/Delete ...→点击 Options→

1）单元技术 1，选择采用完全积分（full integration）的 B-Bar 方法：K1：Full Integration；K3：Plane Strain；K6：Pure displacement→OK→Close。

2）单元技术 2，选择减缩积分（reduced integration），即 URI 公式：K1：Reduced Integration；K3：Plane Strain；K6：Pure displacement→OK→Close。

3）单元技术 3，选择采用增强应变（enhanced strain），即 EAS 公式：K1：Enhanced Strain；K3：Plane Strain；K6：Pure displacement→OK→Close。

（6）添加材料特性。

　　Main Menu → Preprocessor → Material Props → Material Models → Structural → Nonlinear → Elastic → Hyperelastic→Mooney-Rivlin→3 parameters→C10 = 0.163498→C01 = 0.125076→C11 = 0.014719→d = 6.93063E-5→OK→Exit

（7）生成矩形面。

Main Menu→Preprocessor→Modeling→Create→Areas→Rectangle→By two corners→WP X，WP Y 均输入 0；Width＝0.3；Height＝0.01→OK

（8）设定单元长度为 0.002。

Main Menu→Preprocessor→Meshing→Size Cntrls→ManualSize→Global→Size→将弹出 Global Element Sizes→在对话框中的 Element edge length 对话框中输入 0.002→OK，完成单元尺寸的设置并关闭对话框。

（9）划分网格。

Main Menu→Preprocessor→Meshing→Mesh→Areas→Free→将弹出 Mesh Areas 拾取对话框→Pick All

（10）设置单元类型指针指向 2（SURF153），并建立表面效应单元。

Main Menu→Preprocessor→Modeling→Create→Elements→Elem Attributes→Element type Num→指向 2：SURF153→OK

（11）选择右侧边。

Utility Menu→Select→Entities→Lines→From Full→选取选择右侧边线→OK

Utility Menu→Plot→Lines

（12）选择依附在右侧边上的结点。

Utility Menu→Select→Entities→Nodes→Attached→Lines All→Select All→OK

Utility Menu→Plot→Nodes

（13）创建表面单元。

Main Menu→Preprocessor→Modeling→Create→Elements→Surf /Contact→Surf Effect→Generl Surface→No extra Node→Pick All

（14）选择表面单元。

Utility Menu→Select→Entities→Elements→By Attributes→在下方输入栏填入：2→OK

Utility Menu→Plot→Elements

（15）给模型右边施加均布剪切载荷。

Main Menu→Preprocessor→Loads→Define Loads→Apply→Structural→Pressure→On Element→Pick all→将方向标 LKEY 的值改为 2→VALUE Load PRES values：1E-4→OK

（16）还原全选状态。

Utility Menu→Select→Everything

（17）显示所生成的几何模型。

Utility Menu→Plot→Areas

（18）给模型左边施加固定约束。

Main Menu→Solution→Define Loads→Apply→Structural→Displacement→On lines→在拾取对话框内，选左边线→OK→第一行：UX→第四行 VALUE 选 0：→OK

Main Menu→Solution→Define Loads→Apply→Structural→Displacement→On Nodes→在拾取对话框内，选左边线上最下方点（其坐标（0，0，0））→OK→第一行：UY→第四行 VALUE 选 0：→OK

（19）指定非线性分析的求解选项。

Main Menu→Solution→Analysis Type→Sol'n Control ...→Analysis Options：Large Displacement Static→Number of substeps 输入：100→Max no. of substeps 输入：1E5→Min no. of substeps 输入：2→Frequency：Write every substep→OK

（20）求解非线性模型。

Main Menu→Solution→-Solve- Current LS→OK

（21）查看 Y 方向位移结果。

　　Main Menu→General Postproc→Read Results→Last Set→该命令载入最终结果集

　　Main Menu→General Postproc→Plot Results→Contour Plot- Nodal Solu→ . . . →选择 DOF Solution，然后选择 Translation UY→OK，画出 UY 方向位移

　　因为这是一个超弹性特性的非线性分析，梁在给定载荷下显著的弯曲。

（22）查询 Y 方向位移结果。

　　Main Menu→General Postproc→Query Results→Subgrid Solu . . . →选择 DOF Solution，然后选择 Translation UY→点击 OK→拾取选择梁顶部的任意一个结点。

（23）X 方向应力结果显示。

　　Main Menu→General Postproc→Plot Results→Contour Plot→Nodal Solu→Stress→X Component of stress→OK

（24）检查 von Mises 应力结果。

　　Main Menu→General Postproc→Plot Results→Contour Plot→Element Solu . . . →Stress→von Mises SEQV→OK

参考图请扫二维码。

题 8-5 参考图

小结：

（1）相关文献报道，对于梁的非线性弹性剪切弯曲，增强应变方法提供最精确的解，而 URI 方法太"软"，B-Bar 方法适合与防止"体积锁闭"，在剪切弯曲这种特殊情况下，显示出有"剪切锁闭"。增加网格密度通常有利于 URI 方法，但一般无助于改善 B-Bar 中的剪切锁闭。

（2）因为挠度不同，所以预计相应的应力结果也不同。在一个单元内，B-Bar 方法和增强应变方法的应力结果不同。对 URI，每个单元具有常应力值，由于 URI 每个低阶单元有一个积分点，这是期望的结果，因此 URI 方法需要更细的网格密度来捕捉应力梯度。

（3）用户可以调整网格密度进行对比，B-Bar 方法趋于产生太小的位移，网格细化没有太多帮助。相反地，在这个特殊例子中，URI 方法产生一个太"软"的网格，结果位移太大，但网格细化时趋于收敛。

8-6　非线性超弹性圆柱挤压。

超弹性圆柱挤压如图 8-21 所示。

问题描述：设实心圆柱的直径为 $D = 800$ mm，厚度为 $T = 400$ mm。压板宽度 $W = 1000$ mm，高度为 $H = 100$ mm，厚度为 $T = 600$ mm。要求计算压下量为 200 mm 时材料内部的应力-应变分布。模具为 1 号材料的弹性模量为 $E = 200$ GPa，泊松比为 0.3。圆柱为 2 号材料，使用非线性超弹性材料 3 项的 Mooney-Rivlin 模型。其三参数表达式：

$$W = C_{10}(\bar{I}_1 - 3) + C_{01}(\bar{I}_2 - 3) + C_{11}(\bar{I}_2 - 3)(\bar{I}_2 - 3) + \frac{1}{d}(J - 1)^2$$

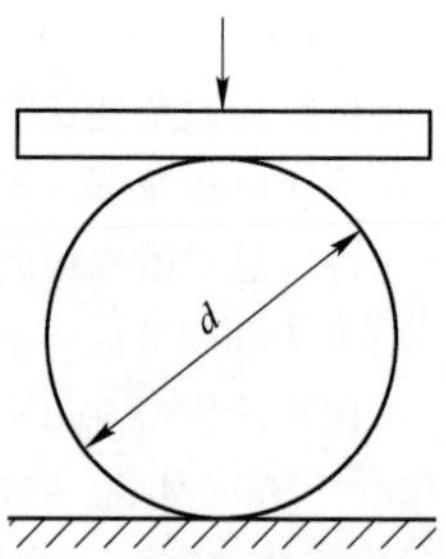

其中材料常数为：$C_{10} = 0.163498$，$C_{01} = 0.125076$，$C_{11} = 0.014719$，$d = 6.93063 \times 10^{-5}$。接触面的摩擦系数 $f = 0.3$。根据对称性，以 1/4（沿厚度也要刨分，实际是 1/8）建立模型。使用缺省方法（B-Bar）、减缩积分（URI）和增强应变（EAS）三种不同单元技术，求解梁的非线性弹性变形，比较关于剪切锁闭的结果。

图 8-21　超弹性圆柱挤压

ANSYS 菜单操作步骤如下。

（1）指定分析范畴为结构分析。

　　Main Menu→Preference→选中 Structural→OK

（2）设置文件名。

　　Utility Menu→File→Change Jobname，输入"Press of a hyperelastic cylinder"

（3）选择单元类型。

    Main Menu→Preprocessor→Element Type→Add/Edit/Delete→Add→Solid→Brick 8node 185→OK→Close

（4）为了验证六面体八结点单元性能，按顺序共三次修改单元技术（element technology）并进行选择，当完成计算获得结果后，再返回此处继续下个选择。

    Main Menu→Preprocessor→Element Type→Add/Edit/Delete ...→点击 Options→

1）单元技术 1，采用完全积分（full integration）的 B-Bar 方法（带沙漏模式控制）：K2：Full Integration；K3：Structure Solid；K6：Pure displacement→OK→Close。

2）单元技术 2，选择减缩积分（reduced integration），即 URI 公式：K2：Reduced Integration；K3：Structure Solid；K6：Pure displacement→OK→Close。

3）单元技术 3，选择采用增强应变（enhanced strain），即 EAS 公式：K2：Enhanced Strain；K3：Structure Solid；K6：Pure displacement→OK→Close。

（5）添加材料特性。

    Main Menu→Preprocessor →Material Props →Material Models →Structural →Linear →Elastic →Isotropic →input EX：20e9，PRXY：0.3→OK→Material→New Model ...→ID：2→OK→Nonlinear→Elastic→Hyperelastic→Mooney-Rivlin→3 parameters→C10 = 0.163498→C01 = 0.125076→C11 = 0.014719→d=6.93063E-5→OK→Exit

（6）生成四分之一圆柱。

    Main Menu→Preprocessor →Modeling →Create →Volumes→Cylinder→Partial Cylinder →依次输入圆柱内径：Rad-1 = 0、起始角 Theta-1 = 0、外径 Rad-2 = 400、终止角 Theta-2 = 90、厚度 Depth = 200 →OK

（7）生成二分之一压板。

    Preprocessor →Modeling→Create →Volumes→Block→By 2 Corners & Z→依次输入：WP X = 0；WP Y = 400；Width = 500；Height = 100；Depth = 300→OK

（8）单元属性设置。

    Main Menu→Preprocessor→Meshing→Mesh Attributes→Picked Volumes→出现 Volumes Attributes 拾取对话框，拾取压板→Apply→Material Number→1→Apply→出现 Volumes Attributes 拾取对话框，拾取圆柱→OK→Material Number→2→OK

（9）设定单元长度为 50。

    Main Menu → Preprocessor → Meshing → Size Cntrls → ManualSize → Global → Size→将弹出 Global Element Sizes→在对话框中的 Element edge length 对话框中输入 50→OK，完成单元尺寸的设置并关闭对话框

（10）划分网格。

    Main Menu→Preprocessor→Meshing→Mesh→Volumes→Mapped→4 to 6 sided→将弹出 Mesh Volumes拾取对话框→拾取压板→Apply→Mapped→4 to 6 sided→将弹出 Mesh Volumes 拾取对话框→拾取圆柱→OK

（11）创建接触对。

圆柱和压板在接触时是无过盈配合，圆柱外表面和压板的表面之间将构成面-面接触对。ANSYS 的接触对生成向导可以使用户非常方便地生成分析需要的接触对。在生成接触对的同时，ANSYS 程序将自动给接触对分配实常数号。

1）打开接触管理器。

    Main Menu→Preprocessor→Modeling→Create→Contact Pair

2）单击接触管理器中的工具条上最左上角的按钮，将弹出 Add Contact Pair（添加接触对）对话框。

3）指定接触目标表面。模具看成是刚度较大的柔性体，Target Surface：用默认的"Area"，在 Target Type 选 Flexible，单击 Pick Target，弹出 Select Area for Target 对话框，在图形输出窗口中单击那条矩形的下底横线，模具选定→OK→单击 NEXT 进入下一个画面。

4）弹出选中接触面的对话框，单击 Pick Contact，弹出 Select Area for Target 对话框，在图形输出窗口中单击圆柱的外环面将其选定→OK→NEXT→对接触对属性进行设置。

5）单击 Material ID（材料代号）下拉框中的"1"，指定接触材料属性为定义的一号材料。并在 Coefficient Of Friction（摩擦系数）文本框中输入"0.3"，指定摩擦系数为 0.3。单击按钮，来对接触问题的其他选项进行设置。

6）打开对摩擦选项设置的选项卡 Optional setting，在对话框中的 Normal Penalty Stiffness 文本框中输入"0.1"，指定接触刚度的处罚系数为 0.1。在 Friction 选项中的 Stiffness matrix 下拉框中选"Unsymmetric"选项，指定本实例的接触刚度为非对称矩阵。其余的设置保持缺省，单击 Create 按钮关闭对话框，完成对接触选项的设置。

7）查看图中的信息，注意刚-柔接触对的外法线方向应该彼此对立，否则用 Flip Target Normals 调整，然后单击 Finish 关闭对话框。在接触管理器的接触对列表框中，将列出刚定义的接触对，其实常数为 3。

（12）给 1/4 圆柱底面施加对称约束。

Main Menu→Solution →Define Loads →Apply →Structural →Displacement →Symmetry BC→On Areas→出现选取框，拾取 1/4 圆柱底面→OK

（13）给 1/4 圆柱和压板的左侧面施加对称约束。

Main Menu→Solution →Define Loads →Apply→Structural →Displacement →Symmetry BC→On Areas →拾取 1/4 圆柱和压板的左侧面→Apply→ OK

（14）给 1/4 圆柱和压板的后表面施加对称约束。

Main Menu→Solution →Define Loads →Apply→Structural →Displacement →Symmetry BC→On Areas →拾取 1/4 圆柱和压板的后表面→Apply→ OK

（15）给作为工具的压板上表面施加位移（根据对称性，实际压下量 100mm）。

Main Menu→Solution →Define Loads →Apply →Structural →Displacement →On Areas→拾取压板上表面→Apply→UY：-100 →OK

（16）分析参数设定与计算。

Main Menu → Solution → Analysis Type → New analysis → Static → Sol'n Controls → Large deformation static；Number Of substeps =100；Max No substeps =1E5；Min No substeps =10 → OK

（17）分析计算。

Main Menu→Solution →Solve →Current LS →OK

（18）结果显示。

Main Menu→General Postproc → Plot Results → Deformed Shape ...→ Select Def + Undeformed →OK → Contour Plot → Nodal Solu ...→ St

参考图请扫二维码。

题 8-6 参考图

8-7　将 SOLID185 实体单元与 BEAM188 梁单元用刚性区法在交界面进行刚性连接后，在立方体上表面施加均匀 1 MPa 压强模拟矩形截面悬臂梁弯曲变形。实体单元所表示的矩形截面梁，长度 4000 mm，宽度 1000 mm，高度 2000 mm。与之相连接的梁单元，截面矩形，长度 6000 mm，宽度 1000 mm，高度 2000 mm。在梁单元端部设定为固定约束。材料的弹性模量 E = 200 GPa，泊松比为 0.3，如图 8-22 所示。

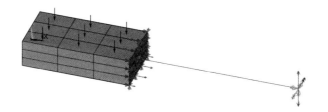

图 8-22　实体单元与梁单元用刚性区法进行刚性连接示意图

解题基本步骤如下。

（1）设定偏好，选定单元。

　　Main Menu→Preference→选中 Structural→OK

　　Main Menu→Preprocessor→Element Type→Add/Edit/Delete→Add→Beam188→Apply→SOLID 185→OK→Close

（2）定义材料参数。

　　Main Menu→Preprocessor→Material Props→Material Models→Structural→Linear→Elastic→Isotropic→输入 EX：200E3；PRXY：0.3→OK 退回主菜单。

（3）定义截面。

　　Main Menu→Preprocessor→Sections→Beam→Common Sections→在选项框内，Name：填入 Beam；Sub-Type：选矩形黑框；B＝1000；H＝2000→OK

（4）生成梁单元所表示的直线。

　　Main Menu→Preprocessor→Modeling→Create→Keypoints→In Active CS→在选项框内，第一栏 NPT Keypoint number：填入 1；第二栏 X，Y，Z Location in active CS：填入 4，0，0→Apply→第一栏 NPT Keypoint number：填入 2；第二栏 X，Y，Z Location in active CS：填入 10，0，0→ OK

　　Main Menu→Preprocessor→Modeling→Create→Lines→Lines→Straight Line→出现拾取框，用鼠标拾取 1 号和 2 号关键点，形成 1 号直线→OK

（5）梁单元网格划分。

　　Main Menu→Preprocessor→Meshing→Mesh Tool→Size Controls，Lines：Set→在拾取对话框内，Pick All→SIZE　Element edge length：0.2→OK→回到 Mesh Tool→点击框顶部（Global）Set→在选项框中，确认 Element type number：1 BEAM88；Material number：1；Section number：1 Beam→OK→回到 Mesh Tool→mesh→拾取表示梁的 1 号直线→OK→ Close

（6）确定梁单元在左端结点号。

　　Utility Menu→Select→Entitines→在拾取对话框内，第一栏为 Noders→第二栏为 By Num/Pick→OK→拾取梁单元在左端结点，可以看见为 1 号

注意：可以显示梁横截面的几何形状。

　　Utility Menu→ PlotCtrls → Style → Size and Shape→On

（7）生成实体单元所表示的立方体。

　　Main Menu→ Preprocessor → Modeling → Create → Volumes → Block → By Dimension → X1，X2 X-coordinates，填入 0，4；Y1，Y2 Y-coordinates，填入-0.5，0.5；Z1，Z2 Z-coordinates，填入-1，1→OK

（8）实体单元网格划分。

　　Main Menu→Preprocessor→Meshing→Mesh Tool→点击框顶部（Global）Set→在选项框中，将 Element type number 的 1 BEAM88 下拉换成：Element type number 2 SOLID185；Material number 仍然是 1；Section number 下拉换成：Not Section→OK→回到 Mesh Tool→设定 Shape：Hex 和 Sweep→点击

Sweep→拾取立方体→OK

（9）将 SOLID185 实体单元与 BEAM188 梁单元用刚性区法在交界面进行刚性连接。

Utility Menu→Select→Entitines→在拾取对话框内，第一栏为 Noders→第二栏为 By Location→点击 X coordinates 旁边圆框→下面栏内填 4→OK

Utility Menu→PLot→Nodes

Main Menu→Preprocessor→Coupling / Ceqn→Rigid Region

在标识框内填写主结点号 1→Apply→然后点击 Pick All→OK

Utility Menu→Select→Everything

Utility Menu→PLot→Elements

（10）施加约束。

Main Menu→Solution→Define Loads→Apply→Structural→Displacement→On Keypoint→拾取梁单元在右端关键点（2 号）→OK→输入栏中，选择 All DOF →OK

（11）给立方体上表面施加均布压强。

Main Menu→Solution→Define Loads→Apply→Structural→Pressure→On Areas→拾取立方体上表面（4 号面）→OK→第 2 栏，输入：1E6→OK

改变显示符号：

Utility Menu →PlotCtrls→Symbols→将第 12 栏：Face outlines 改成 Arrows→OK

Main Menu→Solution→Load Step Opts→Write LS File→在框内填：1→OK

（12）分析计算。

Main Menu→Solution→Solve→Current LS→OK

（13）在 X 方向显示弯曲应力结果。

Main Menu→General Postproc→Read Results→First Set

Main Menu→General Postproc→Plot Results→Contour Plot→Nodal Solution→Stress →X-Component of stress→OK

题 8-7 参考图

（14）退出系统。

参考图请扫二维码。

8-8　将 SOLID186 实体单元与 BEAM189 梁单元用刚性区法在交界面进行刚性连接后，在梁单元左端施加扭转力偶 100 Nm，模拟圆轴扭转变形。实体单元所表示的圆轴，长度 2 m，半径 0.2 m。与之相连接的梁单元所表示的圆轴，长度 1 m，半径 0.2 m。在实体单元右端部设定为固定约束。材料的弹性模量 $E = 200$ GPa，泊松比为 0.3，如图 8-23 所示。

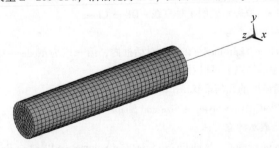

图 8-23　实体单元与梁单元用刚性区法进行刚性连接示意图

解题基本步骤如下。

（1）设定偏好，选定单元。

Main Menu→Preference→选中 Structural→OK

Main Menu→Preprocessor→Element Type→Add/Edit/Delete→Add→BEAM189→Apply→SOLID186→OK→Close

（2）定义材料参数。

Main Menu→ Preprocessor→Material Props→Material Models→Structural→Linear→Elastic→Isotropic→输入 EX：200E9；PRXY：0.3→OK 退回主菜单

（3）定义截面。

Main Menu→Preprocessor→Sections→Beam→Common Sections→在选项框内，Name：填入 Shaft；Sub-Type：选实心圆形黑框；R=0.2；N=50→OK

（4）生成梁单元所表示的直线。

Main Menu→Preprocessor→Modeling→Create→Keypoints→In Active CS→在选项框内，第一栏NPT Keypoint number：填入 1；第二栏 X，Y，Z Location in active CS：填入 0，0，0→Apply→第一栏NPT Keypoint number：填入 2；第二栏 X，Y，Z Location in active CS：填入 0，0，1→ OK

Main Menu→Preprocessor→Modeling→Create→Lines→Lines→Straight Line→出现拾取框，用鼠标拾取 1 号和 2 号关键点，形成 1 号直线→OK

（5）梁单元网格划分。

Main Menu→Preprocessor→Meshing→Mesh Tool→Size Controls，Lines：Set→在拾取对话框内，Pick All→SIZE　Element edge length：0.05→OK→回到 Mesh Tool→点击框顶部（Global）Set→在选项框中，确认 Element type number：1 BEAM89；Material number：1；Section number：1 Shaft→OK→回到 Mesh Tool→mesh→拾取表示梁的 1 号直线→OK→ Close

（6）确定梁单元左端结点号。

Utility Menu→Select→Entitines→在拾取对话框内，第一栏为 Noders→第二栏为 By Num/Pick→OK→拾取梁单元左端结点，可以看见为 2 号

注意：可以显示梁单元表现的圆轴横截面的几何形状。

Utility Menu→ PlotCtrls → Style → Size and Shape→On

（7）生成实体单元所表示的圆轴。

Main Menu→Preprocessor→Modeling→Create→Volumes→Cylinder→By Dimension→RAD1 Outer radius 填入 0.2，Z1，Z2 Z-coordinates 填入 2 和 3→OK

（8）实体单元网格划分。

Main Menu→Preprocessor→Meshing→Mesh Tool→点击框顶部（Global）Set→在选项框中，将Element type number 1 BEAM89 下拉换成：Element type number 2 SOLID186；Material number 仍然是1；Section number 下拉换成：Not Section→OK→回到 Mesh Tool→设定 Shape：Hex 和 Sweep→点击Sweep→拾取圆柱体→OK

（9）将 SOLID186 实体单元与 BEAM189 梁单元用刚性区法在交界面进行刚性连接。

Utility Menu→Select→Entitines→在拾取对话框内，第一栏为 Noders→第二栏为 By Location→点击 Z coordinates 旁边圆框→下面栏内填 1→OK

Utility Menu→PLot→Nodes

Main Menu→Preprocessor→Coupling / Ceqn→Rigid Region

在标识框内填写主结点号 2→Apply→然后点击 Pick All→OK

Utility Menu→Select→Everything

Utility Menu→PLot→Elements

（10）在实体圆柱的右端面施加约束。

Main Menu→Solution→Define Loads→Apply→Structural→Displacement→On Areas→拾取实体圆柱的右端面→OK→输入栏中，选择 All DOF→0→OK

（11）给梁单元表现的圆轴右端施加力偶 100 N·m。

　　Main Menu→Solution→Define Loads→Apply→Structural→Force/Moment→On Keypoint→拾取梁单元表示的圆柱右端的 1 号关键点→OK→在第 1 栏下拉至 MZ，在第 1 栏输入：100→OK

（12）分析计算。

　　Main Menu→Solution→Solve→Current LS→OK

（13）显示第一主应力结果。

　　Main Menu→General Postproc→Read Results→First Set

　　Main Menu→General Postproc→Plot Results→Contour Plot→Nodal Solution→Stress→1st Principal stress→OK

（14）退出系统。

　　参考图请扫二维码。

题 8-8 参考图

9 热传导问题的有限单元法与 ANSYS 热分析

第 9 章数字资源

本章学习要点

本章主要介绍了稳态与瞬态传热的基本知识及其有限元基本方程。要求熟悉传热问题涉及的基本边界条件和计算所需用的材料常数、时间积分概念；掌握用 ANSYS 软件进行稳态与瞬态传热计算的基本步骤，以及稳态传热与结构应力耦合时采用的间接方法的步骤。

思政课堂

神威·太湖之光

神威·太湖之光是一款超级计算机，由中国国家超级计算济南中心研制。它在 2016 年被列为全球最快的计算机，拥有超过 93 万个处理器核心、40960 个计算结点和 12.6 万吨制冷系统。神威·太湖之光主要用于科学、工程和军事领域的大规模计算任务，如气象预测、分子模拟和核物理研究。它代表着中国超级计算机技术的最高水平，是中国引领世界超级计算机领域的重要代表之一，它的诞生不仅让中国在超级计算机领域取得了重大突破，也为全球科技进步作出了巨大贡献。同时神威·太湖之光也是一台由中国自主设计研发的超级计算机，是当前全球性能最强的超级计算机。党的二十大报告指出，加快建设制造强国、质量强国、航天强国、交通强国、网络强国、数字中国。习近平总书记深刻指出，加快数字中国建设，就是要适应我国发展新的历史方位，全面贯彻新发展理念，以信息化培育新动能，用新动能推动新发展，以新发展创造新辉煌。神威·太湖之光的问世进一步保障了数字中国的建设，培育壮大了人工智能、大数据、区块链、云计算、网络安全等新兴数字产业，加快促进人工智能与各产业领域深度融合。

神威·太湖之光的成功进一步推动了有限元模拟计算的速率，二者相辅相成，有限元法是基于近代计算机的快速发展而发展起来的一种近似数值方法，用来解决力学、数学中的带有特定边界条件的偏微分方程问题。而这些偏微分方程是工程实践中常见的固体力学和流体力学问题的基础。有限元和计算机发展共同构成了现代计算力学的基础。有限元法的核心思想是"数值近似"和"离散化"。神威·太湖之光的成功将进一步推动有限元方法的研究。

超算技术的飞速发展及其在众多领域的重要应用，让甘霖对它产生了浓厚兴趣，并在读博时选择了这个研究方向。2015 年 12 月，还在读博的甘霖，与一群平均年龄只有 25 岁的年轻人来到无锡研发基地，投入"神威·太湖之光"的试算与调试工作中。甘霖进入研发团队后，他迅速发现了神威·太湖之光在架构设计、芯片制造、系统优化等多个方面存在的小问题。他毫不犹豫地向团队提出了自己的看法，并开始与其他成员一起探讨解决方案。在与团队的合作中，甘霖不仅展现出了出色的技术能力，还表现出了极强的创新能力和团队合作能力。他提出的很多建议和方案，都为神威·太湖之光的研发工作带来了巨大的帮助。他的能力和表现也得到了研发团队的高度认可和赞赏。

开发这一系统的过程殊为不易，甘霖和团队研究人员不仅要面对百万行的程序代码，还需要克服数学、物理等不同学科的众多关键问题，以此实现基于国产超算的超大规模、高分辨率的科学应用模拟。在神威·太湖之光的重点攻关时期，会产生许多细小的程序错误，为了精准地消除这些错误，甘霖和团队研究人员往往需要花费几天甚至几周的时间，甘霖常常一天只睡三四个小时，正是因为研究人员的不懈努力、不畏艰险、不怕吃苦的精神，甘霖和年轻成员们成功地将强大的计算能力投入神威·太湖之光的应用中，让这台超级计算机既能"算得快"，也能"用得好"。

经过多年的不断努力，神威·太湖之光的性能达到了每秒 125.4 万亿次计算，成为全球性能最强的超级计算机。这一成就不仅让中国在超级计算机领域跻身世界前列，也让全球科技进步迈上了一个新的台阶。甘霖作为神威·太湖之光研发团队的一员，为这一壮举作出了重要贡献。他的创新精神和团队合作能力，成为了研发过程中不可或缺的一部分。他的故事也成为了激励更多青年科技工作者为人类科技进步作出贡献的动力和榜样。时光不会被辜负，勿忘初心。从今天起，努力做一个可爱的人，不羡慕谁，也不埋怨谁，在自己的道路上，欣赏自己的风景，遇见自己的幸福。为祖国的繁荣昌盛，为了更美好的未来，不懈奋斗。

9.1　热传导方程与换热边界条件

在分析工程问题时，经常要了解工件内部的温度分布情况，如发动机的工作温度、金属工件在热处理过程中的温度变化、流体温度分布等。物体内部的温度分布取决于物体内部的热量交换，以及物体与外部介质之间的热量交换，一般认为是与时间相关的。传热过程中的基本变量是温度，它是物体内坐标和时间的函数。物体内部的热交换采用以下的热传导方程（Fourier 方程）来描述：

$$\rho c \frac{\partial T}{\partial t} = \frac{\partial}{\partial x}\left(\lambda_x \frac{\partial T}{\partial x}\right) + \frac{\partial}{\partial y}\left(\lambda_y \frac{\partial T}{\partial y}\right) + \frac{\partial}{\partial z}\left(\lambda_z \frac{\partial T}{\partial z}\right) + \overline{Q} \tag{9-1}$$

式中　　　ρ——密度，kg/m^3；

　　　　　c——比热容，$J/(kg \cdot K)$；

λ_x，λ_y，λ_z——导热系数，$W/(m \cdot K)$；

　　　　　T——温度，℃；

　　　　　t——时间，s；

　　　　　$\overline{Q}$——内热源密度，W/m^3。

对于各向同性材料，不同方向上的导热系数相同，热传导方程可写成以下形式：

$$\rho c \frac{\partial T}{\partial t} = \lambda \frac{\partial^2 T}{\partial x^2} + \lambda \frac{\partial^2 T}{\partial y^2} + \lambda \frac{\partial^2 T}{\partial z^2} + \overline{Q} \tag{9-2}$$

除了热传导方程，计算物体内部的温度分布，还需要指定初始条件和边界条件。初始条件是指物体最初的温度分布情况，即：

$$T\big|_{t=0} = T_0(x, y, z) \tag{9-3}$$

边界条件是指物体外表面与周围环境的热交换情况。在传热学中一般把边界条件分为三类。

（1）给定物体边界上的温度，称为第一类边界条件。物体表面上的温度或温度函数为已知，即：

$$T\big|_{s} = T_s \quad 或 \quad T\big|_{s} = T_s(x, y, z, t) \tag{9-4}$$

（2）给定物体边界上的热量输入或输出，称为第二类边界条件。已知物体表面上热流密度：

$$\left(\lambda_x \frac{\partial T}{\partial x}n_x + \lambda_y \frac{\partial T}{\partial y}n_y + \lambda_z \frac{\partial T}{\partial z}n_z\right)\bigg|_{s} = q_s$$

或

$$\left(\lambda_x \frac{\partial T}{\partial x}n_x + \lambda_y \frac{\partial T}{\partial y}n_y + \lambda_z \frac{\partial T}{\partial z}n_z\right)\bigg|_{s} = q_s(x, y, z, \iota) \tag{9-5}$$

（3）给定对流换热条件，称为第三类边界条件。物体与其相接触的流体介质之间的对流换热系数和介质的温度为已知，即：

$$\lambda_x \frac{\partial T}{\partial x}n_x + \lambda_y \frac{\partial T}{\partial y}n_y + \lambda_z \frac{\partial T}{\partial z}n_z = h(T_f - T_s) \tag{9-6}$$

式中　h——换热系数，$W/(m^2 \cdot K)$；

　　　T_s——物体表面的温度；

　　　T_f——介质温度。

如果边界上的换热条件不随时间变化，物体内部的热源也不随时间变化，在经过一定时间的热交换后，物体内各点温度也将不随时间变化，即 $\partial T/\partial t = 0$。这类问题称为稳态（steady state）热传导问题。稳态热传导问题并不是表达温度场不随时间的变化过程，而是指温度分布稳定后的状态。如果需要研究物体内部的温度场如何从初始状态过渡到最后状态的演变过程，则问题就成为温度场随时间变化的瞬态（transient）热传导问题。三维问题的稳态热传导方程为：

$$\frac{\partial}{\partial x}\left(\lambda_x \frac{\partial T}{\partial x}\right) + \frac{\partial}{\partial y}\left(\lambda_y \frac{\partial T}{\partial y}\right) + \frac{\partial}{\partial z}\left(\lambda_z \frac{\partial T}{\partial z}\right) + \overline{Q} = 0 \tag{9-7}$$

对于各向同性的材料，可以得到以下的方程，称为泊松（Poisson）方程：

$$\frac{\partial^2 T}{\partial x^2} + \frac{\partial^2 T}{\partial y^2} + \frac{\partial^2 T}{\partial z^2} + \frac{\overline{Q}}{\lambda} = 0 \tag{9-8}$$

考虑物体不包含内热源的情况，各向同性材料中的温度场满足拉普拉斯（Laplace）方程：

$$\frac{\partial^2 T}{\partial x^2} + \frac{\partial^2 T}{\partial y^2} + \frac{\partial^2 T}{\partial z^2} = 0 \tag{9-9}$$

在分析稳态热传导问题时，不需要考虑物体的初始温度分布对最后的稳定温度场的影响，因此不必考虑温度场的初始条件，而只需考虑换热边界条件。计算稳态温度场实际上是求解偏微分方程的边值问题。温度场是标量场，将物体离散成有限单元后，每个单元结点上只有一个温度未知数，比弹性力学问题要简单。进行温度场计算时有限单元的形函数与弹性力学问题计算时的完全一致，单元内部的温度分布用单元的形函数表示，由单元结点上的温度来确定。实际工程问题中的换热边界条件比较复杂，在许多场合下也很难进行测量，如何定义正确的换热边界条件是温度场计算的一个难点。

9.2　稳态温度场分析的一般有限元列式

稳态温度场是一个典型的场问题。在这里，应该采用加权余量法（weighted residual method）建立稳态温度场分析的有限元列式。假定单元的形函数为：

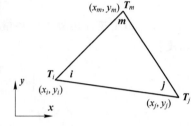

图 9-1　三结点三角形单元

$$N = \begin{bmatrix} N_1 & N_2 & \cdots & N_n \end{bmatrix} \qquad (9\text{-}10)$$

式中　n——单元结点总数。

例如，一个三结点三角形单元如图 9-1 所示，其三个结点温度用局部编号 i、j、m 表示如下。

单元结点的温度为：

$$\boldsymbol{T}^e = \begin{bmatrix} T_i & T_j & T_m \end{bmatrix}^{\mathrm{T}} \qquad (9\text{-}11)$$

单元内部任意点的温度通过结点温度内插表示为：

$$T = \sum_{i=1}^{n} N_i T_i = \boldsymbol{N} \boldsymbol{T}^e \qquad (9\text{-}12)$$

对于二维热传导问题，可以采用 Galerkin 法建立稳态温度场的一般有限元格式。二维问题的稳态热传导方程为：

$$\frac{\partial}{\partial x}\left(\lambda_x \frac{\partial T}{\partial x}\right) + \frac{\partial}{\partial y}\left(\lambda_y \frac{\partial T}{\partial y}\right) + \overline{Q} = 0 \qquad (9\text{-}13)$$

第一类换热边界条件为：

$$T\big|_s = T_s \qquad (9\text{-}14)$$

第二类换热边界条件为：

$$\lambda_x \frac{\partial T}{\partial x} n_x + \lambda_y \frac{\partial T}{\partial y} n_y = q_s \qquad (9\text{-}15)$$

第三类换热边界条件为：

$$\lambda_x \frac{\partial T}{\partial x} n_x + \lambda_y \frac{\partial T}{\partial y} n_y = h(T_f - T_s) \qquad (9\text{-}16)$$

在一个单元内的加权积分公式为：

$$\int_{\Omega}^{e} w_1 \left[\frac{\partial}{\partial x}\left(\lambda_x \frac{\partial \tilde{T}}{\partial x}\right) + \frac{\partial}{\partial y}\left(\lambda_y \frac{\partial \tilde{T}}{\partial y}\right) + \overline{Q} \right] \mathrm{d}\Omega = 0 \qquad (9\text{-}17)$$

由分部积分得：

$$\frac{\partial}{\partial x}\left(w_1\lambda_x\frac{\partial\tilde{T}}{\partial x}\right)=\frac{\partial w_1}{\partial x}\left(\lambda_x\frac{\partial\tilde{T}}{\partial x}\right)+w_1\frac{\partial}{\partial x}\left(\lambda_x\frac{\partial\tilde{T}}{\partial x}\right)$$

$$\frac{\partial}{\partial y}\left(w_1\lambda_y\frac{\partial\tilde{T}}{\partial y}\right)=\frac{\partial w_1}{\partial y}\left(\lambda_y\frac{\partial\tilde{T}}{\partial y}\right)+w_1\frac{\partial}{\partial y}\left(\lambda_y\frac{\partial\tilde{T}}{\partial y}\right)$$

应用 Green 定理，一个单元内的加权积分公式写为：

$$-\int_\Omega^e\left[\frac{\partial w_1}{\partial x}\left(\lambda_x\frac{\partial\tilde{T}}{\partial x}\right)+\frac{\partial w_1}{\partial y}\left(\lambda_y\frac{\partial\tilde{T}}{\partial y}\right)-w_1\overline{Q}\right]\mathrm{d}\Omega+$$

$$\oint_{\Gamma_e}w_1\left(\lambda_x\frac{\partial\tilde{T}}{\partial x}n_x+\lambda_y\frac{\partial\tilde{T}}{\partial y}n_y\right)\mathrm{d}\Gamma=0 \tag{9-18}$$

采用 Galerkin 方法，选择权函数为 $w_1=N_i$，将单元内的温度分布函数和换热边界条件代入式（9-18），单元的加权积分公式为：

$$\int_\Omega^e\left[\frac{\partial N_i}{\partial x}\left(\lambda_x\frac{\partial\boldsymbol{N}}{\partial x}\right)+\frac{\partial N_i}{\partial y}\left(\lambda_y\frac{\partial\boldsymbol{N}}{\partial y}\right)\right]\boldsymbol{T}^e\mathrm{d}\Omega-\int_\Omega^e N_i\overline{Q}\mathrm{d}\Omega-\int_{\Gamma_2}^e N_iq_s\mathrm{d}\Gamma+$$

$$\int_{\Gamma_3}^e N_ih\boldsymbol{NT}^e\mathrm{d}\Gamma-\int_{\Gamma_3}^e N_ihT_f\mathrm{d}\Gamma=0 \tag{9-19}$$

换热边界条件代入后，在式（9-19）内相应出现了第二类换热边界项为 $-\int_{\Gamma_3}^e N_iq_s\mathrm{d}\Gamma$，

第三类换热边界项为 $\int_{\Gamma_3}^e N_ih\boldsymbol{NT}^e\mathrm{d}\Gamma-\int_{\Gamma_3}^e N_ihT_f\mathrm{d}\Gamma$，但没有出现与第一类换热边界对应的项。这是因为采用 N_i 作为权函数，第一类换热边界被自动满足。写成矩阵形式有：

$$\int_\Omega^e\left[\left(\frac{\partial\boldsymbol{N}}{\partial x}\right)^{\mathrm{T}}\left(\lambda_x\frac{\partial\boldsymbol{N}}{\partial x}\right)+\left(\frac{\partial\boldsymbol{N}}{\partial y}\right)^{\mathrm{T}}\left(\lambda_y\frac{\partial\boldsymbol{N}}{\partial y}\right)\right]\boldsymbol{T}^e\mathrm{d}\Omega-\int_\Omega^e\boldsymbol{N}^{\mathrm{T}}\overline{Q}\mathrm{d}\Omega-$$

$$\int_{\Gamma_2}^e\boldsymbol{N}^{\mathrm{T}}q_s\mathrm{d}\Gamma+\int_{\Gamma_3}^e h\boldsymbol{N}^{\mathrm{T}}\boldsymbol{NT}^e\mathrm{d}\Gamma-\int_{\Gamma_3}^e\boldsymbol{N}^{\mathrm{T}}hT_f\mathrm{d}\Gamma=0 \tag{9-20}$$

一个单元有 n 个结点，式（9-20）是 n 个联立的线性方程组，可以确定 n 个结点的温度 T_i。将式（9-20）表示为矩阵形式：

$$\boldsymbol{k}^e\boldsymbol{T}^e=\boldsymbol{F}^e \tag{9-21}$$

式中　$\boldsymbol{k}^e$ ——单元的导热矩阵或称为温度刚度矩阵；

　　　$\boldsymbol{T}^e$ ——单元的结点温度向量；

　　　$\boldsymbol{F}^e$ ——单元的结点温度载荷向量或热载荷向量。

与结构有限元的载荷概念相似，无论体积分布热载荷 $\overline{Q}$ 还是面积分布热载荷 q_s 都必须等效移植成为单元的结点温度载荷向量。对于某个特定单元，单元导热矩阵 $\boldsymbol{k}^e$ 和温度载荷向量 $\boldsymbol{F}^e$ 的元素分别为：

$$k_{ij}^e=\int_\Omega^e\left(\lambda_x\frac{\partial N_i}{\partial x}\frac{\partial N_j}{\partial x}+\lambda_y\frac{\partial N_i}{\partial y}\frac{\partial N_j}{\partial y}\right)\mathrm{d}\Omega+\int_{\Gamma_3}^e hN_iN_j\mathrm{d}\Gamma \tag{9-22}$$

$$F_i^{\mathrm{e}} = \int_{\Gamma_2}^{\mathrm{e}} N_i q_{\mathrm{s}} \mathrm{d}\Gamma + \int_{\Gamma_3}^{\mathrm{e}} N_i h T_{\mathrm{f}} \mathrm{d}\Gamma + \int_{\Omega}^{\mathrm{e}} N_i \overline{Q} \mathrm{d}\Gamma \qquad (9\text{-}23)$$

如果某个单元完全处于物体的内部，则：

$$k_{ij}^{\mathrm{e}} = \int_{\Omega}^{\mathrm{e}} \left(\lambda_x \frac{\partial N_i}{\partial x} \frac{\partial N_j}{\partial x} + \lambda_y \frac{\partial N_i}{\partial y} \frac{\partial N_j}{\partial y} \right) \mathrm{d}\Omega$$

$$F_i^{\mathrm{e}} = \int_{\Omega}^{\mathrm{e}} N_i \overline{Q} \mathrm{d}\Gamma$$

在整个物体上的加权积分方程是单元积分方程的和，即：

$$\sum_{\mathrm{e}} \int_{\Omega}^{\mathrm{e}} \left[\left(\frac{\partial \boldsymbol{N}}{\partial x} \right)^{\mathrm{T}} \left(\lambda_x \frac{\partial \boldsymbol{N}}{\partial x} \right) + \left(\frac{\partial \boldsymbol{N}}{\partial y} \right)^{\mathrm{T}} \left(\lambda_y \frac{\partial \boldsymbol{N}}{\partial y} \right) \right] \boldsymbol{T}^{\mathrm{e}} \mathrm{d}\Omega - \sum_{\mathrm{e}} \int_{\Omega}^{\mathrm{e}} \boldsymbol{N}^{\mathrm{T}} \overline{Q} \mathrm{d}\Omega -$$

$$\sum_{\mathrm{e}} \int_{\Gamma_2}^{\mathrm{e}} \boldsymbol{N}^{\mathrm{T}} q_{\mathrm{s}} \mathrm{d}\Gamma + \sum_{\mathrm{e}} \int_{\Gamma_3}^{\mathrm{e}} h \boldsymbol{N}^{\mathrm{T}} \boldsymbol{N} \boldsymbol{T}^{\mathrm{e}} \mathrm{d}\Gamma - \sum_{\mathrm{e}} \int_{\Gamma_3}^{\mathrm{e}} \boldsymbol{N}^{\mathrm{T}} h T_{\mathrm{f}} \mathrm{d}\Gamma = 0 \qquad (9\text{-}24)$$

根据单元结点的局部编号与整体编号的关系，通过组装得到整体热刚度矩阵 $\boldsymbol{K}$ 和整体热载荷向量 $\boldsymbol{F}$，其整体热平衡方程组为：

$$\boldsymbol{K}\boldsymbol{T} = \boldsymbol{F} \qquad (9\text{-}25)$$

通过求解方程式（9-25）可以得到稳态的结点温度分布。与结构有限元方法类似，在平面热传导问题有限元方法中也可以使用四边形四结点单元以及其他高阶单元，其形函数的构造也与结构分析的同类单元完全相同，而其热刚度矩阵与热载荷向量在形式上与平面热问题的平面三角形三结点单元相同。应注意，由于在热问题的模拟过程中不会出现类似结构分析过程中的"锁闭"现象，因此在热传导问题有限元方法中并不使用非协调单元。热单元的发展方向是构建具有固-流-热-电-磁多场耦合能力的新型单元。在热分析实践中，通常采用低阶的等参数单元。

例 9-1　平面矩形板的稳态温度场分析。

一个 2D 矩形区域的稳态热对流如图 9-2 所示，模型的参数见表 9-1。由于在 AB 边上

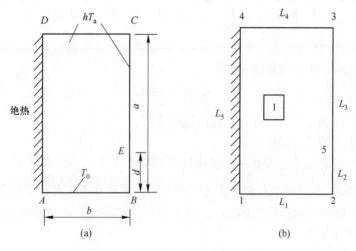

图 9-2　2D 矩形区域的稳态热对流

（a）问题描述图；（b）有限元分析的几何点、线、面模型图

的外界温度为 $T_0 = 100\ ℃$，而在 BC 边上的外界温度为 $Ta = 0\ ℃$，所以在它们的交点处（即 B 点）会出现一个奇异区，在 BE 区间将有温度的高梯度的跨越，因此，要求采用自适应网格划分进行多次分析，最后得到一个满足计算精度要求的温度计算结果。

表 9-1　2D 矩形区域的稳态热对流计算模型参数

材料性能	几何参数	边界条件
热传导系数 $K = 52.0\ \text{W}/(\text{m}\cdot℃)$	$a = 1.0\ \text{m}$ $b = 0.6\ \text{m}$	$T_0 = 100\ ℃$ $T_a = 0\ ℃$
热对流系数 $h = 750.0\ \text{W}/(\text{m}^2\cdot℃)$	$c = 0.2\ \text{m}$	

解　采用 2D 的计算模型，使用传热计算的平面单元 2D Thermal Solid Elements（PLANE55），采用自适应 ADAPT 命令来进行网格划分（不多于 10 次划分），控制的传热能量模数（thermalenergy norm）的计算精度为 5%。建模要点如下：

（1）首先定义分析类型，对于稳态传热分析，设置 <ANTYPE，STATIC>，并选取热分析单元，输入材料的热传导系数；

（2）建立对应几何关键点，注意给出需要关注的高梯度区域的 E 点，连点成线，再连线成面；

（3）定义热边界条件，包括给定边界温度，边界的对流系数；

（4）设定自适应网格划分，不多于 10 次划分，或精度误差在 5% 以内；

（5）在后处理中，用命令 <*GET 来提取相应位置的计算分析结果，最后将计算结果与参考文献所给出的解析结果进行比较。

详细过程如下。

（1）进入 ANSYS（设定工作目录和工作文件）。

程序 ANSYS→ANSYS Interactive→Working diretory（设置工作目录）→Initial iname（设置工作文件名）→Heat→Run→OK

（2）设置计算类型。

Main Menu→Preferences→Thermal→OK

（3）定义单元类型。

Main Menu→Preprocessor→Element Type→Add /Edit/Delete … →Add..→Thermal Solid：Quad 4node 55→OK（返回到 Element Types 窗口）→Close

（4）定义材料参数。

Main Menu→Preprocessor→Material Props→Material Models→Thermal Conductivity→Isotropic→input KXX：52.0（定义导热系数）→OK→Close（关闭材料定义窗口）

（5）生成几何模型。

Main Menu→Preprocessor→Modeling→Create→Keypoints→In Active Cs→NPT Keypoint number：1，X，Y，Z Location in active CS：0，0，0→Apply→依次输入其余 4 个关键点的坐标，坐标分别为（0.6，0），（0.6，1.0），（0，1.0），（0.6，0.2）→OK→Lines→Straight Line→分别连接各关键点（1-2）、（2-5）、（53）、（3-4）、（4-1）→OK→Areas→Arbitrary→By Line→选择所有的直线→OK

（6）模型加约束。

Utility Menu→PlotCtrls→Numbering . . . （出现 Plot Numbering Control 对话框）→KP：On，LINE：On→OK

Main Menu→Preprocessor→Loads→Define Loads→Apply→Thermal→Temperature→On Keypoints→点 关键点 1→OK（出现 Apply TEMP on Keypoints 对话框）→Lab2：TEMP：VALUE：100：KEXPND：Yes→Apply→点 关键点 2→OK（出现 Apply TEMon Keypoints 对话框）→Lab2：TEMP：VALUE：100：KEXPND：Yes→OK

Main Menu→Preprocessor→Loads→Define Loads→Apply→Thermal→Covection→On Lines →点 直线 2（L2）→OK（出现 Apply CONV on Lines 对话）→VALI750.0：VAL2I：0.0→OK→On Lines（Main Menu 下）→点 直线 3（L3）→OK（出现 ApplCONV on Lines 对话框）→VALI：750.0：VAL2I：0.0→OK→On Lines（Main Menu 下）→点 直线 4（L4）→OK（出现 Apply CONV on Lines 对话框）→VALI：750.0：VAL2I：0.0→OK

（7）自适应网格划分求解。

Main Menu→Solution→Solve→Adaptive Mesh（出现 Adaptive Meshing and Solution 对话框）→NSOL：10：TTARGT：5：FACMN：0.2：FACMX：1→OK

（8）后处理及结果显示。

1）显示温度云图。

Main Menu→General Postproc→Plot Results→Contour Plot→Nodal Solu（出现 Contour Nodal Solution Data 对话框）→DOF Solution→Nodal Temperature→OK（显示结点温度）

2）列出模型 E 点处的温度。

Utility Menu→Select→Entities→（出现 Select Entities 对话框）→在第一个下拉菜单中选择 KeyPoints→OK（出现 Select KeyPoints 对话）输入数 5→OK

Utility Menu→Select→Entities . . . （出现 Select Entities 对话框）→在两个下拉菜单中分别选择 Nodes、Attached to：点中 KeyPoints→OK（出现 Select KeyPoints 对话框）→输入数字 5→OK

Utility Menu→Numbering . . . （出现 Plot Numbering Control 对话框）→NODE on→OK（出现所选择结点的编号 30）

Utility Menu→Parameters→Get Scalar Data . . . （出现 Get Scalar Data 对话框）→选择 Result data，Nodal results→OK（出现 Get Nodal results Data 对话框）→Name：TEMP1：Nnumber N：30；Results data to be retrieved：DOF solution，Temperature TEMP→OK

Utility Menu→List→Status→Parameters→All Parameters（显示所有计算结果）

（9）退出系统。

Utility Menu→File→Exit→Save Everything→OK

9.3 瞬态热传导问题

瞬态温度场是一个与时间相关的问题。对于随时间变化（或不变）的载荷和边界条件，如果需要知道系统随时间的响应，就需要进行瞬态分析。瞬态温度场分析时，使用的基本材料常数为导热系数、质量密度和比热。随着时间推进，温度场在不断变化中，有时要将材料常数随温度变化的规律输入。这些材料特性用于计算每个单元的热存储性质并叠加到比热矩阵中。如果模型中有热质量交换，这些特性用于确定热传导矩阵的修正项。时变载荷和时变响应如图 9-3 和图 9-4 所示。

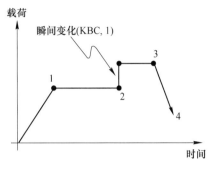

图 9-3　时变载荷

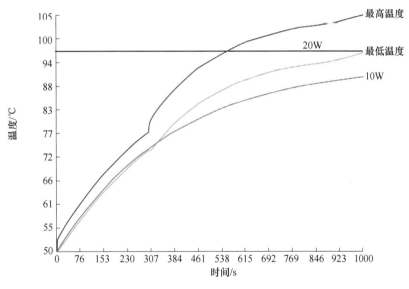

图 9-4　时变响应

9.3.1　瞬态热传导问题的基本方程与时间积分步

根据物理学知识，瞬态传热过程是指一个系统的加热或冷却过程。类似于稳态分析，瞬态分析可以是线性或非线性的。如果是非线性的，前处理与稳态非线性分析有同样的要求。稳态分析和瞬态分析最明显的区别在于加载和求解过程。在这个过程中，系统的温度、热流率、热边界条件以及系统内能随时间都有明显变化。根据能量守恒原理，瞬态热平衡可以表达为整体的热平衡方程组：

$$C\dot{T} + KT = Q \qquad (9\text{-}26)$$

式中　K——传导矩阵，它包含导热系数、对流系数及辐射率和形状系数等参数；

　　　C——比热矩阵，考虑系统内能的增加；

T——结点温度向量；

$\dot{T}$——温度对时间的导数；

Q——结点热流率向量，包含热生成。

当热载荷不随时间变化，则热平衡方程组是线性方程组。对于线性热系统，温度从一个时刻到另一个时刻连续变化，如图 9-5 所示。

如果有下列情况产生：

（1）材料热性能随温度变化，则 $K = K(T)$ 以及 $C = C(T)$ 等；

（2）边界条件随温度变化，如 $h = h(T)$ 等；

（3）网格中含有非线性单元（查有限元软件的单元手册）；

（4）考虑辐射传热效应。

则热瞬态分析成为非线性热分析。非线性热分析的热平衡矩阵方程为：

$$C(T)\dot{T} + K(T)T = Q(T) \tag{9-27}$$

对于热瞬态分析，为了在时间的离散点上得到系统方程的解，需要使用时间积分过程。两个时间点之间的时间长度称为时间积分步长（ITS）。通常情况下，ITS 越小，计算结果越精确。选择合理的时间步长很重要，它影响求解的精度和收敛性。如果时间步长太小，对于有中间结点的高阶单元会形成不切实际的振荡，造成温度结果不真实。如果时间步长太大，就可能丢失一些过程细节，不能得到足够的温度梯度，如图 9-6 中的虚线所示。

图 9-5　线性热系统变化趋势图

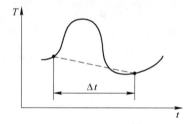

图 9-6　时间步长太大时丢失过程细节

在实践中，一种方法是先指定一个相对较保守的初始时间步长，然后使用自动时间步长按需要增加时间步长。在瞬态热分析中大致估计初始时间步长，可以使用毕渥数和傅里叶数。

毕渥数是无量纲的对流和传导热阻的比率：

$$Bi = \frac{h\Delta x}{K} \tag{9-28}$$

式中　Δx——名义单元宽度；

　　　h——平均对流换热系数；

　　　K——平均导热系数。

傅里叶数是无量纲的时间（$\Delta t/t$），对于宽度为 Δx 的单元，它量化了热传导与热存储的相对比率：

$$Fo = \frac{K\Delta t}{\rho c(\Delta x)^2} \tag{9-29}$$

式中 ρ , c ——平均的密度和比热容。

如果 $Bi<1$，可以将傅里叶数设为常数并求解 Δt 来预测时间步长：

$$\Delta t = \beta \frac{\rho c (\Delta x)^2}{K} = \beta \frac{(\Delta x)^2}{\alpha} \tag{9-30}$$

其中 $$0.1 \leqslant \beta \leqslant 0.5, \quad \alpha = K/\rho c$$

α 表示热耗散。α 数值较大表示材料容易导热而不容易储存热能。如果 $Bi \to 1$，时间步长可以用傅里叶数和毕渥数的乘积预测：

$$Fo \cdot Bi = \left[\frac{K \Delta t}{\rho c (\Delta x)^2} \right] \left(\frac{h \Delta x}{K} \right) = \frac{h \Delta t}{\rho c \Delta x} = \beta \tag{9-31}$$

求解 Δt 得到：

$$\Delta t = \beta \frac{\rho c \Delta x}{h} \quad (0.1 \leqslant \beta \leqslant 0.5) \tag{9-32}$$

时间步长的预测精度随单元宽度的取值、材料特性的平均方法和比例因子 β 而变化。

9.3.2 瞬态温度场的有限元列式

对于时间积分使用通用的梯形递推插分格式。假设当前时刻 t_n 的温度向量 $\boldsymbol{T}_n$ 为已知。可以定义下一个时间点的温度向量为：

$$\boldsymbol{T}_{n+1} = \boldsymbol{T}_n + (1 - \theta) \Delta t \dot{\boldsymbol{T}}_n + \theta \Delta t \dot{\boldsymbol{T}}_{n+1} \tag{9-33}$$

式中 θ ——欧拉参数，其缺省值为 1。

在下一个时间点 t_{n+1} 的温度为：

$$\boldsymbol{C} \dot{\boldsymbol{T}}_{n+1} + \boldsymbol{K} \boldsymbol{T}_{n+1} = \boldsymbol{Q} \tag{9-34}$$

下面求解 $\dot{\boldsymbol{T}}_{n+1}$，使用方程式（9-33）并将结果代入方程式（9-34）：

$$\left(\frac{1}{\theta \Delta t} \boldsymbol{C} + \boldsymbol{K} \right) \boldsymbol{T}_{n+1} = \boldsymbol{Q} + \boldsymbol{C} \left(\frac{1}{\theta \Delta t} \boldsymbol{T}_n + \frac{1-\theta}{1} \dot{\boldsymbol{T}}_n \right) \equiv \overline{\boldsymbol{K}} \boldsymbol{T}_{n+1} = \overline{\boldsymbol{Q}} \tag{9-35}$$

其中 $$\overline{\boldsymbol{K}} = \frac{1}{\theta \Delta t} \boldsymbol{C} + \boldsymbol{K} \tag{9-36}$$

称为等效热传导矩阵，而式（9-35）的右端项为：

$$\overline{\boldsymbol{Q}} = \boldsymbol{Q} + \boldsymbol{C} \left(\frac{1}{\theta \Delta t} \boldsymbol{T}_n + \frac{1-\theta}{1} \dot{\boldsymbol{T}}_n \right) \tag{9-37}$$

称为等效热流向量。

9.3.3 时间积分算法

由于方程式（9-36）的非线性特性，需要将计算时间离散为一系列的时间点。在每个时间点，按照增量形式通过迭代计算求解，因此需要差分推进计算，如图 9-7 所示。由计算方法知，差分推进计算涉及所谓欧拉参数 θ，采用不同数值的 θ 就对应于不同的差分格式。

已经证明在 $0.5 \leqslant \theta \leqslant 1$ 范围内，时间积分算法是隐式的而且无条件稳定。然而，如果不管时间积分步的大小，计算结果并不总是准确的。

当 $\theta = 0.5$，对应的时间积分称为 Crank-Nicolson 格式。此设置对于绝大多数热瞬态问题都是精确有效的。

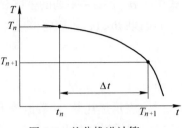

图 9-7 差分推进计算

当 $\theta = 1$，对应的时间积分称为 Backward Euler 格式。这是缺省的和最稳定的设置，是因为它消除了可能带来严重非线性或高阶单元的非正常振荡。Backward Euler 格式一般需要相对较小的 ITS 才能得到精确的结果。

在瞬态热分析中有许多潜在的错误来源。为评估时间积分算法的准确性，ANSYS 在每步计算后报告一些有用的数值。

（1）响应特征值，它表示了最近载荷步求解的系统特征值：

$$\lambda_{\mathrm{r}} = \frac{\Delta T^{\mathrm{T}} K \Delta T}{\Delta T^{\mathrm{T}} C \Delta T} \tag{9-38}$$

其中，ΔT 是温度向量 T 在最后时间步中的变化量。它代表了系统的热能传递和热能存储。它是无量纲的时间并可以看作系统矩阵的傅里叶数。

（2）振动极限，它是无量纲数，是响应特征值和当前时间步长的乘积：

$$f = \Delta t_n \lambda_{\mathrm{r}} \tag{9-39}$$

通常将振动极限限制在 0.5 以下，保证系统的瞬态响应可以充分地反应。ANSYS 在缺省情况下，自动时间步长功能（ATS）按照振动幅度预测时间步长。ATS 将振动幅度限制在 0.5 以下调整 ITS 以满足准则要求。

9.4   ANSYS 稳态热分析的基本过程

ANSYS 热分析可分为三个步骤：（1）前处理建模和划分网格；（2）施加载荷（边界条件），然后求解计算；（3）后处理查看计算结果。

9.4.1   建模

（1）确定文件名（jobname）、标题（title）等。

（2）进入前处理模块 PREP7，定义单元类型，设定单元选项。

（3）定义材料热性能参数。对于稳态传热，一般只需定义导热系数，它可以是恒定的，也可以随温度变化。

（4）创建几何模型并划分网格。

9.4.2   施加载荷计算

（1）定义分析类型。

如果进行新的热分析，命令为：

Main Menu→Solution→Analysis Type→New Analysis→Steady-state

如果继续上一次分析，比如增加边界条件等，命令为：

Main Menu→Solution→Analysis Type→Restart

（2）施加载荷（边界条件）。可以直接在实体模型或单元模型上施加下列五种载荷（边界条件）。

1）恒定的温度。通常作为自由度约束施加于温度已知的边界上，命令为：

Main Menu→Solution→Loads-Apply→Thermal-Temperature

2）热流率。热流率作为结点集中载荷，主要用于线单元模型中（通常线单元模型不能施加对流或热流密度载荷），如果输入的值为正，代表热流流入结点，即单元获取热量。如果温度与热流率同时施加在一结点上，则 ANSYS 读取温度值进行计算。

注意：如果在实体单元的某一结点上施加热流率，则此结点周围的单元要密一些；在两种导热系数差别很大的两个单元的公共结点上施加热流率时，尤其要注意。此外，尽可能使用热生成或热流密度边界条件，这样结果会更精确些。加载命令为：

Main Menu→Solution→Loads-Apply→Thermal-Heat Flow

3）对流换热。对流边界条件作为面载施加于实体的外表面，计算与流体的热交换，它仅可施加于实体和壳模型上，对于线模型，可以通过对流线单元 LINK34 考虑对流。加载命令为：

Main Menu→Solution→Loads-Apply→Thermal-Convection

4）热流密度。热流密度是一种面载。当通过单位面积的热流率已知时，可以在模型相应的外表面施加热流密度。如果输入的值为正，代表热流流入单元。热流密度也仅适用于实体和壳单元。热流密度与对流可以施加在同一外表面，但 ANSYS 仅读取最后施加的面载进行计算。加载命令为：

Main Menu→Solution→Loads-Apply→Thermal-Heat Flux

5）生热率。生热率作为体载施加于单元上，可以模拟化学反应生热或电流生热。它的单位是单位体积的热流率。加载命令为：

Main Menu→Solution→Loads-Apply→Thermal-Heat Generate

（3）求解。求解当前载荷步命令为：

Main Menu→Solution→Current LS

9.4.3 后处理

ANSYS 将热分析的结果写入 Jobname. rth 文件中，它包含的内容为：

（1）结点温度；

（2）结点及单元的热流密度；

（3）结点及单元的热梯度；

（4）单元热流率；

（5）结点的反作用热流率。

对于稳态热分析，可以使用通用后处理模块，以下列三种方式查看结果。

（1）彩色云图显示，命令为：

Main Menu→General Postproc→Plot Results→Nodal Solu/Element Solu/Elem Table

（2）热矢量图显示，命令为：

Main Menu→General Postproc→Plot Results→Pre-defined or Userdefined

（3）列表显示，命令为：

Main Menu→General Postproc→List Results→Nodal Solu，Element Solu，Reaction Solu

9.5　ANSYS 瞬态热分析的基本过程

9.5.1　载荷步、子步和迭代次数

在热瞬态分析中，如果存在多种热载荷工况，则需要采用多个载荷步。载荷步控制用于指定求解步数和时间。在非线性分析时，用于控制时间步长。载荷步控制也用于创建多载荷步，如螺栓预紧载荷。在线性静力学分析或稳态分析中，可以使用不同的载荷步施加不同的载荷组合。在瞬态分析中，可以将多个载荷步加载到同一加载历程曲线的不同时间点。注意：载荷可以分步，约束不能分步。载荷步控制如图 9-8 所示。

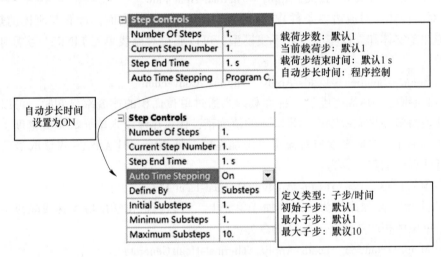

图 9-8　载荷步控制

如图 9-9 所示，按热载荷工况定义的每个载荷步，决定加载的终点，并可以随时间阶跃或渐变方式施加载荷。ANSYS 缺省是渐变加载的。渐变加载可以提高瞬态求解的适应性，在非线性时可以提高收敛性。要模拟阶跃载荷，将载荷在很短的时间内渐变施加到全值，然后在后续载荷步中保持不变。对于非线性分析，为了得到收敛结果需要将各种工况的热载荷划分为一系列子步（但是并不要求均匀划分）。每个载荷步的求解是在若干子步上完成的，而对于非线性问题，每个子步都要经过迭代计算才能得到收敛结果。一般地，最大迭代次数可采用商业软件设置的缺省值。子步长度则

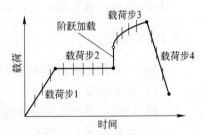

图 9-9　时间阶跃或渐变的施加热载荷步

根据时间积分步长 ITS 得到，而 ITS 的选择将影响瞬态分析的精度和非线性收敛性。因此，在商业有限元软件中通常采用自动时间步（ATS），可以简化 ITS 选择。

9.5.2 模型初始温度设定

热瞬态分析中的初始条件要求必须对模型的每个结点确定初始温度（施加在有温度约束的结点上的初始条件被忽略），使得时间积分过程得以开始。根据初始温度域的性质，初始条件可以用不同方法指定。形成模型初始温度场的方案见表 9-2。

表 9-2　形成模型初始温度场的方案

初始温度分布	初始温度值	热分析步骤
均匀	已知	给整体模型指定均匀初始温度分布，然后进行热瞬态分析
非均匀	已知	给指定结点组赋以均匀初始温度分布，然后进行热瞬态分析
非均匀	未知	（1）关闭时间积分，进行热稳态分析，建立初始温度分布； （2）打开时间积分，然后进行热瞬态分析

如果没有指定初始温度，整体模型具有零温度的均匀初始温度分布。当模型中的初始温度分布是不均匀且未知的，可以先独立设置一个单载荷步进行稳态热分析，以便确定瞬态分析前的初始温度场。热瞬态分析的具体步骤如下。

（1）形成模型初始温度场。如果没有初始温度分布，则首先进行短时稳态计算。进入 ANSYS 求解器，使用瞬态分析类型（但是要关闭时间积分，其等价于进行热稳态分析），施加稳态初始载荷和边界条件。为了方便分析，要指定一个很小的结束时间（如 10^{-3} s），但是避免使用过分小的时间数值（如 10^{-10} s）导致可能形成数值错误。指定其他所需的控制或设置（如非线性控制）。求解当前载荷步。

（2）打开时间积分，施加第一个真实工况对应的热载荷和边界条件（注意要删除第一个载荷步中多余的载荷和边界条件，否则仍然作为当前载荷施加在模型上），设置瞬态分析控制参数，求解当前瞬态载荷步。

（3）求解后续载荷步。时间积分效果保持打开直到在后面的载荷步中关闭为止。

（4）使用 ANSYS 通用后处理器查看温度场分布云图，利用时间历程后处理器查看分析结果变量随时间或其他结果变化的情况。

9.5.3 ANSYS 瞬态分析的命令流程

9.5.3.1 建模

（1）确定 Jobname、title、units，进入 PREP7。

（2）定义单元类型并设置选项。一般建议选用低阶的热单元，如 PLANE55 或 SOLID70。如果必须选用高阶单元，请将单元选项 KEYOPT（1）设置为 1（使得比热矩阵对角化），命令为：

Main Menu→Prepocessor→Element Type→Add/Edit/Delete→Options→Specific heat matrix →Diagonallized

（3）定义材料热性能。一般瞬态热分析要定义导热系数、密度及比热容。

（4）建立几何模型。

（5）对几何模型划分网格。

9.5.3.2　加载求解

（1）定义分析类型。

Main Menu→Solution→Analysis Type→New Analysis→Transient

（2）获得瞬态热分析的初始条件。

1）定义均匀温度场。如果已知模型的起始温度是均匀的，可设定所有结点初始温度：

Main Menu→Solution→Loads→Settings→Uniform Temp

如果不在对话框中输入数据，则默认为参考温度，参考温度的值默认为零，但可通过如下方法设定参考温度：

Main Menu→Solution→Loads→Settings→Reference Temp

注意：设定均匀的初始温度，与如下的设定结点的温度（自由度）不同：

Main Menu→Solution→Loads→Apply→Thermal→Temperature→On Nodes

初始均匀温度仅对分析的第一个子步有效；而设定结点温度将保持贯穿整个瞬态分析过程，除非通过下列方法删除此约束：

Main Menu→Solution→Loads→Delete→Thermal→Temperature→On Nodes

2）设定非均匀的初始温度。在瞬态热分析中，结点温度可以设定为不同的值：

Main Menu→Solution→Loads→Apply→Initial Condit'n→Define

如果初始温度场是不均匀的且又是未知的，就必须首先做稳态热分析确定初始条件：

设定载荷（如已知的温度、热对流等）。

将时间积分设置为 OFF：

Main Menu→Preprocessor→Loads→Load Step Opts-Time/Frequenc→Time Integration

设定一个只有一个子步的，时间很小的载荷步（例如 0.001）：

Main Menu→Preprocessor→Loads→Load Step Opts-Time/Frequenc→Time and Substeps

求解：

Main Menu→Solution→Solve→Current LS

注意：在第二载荷步中，要删去所有设定的温度，除非这些结点的温度在瞬态分析与稳态分析相同。

9.5.3.3　设定载荷步选项

（1）普通选项。

时间：本选项设定每一载荷步结束时的时间：

Main Menu→Solution→Load Step Opts-Time/Frequenc→Time and Substeps

进行非线性热分析时，对于每个载荷工况都需要将总时间长度划分为多个时间步。时间步长的大小关系到计算精度。时间步长越小，计算精度越高，同时计算的时间越长。根据线性传导热传递，可以按式（9-30）或式（9-32）估计初始时间步长：

Main Menu→Solution→Load Step Opts→Time/Frequenc→Time and Substeps

如果载荷在这个载荷步内是恒定的，需要设为阶跃选项；如果载荷值随时间线性变化，则要设定为渐变选项：

Main Menu→Solution→Load Step Opts→Time/Frequenc→Time and Substeps

（2）非线性选项。

迭代次数：ANSYS 设置每个子步默认的次数为 25，这对大多数非线性热分析已经足够：

Main Menu→Solution→Load step opts→Nonlinear→Equilibrium Iter

自动时间步长：本选项为 ON 时，在求解过程中将自动调整时间步长：

Main Menu→Solution→Load Step Opts→Time/Frequenc→Time and Substeps

时间积分效果：如果将此选项设定为 OFF，将进行稳态热分析：

Main Menu→Solution→Load Step Opts→Time/Frequenc→Time Integration

在设定瞬态积分参数时，请将 THETA 值设置为 1（默认为 0.5）：

Main Menu→Solution→Load and Step Opts→Time/Frequence→Time intergration→THETA

线性搜索将有助于加速相变问题的求解：

Main Menu→Solution→Load and Step Opts→Nonlinear→Line Search

（3）输出选项。

1）控制打印输出。本选项可将任何结果数据输出到 *.out 文件中：

Main Menu→Solution→Load Step Opts→Output Ctrls→Solu Printout

2）控制结果文件。控制 Jobname.rth 的内容：

Main Menu→Solution→Load Step Opts→Output Ctrls→DB/Results File

（4）存盘求解。

9.5.3.4 后处理

ANSYS 提供的通用后处理模块可以对整个模型在某一载荷步（时间点）的结果进行后处理。而另一个时间历程后处理模块可以对模型中特定点在所有载荷步（整个瞬态过程）的结果进行后处理。

（1）用通用后处理器进行后处理。

1）进入通用后处理器后，可以读出某一时间点的结果：

Main Menu→General Postproc→Read Results→By Time/Freq

如果设定的时间点不在任何一个子步的时间点上，ANSYS 会进行线性插值。

2）还可以读出某一载荷步的结果：

Main Menu→General Postproc→Read Results→By Load Step

然后就可以采用与稳态热分析类似的方法，对结果进行彩色云图显示、矢量图显示、打印列表等后处理。

（2）用时间历程后处理器进行后处理。

1）定义变量：

Main Menu→TimeHist Postproc→Define Variables

2）绘制这些变量随时间变化的曲线：

Main Menu→TimeHist Postproc→Graph Variables

3）列表输出：

Main Menu→TimeHist Postproc→List Variables

此外，时间历程后处理器还提供许多其他功能，如对变量进行数学操作等。

9.6　ANSYS 热-应力耦合场分析

　　耦合场分析是考虑两个或两个以上的物理场之间的相互作用。结构受热或变冷时，由于热胀冷缩产生变形。若变形受到某些限制，如位移受到约束或施加相反的力，则在结构中产生热应力，就是一种热-应力耦合问题。产生热应力的另一个原因是材料不同而形成的不均匀变形（如双金属镀层的板，由于不同的热膨胀系数，在温度发生变化时引起弯曲）。耦合场分析一般包括直接耦合和间接耦合分析。顺序耦合法包括按一定顺序进行的两个或多个分析，每个分析属于不同的物理域。耦合是通过将前一个分析的结果作为任务应用到第二个分析中来实现的。一个典型的例子是顺序热-应力耦合分析，在热分析中得到的结点温度作为"体载荷"应用到随后的应力分析中。直接耦合方法通常涉及一个单一的分析，使用一个包括所有必要自由度的耦合场单元。耦合是通过计算包含所需物理量的单元矩阵或载荷向量实现的，如使用 SOLID5、PLANE13 或 SOLID98 单元进行压电分析，另一个例子是使用 TRANS126 单元的 MEMS 分析。

　　顺序耦合法对于在耦合情况下相互作用的非线性不是很大的情况下更有效和灵活，这是因为两个分析是相对独立的。例如，在热应力的耦合顺序分析中，可以先进行瞬态非线性热分析，然后再进行线性静态分析。瞬态热分析中任何负载步骤或时间点的结点温度都可以作为负载应用于应力分析。顺序耦合可以在不同的物理场之间交替进行，直到获得一定精度的收敛。当耦合场之间的相互作用是高度非线性的时候，直接耦合具有优势，它使用耦合变量来获得单一解决方案的结果。直接耦合的例子是压电分析、流体流动的联合传热分析和电磁电路分析。在这些分析中，特殊的耦合单元被用来直接解决耦合场之间的相互作用。

9.6.1　直接耦合与间接耦合的概念

　　多个物理场（如热-结构）的自由度同时进行计算，称为直接方法，它适用于多个物理场各自的响应互相依赖的情况。由于平衡状态要满足多个准则才能取得，直接耦合分析往往是非线性的。每个结点上的自由度越多，矩阵方程就越大，耗费的机时也越多。ANSYS 对于某些特定的多个物理场专门设计了耦合单元，用户必须根据实际问题涉及的耦合物理自由度，选用相关的耦合单元。一个涉及热现象的直接耦合场分析的例子是热轧铝板过程模拟，如图 9-10 所示。铝板的温度将影响材料弹塑性特性和热应变。机械和热载荷使得板产生大应变。新的热分析必须计入形状改变。

　　间接耦合分析是以特定的顺序交替求解单个物理场的模型。前一个分析的结果作为后续分析的边界条件施加。间接耦合分析有时也称为序贯耦合分析。这种分析方法主要用于物理场之间单向的耦合关系，即一个场的响应（如热）将显著影响到另一个物理场（如结构）的响应，反之不成立。间接耦合方法一般比直接耦合方法效率高，而且不需要特殊的单元类型，如图 9-11 所示。在实用问题中，这种方法比直接耦合要方便一些，因为分析使用的是几种单场单元，不用进行多次迭代计算。

图 9-10   直接耦合分析热轧铝板过程模拟   图 9-11   用间接方法求解间接耦合场问题

9.6.2   ANSYS 热-应力耦合的直接方法

ANSYS 热-应力耦合的直接方法使用一种单元类型就能求解两种物理问题。热问题和结构现象之间可实现真正的耦合。在某些分析中可能耗费过多的时间。

在直接耦合场分析的前处理中要记住以下方面。

（1）使用耦合场单元的自由度序列应该符合需要的耦合场要求。模型中不需要耦合的部分应使用普通单元。

（2）阅读单元手册，仔细研究每种单元类型的单元选项、材料特性以及对应实常数选项。耦合场单元相对来说有更多的限制（如 PLANE13 不允许热质量交换而 PLANE55 单元可以，SOLID5 不允许塑性和蠕变而 SOLID45 可以）。

1）不同场之间使用统一的单位制。例如，在热-结构耦合分析中，如果机械功以 W（J/s）为单位，热单位就不能使用 Btu/s。

2）由于直接耦合场分析需要迭代计算，热耦合场单元不能使用子结构。

在直接方法的加载、求解、后处理中注意以下方面。

（1）如果对带有温度自由度的耦合场单元，选择进行瞬态分析，则：

1）瞬态温度效果可以在所有耦合场单元中使用；

2）带有标量势自由度的单元只能模拟静态现象（如 SOLID5）。

（2）通过单元手册学习，明确每种单元的自由度和允许的载荷以便在耦合场单元所允许的位置（如结点、单元面等）施加多种类型的载荷。

（3）耦合场分析涉及高度非线性的迭代计算，应当考虑使用 Predictor 和 Line Search 的选项功能改善计算收敛性。

9.6.3   ANSYS 热-应力耦合的间接方法

ANSYS 热-应力耦合的间接方法使用两种单元类型，将热分析的结果作为结构温度载荷。当运行很多热瞬态时间点但结构时间点很少时效率较高，可以很容易地用输入文件实现自动处理。

ANSYS 通过两个基本方法进行间接耦合场分析，它们主要区别在于每个场的特性是如何表示的。

（1）物理环境方法。采用单独的数据库文件在所有场中使用。用多个物理环境文件来表示每个场的特性。为了自动进行序贯耦合场分析，ANSYS 允许用户在一个模型中定义多个物理环境。一个物理环境代表模型在一个场中的行为特性。物理环境文件是 ASCII 码文件，包括单元类型和选项、分析和载荷步选项、结点和单元坐标系、耦合和约束方程、载荷和边界条件、GUI 界面和标题等。

在建立带有物理环境的模型时，要选择相容于所有物理场的单元类型。例如，八结点的热块单元与八结点的结构块单元相容，而不与十结点结构单元相容。

（2）手工方法。多个数据库被建立和存储，每次研究一种物理场，每个物理场的数据都存储在数据库中。除了相似的单元阶次（形函数阶次）和形状，绝大多数单元需要相似的单元选项（如平面 2-D 单元的轴对称）以满足相容性。但是，许多载荷类型不需要环境之间完全相容。例如，八结点热体单元可以用来给二十结点结构块单元提供温度。许多单元需要特殊单选项设置来与不同阶次的单元相容。单元属性号码（MAT、REAL、TYPE）在环境之间号码必须连续。用间接方法时不同类型单元互换原则如图 9-12 所示。

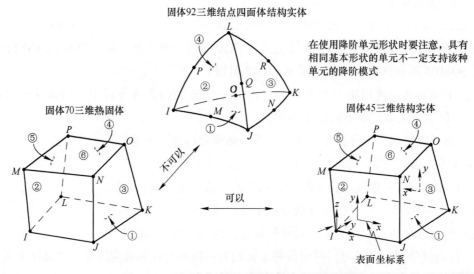

图 9-12　用间接方法时不同类型单元互换原则

同时，确认网格划分的密度在所有物理环境中都能得到可以接受的结果。比较以下两个网格知，图 9-13（a）划分方法在热分析中可以得到满意的温度分布，但在结构分析中不能得到准确的结果；而图 9-13（b）的网格密度可以在热分析和结构分析中得到准确的结果。物理环境方法允许在一个模型中定义最多九种物理环境。当耦合场多于两个场时，或者不能在每个环境中使用不同的数据库文件的情况下，这种方法比较适用。

一般在小变形条件下，热-应力分析属于序贯耦合分析问题，热分析得到的温度对结构分析的应变和应力有显著的影响，但结构的响应对热分析结果没有很大的影响。可以使用手工方法进行顺序耦合。其优点是：

（1）在建立热和结构模型时有较少的限制，如属性号码和网格划分在热分析和结构分析中可以不同，物理环境方法需要所有的模型都是一致的；

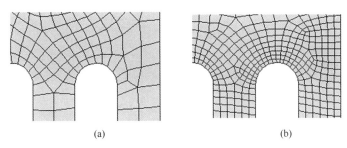

(a)   (b)

图 9-13 用间接方法时划分网格的特点

（2）顺序耦合方法是简单而且适应性强的，ANSYS 和用户都对它进行了多年的检验。但是与物理环境方法相比，手工方法也有缺点：

（1）用户必须建立热和结构数据库和结果文件，需要占用较多的存储空间；

（2）顺序耦合方法如果再考虑其他场时会比较麻烦。

9.6.4 ANSYS 热-应力顺序耦合的基本步骤

ANSYS 热-应力顺序耦合的基本步骤如下。

（1）首先做一个稳态（或瞬态）热分析，其中要完成：建立热单元模型，施加热载荷，求解并查看结果。

（2）然后做静力结构分析，其中要完成如下步骤。

1）把单元类型转换成结构单元，如果热和结构的单元有相同的结点号码，热模型自动转换为结构模型，使用 ETCHG 命令：

Main Menu→Preprocessor→Element Type→Switch Elem Type

注意：转换单元类型时，将把所有的单元选项重新设置回它们原来的缺省设置。例如，若用户在热分析中使用的是 2-D 轴对称单元，则需要在转换后重新指定轴对称选项。

2）定义结构材料属性，包括弹性模量（EX）、波松比（PRXY）、热膨胀系数（ALPX）等。

注意：如果没有定义 ALPX 或将该项设置为零，则不能计算热应变，即关闭了温度的影响。

3）读入结构载荷以及由稳态（或瞬态）热分析得到的结点温度，使用 LDREAD 命令：

Main Menu→Solution→Loads→Apply→Structural- Temperature→From Therm Analys

注意：温度可以直接从热分析结果文件（. rth）读出并且施加到结构模型上。读入的温度在结构分析中用作体载荷。如果热和结构模型的网格有不同的结点号码或者结构单元与热模型网格划分不同，此时结构体载荷必须从热分析中映射过来，这是一个较复杂的过程并且不能使用物理环境方法。

4）求解并查看结果。

9.6.5 热-应力分析流程图

热-应力分析流程图如图 9-14 所示。

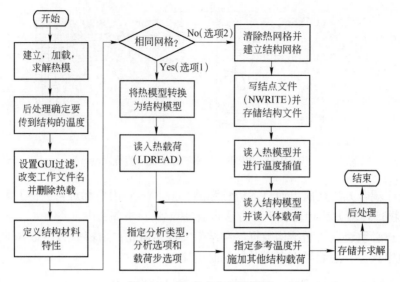

图 9-14　热-应力分析流程图

本 章 小 结

本章讨论了传导传热和对流传热两种基本方程式。与时间无关的稳定温度场计算称为稳态导热计算，与时间有关的不稳定温度场内的计算称为瞬态导热计算。稳态导热计算必需导热系数，它表示物质导热能力的大小。热应力计算必需热膨胀系数，它表示物质由于温度改变而产生机械应变的大小。除了导热系数外，瞬态导热计算必需热容系数，它表示物质储存热量能力的大小。当流体流过固体表面时，如果两者存在温度差，相互间就要发生热的传递，这种传热过程称为对流换热。这种过程既包括流体位移所产生的对流作用，同时也包括分子间的传导作用，是一个复杂的传热现象，在计算时需要对流换热系数 h。对于边界面上温度分布已知时，可以采用边界温度为指定值的边界条件。对于对称的热边界，由于沿对称面无热流交换，属于绝热边界。使用 ANSYS 进行热分析涉及的内容有：(1) 单元类型和选项；(2) 结点和单元坐标系；(3) 耦合和约束方程；(4) 分析和载荷步选项；(5) 载荷和边界条件；(6) GUI 界面和参数设定。

用 ANSYS 软件进行热分析流程如下。

(1) 建立热分析模型（网格划分、施加热载荷和热边界条件）并进行瞬态或稳态热分析，得到结点上的温度并且写入热分析结果文件（.rth）。

(2) 查看热结果并确定比较大的温度梯度的时间点（载荷步或者子步）。

(3) 在 Main Menu→Preferences 的选项中，设置为 "Structural" 取消 "Thermal"。

(4) 改变工作文件名（即将热分析的工作文件名改变为结构分析的工作文件名）。

(5) 删除所有热载荷。

(6) 删除热约束条件。

(7) 定义结构材料特性，包括弹性模量（EX）、泊松比（PRXY）、热膨胀系数（ALPX）等。

如果热分析网格和结构分析网格相同，执行步骤（8）和（9）（选项1）。

（8）改变单元类型，从热到结构（ETCHG命令），检查实常数和单元选项是否正确。

（9）从热分析中施加温度体载荷（LDREAD命令）。

如果热分析网格和结构分析网格不同，执行步骤（10）～（13）（选项2）。

（10）清除热网格，删除热单元类型并定义结构单元类型，改变网格控制并划分结构模型。

（11）选择温度体载荷的所有结点并写入结点文件。

（12）存储结构模型，将工作文件名改为热工作文件名，读入热数据库，进入通用后处理器读入需要的结果序列，并进行体载荷插值（说明：有些情况下热网格和结构网格并不完全一致。这时，ANSYS对超过热模型的结构模型结点进行体载荷插值。缺省的判断准则是看插值的结构结点到热单元边界的距离是否小于单元边长的0.5倍。本命令没有GUI路径。因此，命令只能在输入窗口中手工输入）。

（13）退出通用后处理器，将工作文件名改为结构工作文件名，读入结构数据库进入求解器读入载荷文件施加温度载荷。

（14）定义结构分析类型（缺省为静态）。

（15）指定分析选项（如求解器选项）。

（16）指定载荷步选项和输出控制参数。

（17）设置求解热膨胀时自由应变参考温度（TREF）。

（18）施加其他结构载荷。

（19）存储模型并求解当前载荷步。

（20）结果后处理。

温度场和结构的耦合有顺序耦合（间接法）和直接耦合（直接法）两种。顺序耦合可以理解为先做温度场的分析，再做结构的分析，其中要引入温度场分析的结果。在不同的分析里，单元的性质是不同的，但单元的结点数最好相同。直接耦合不同的地方是，单元是直接就定义为含有温度和结构耦合的单元，然后直接做分析，即不需要分为两个步骤。实践中采用顺序耦合还是直接耦合，应当针对不同的问题进行抉择。一般地，当温度变化对于结构的力学影响相对很小的时候，称为单向弱耦合。此时采用顺序耦合为宜（如焊接过程），这样可以节省分析时间。而对于车削加工的模拟，由于在加工过程中，车刀与工件之间的塑性变形以及摩擦生热会导致短时间内局部温度发生较大变化，其热效应会影响材料常数和变形过程，所以两者是强耦合。此时可以考虑采用直接耦合（但要考虑计算是否可以收敛）。对于瞬态温度场和结构的耦合分析，运用顺序耦合时要十分清楚载荷步与热分析的关系，比直接耦合灵活，但步骤繁多。此时，采用参数化程序设计语言（APDL）编程求解为宜。有一个问题应当注意，结构分析时需要删除热边界条件，如对流等。

载荷步是为了表达随时间变化的载荷，也就是说把载荷-时间曲线分成载荷步。这是瞬态与稳态分析最大的不同。分析时，对于每一个载荷步都要定义载荷值和对应的时间值。而分析类型应定义为瞬态分析，每计算一个载荷步时，都要删掉上一个载荷步的温度，除非这些结点的温度在瞬态与稳态分析中都相同。

复习思考题

9-1 结构分析问题和热学分析问题对于对称性边界条件，施加约束的方法有何异同？

9-2 设置平面热单元时，需要像设置平面结构单元那样区分平面应力问题、平面应变问题以及轴对称问题吗？

9-3 热瞬态与热稳态分析中，需要的材料常数有哪些异同？需要设置热膨胀系数吗？

9-4 在结构有限元分析时，结点载荷一般指集中力。热学有限元分析时，结点载荷指什么？

9-5 在热稳态有限元分析时，如果模型的某个边界上没有施加指定热边界条件，是否就类似结构有限元分析那样，此边界上没有任何热约束？

9-6 进行温度场和结构的耦合分析时，完成温度场分析再做结构分析时，一般在设置结构载荷前，应当先删除温度载荷（边界条件），为什么？

9-7 在用有限元进行温度场分析时，对网格划分有什么考虑？是否应当在开孔的区域附近加密单元网格？

9-8 有限元分析并不限制物理单位，那么只要材料常数的物理量纲正确，就可以用 ANSYS 做微-纳米尺度计算吗？

上机作业练习

9-1 正方形截面的烟囱温度场计算。

第一个工况问题描述：正方形烟囱截面如图 9-15 所示，烟囱由混凝土建造，外边长为 0.8 m，内部烟道的边长为 0.6 m，混凝土的导热系数 $k=1.4$ W/(m·K)。假定烟囱内表面的温度为 160 ℃，烟囱外表面暴露在空气中，周围空气的温度为 20 ℃，空气与混凝土的换热系数 $h=12$ W/(m²·K)。计算烟囱截面内的稳态温度场。

分析：问题为平面稳态温度场计算。利用对称性如图 9-16 所示，可以取研究对象 1/4 进行网格离散。对称边界为绝热。

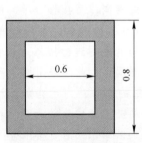

图 9-15 正方形烟囱截面

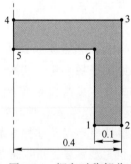

图 9-16 烟囱对称部分

第一个工况操作步骤如下。

（1）定义工况文件名。

Utility Menu→File→change jobname，输入 Chimney-1→OK

（2）设置计算类型。

Main Menu→Preferences→选择 Thermal→OK

（3）选择单元类型。

Main Menu→Preprocessor→Element Type→Add/Edit/Delete→Add→选择 Thermal Solid Quad 4node 55→OK→Options→…→选择 K3：Plane→OK→Close

（4）定义材料参数。

Main Menu→Preprocessor→Material Props→Material Models→Thermal→Conductivity→Isotropic→input KXX：1.4→OK

（5）生成关键点（以米为长度单位）。

Main Menu→Preprocessor→Modeling→Create→Keypoints→In Active CS→依次输入 6 个点的坐标：1（0.3, 0, 0）→Apply→ 2（0.4, 0, 0）→Apply→ 3（0.4, 0.4, 0）→Apply→4（0, 0.4, 0）→Apply→ 5（0, 0.3, 0）→Apply→ 6（0.3, 0.3, 0）→OK

（6）生成截面。

Main Menu→Preprocessor→Modeling→Create→Areas→Arbitrary→Through KPS→依次拾取连接 6 个关键点→OK

（7）设置单元尺寸。

Main Menu→Preprocessor→Meshing→Size Cntrls→Manual Size→Global→Size→将弹出 Global Element Sizes→在对话框中的 Element edge length 对话框中输入 0.01（注：根据电脑内存设置，内存较大时，此值可以更小）→OK，完成单元尺寸的设置并关闭对话框

（8）单元划分。

Main Menu→Preprocessor→Meshing→Mesh→Areas→Free，将弹出 Mesh Areas 拾取对话框→Pick All，完成网格划分

（9）给内部边界加已知烟囱内表面的温度为 160 ℃。

Main Menu→Solution→Define Loads→Apply→Thermal→Temperature→On Lines→分别拾取下方，代表烟囱内表面的两条线，选 TEMP→TEMP Value：160→OK

（10）给外部热对流边界加换热系数和外界温度。

Main Menu→Solution→Define Loads→Apply→Thermal→Convection→On Lines→分别拾取最上方和最右边的两条线，输入 Film Coeffecient：12，Bulk Temperature：20→OK

（11）分析计算。

Main Menu→Solution→Solve→Current LS→OK

（12）画温度分布云图。

Main Menu→General Postproc→Plot Results→Contour Plot→Nodal Solu→选取 DOF solution 和 Temperature TEMP→OK

（13）画热流矢量图。

Main Menu→General Postproc→Plot Results→Contour Plot→Nodal Solu→选取 Flux & gradient 和 Thermal flux TFSUM→OK

（14）画热梯度图。

Main Menu→General Postproc→Plot Results→Contour Plot→Nodal Solu→选择 Flux & gradient 和 Thermal grad TGSUM→OK

（15）退出系统。

第二个工况问题描述：温度分布与物体的导热系数相关，进一步把烟囱的模型做修改，修改的烟囱模型的对称部分如图 9-17 所示。假定烟囱壁由两层材料构成。内层材料仍为混凝土，导热系数 $k = 1.4$ W/（m·K）。外表面的尺寸和烟囱通道的尺寸不变。外隔热层材料的导热系数 $k = 0.1$ W/（m·K），外隔热层的内边长为 0.35 m。空气与外隔热层材料的换热系数 $h = 8$ W/（m²·K）。计算烟囱截面内的稳态温度场。第二个工况操作步骤如下。

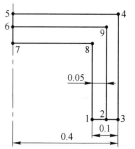

图 9-17　修改的烟囱模型的对称部分

（1）定义工况文件名。

　　Utility Menu→File→change jobname→Chimney-2→OK

（2）设置计算类型。

　　Main Menu→Preferences→⋯→选择 Thermal→OK

（3）选择单元类型。

　　Main Menu→Preprocessor→Element Type→Add/Edit/Delete→Add→选择 Thermal Solid Quad 4node 55→OK→Options→⋯→选择 K3：Plane→OK

（4）定义材料参数。

　　Main Menu→Preprocessor→Material Props→Material Models（定义内层材料号 1）→Thermal→Conductivity→Isotropic→input KXX：1.4→OK→Thermal→Convection or film Coefficient for Material Number 1→T1：20→OK→New Model→（定义外层材料号 2）ID：2→Thermal→Conductivity→Isotropic→input KXX：0.1→OK

（5）关键点坐标。

　　Main Menu→Preprocessor→Modeling→Create→Keypoints→In Active CS→依次输入 9 个点的坐标：1（0.3，0，0）→Apply→2（0.35，0，0）→Apply→3（0.4，0，0）→Apply→4（0.4，0.4，0）→Apply→5（0，0.4，0）→Apply→6（0，0.35，0）→Apply→7（0，0.3，0）→Apply→8（0.3，0.3，0）→Apply 9（0.35，0.35，0）→OK

（6）生成截面。

　　Main Menu→Preprocessor→Modeling→Create→Areas→Arbitrary→Through KPS→依次连接内层面积的 6 个关键点（1，2，9，6，7，8）→Apply→再依次连接外层面积的 6 个关键点（2，3，4，5，6，9）→OK

（7）通过布尔 Glue 运算，使两层面积合成整体。

　　Main Menu→Preprocessor→Modeling→Operate→Booleans→Glue→Areas→Pick All

（8）设置单元的材料属性（本题包含两种不同的材料，进行不同体的网格划分时需要指定正确的材料属性）。

　　Main Menu→Preprocessor→Meshing→Mesh Attributes→Picked Areas→弹出设置 Areas Attributes 拾取对话框，拾取内层面积→Apply，会弹出设置 Areas Attributes 对话框，将 Material number 设置为"1"，其他不变→Apply，完成对内层面积的属性设置→重复弹出设置 Areas Attributes 拾取对话框，拾取外层面积→OK，会弹出设置 Areas Attributes 对话框，将 Material number 设置为"2"，其他不变→OK，完成外层面积的属性设置

（9）设置单元尺寸。

　　Main Menu→Preprocessor→Meshing→Size Cntrls→ManualSize→Global→Size→将弹出 Global Element Sizes→在对话框中的 Element edge length 对话框中输入 0.01→OK，完成单元尺寸的设置并关闭对话框

（10）单元划分。

　　Main Menu→Preprocessor→Meshing→Mesh→Areas→Free，将弹出 Mesh Areas 拾取对话框→Pick All，完成网格划分

（11）给内部边界加已知烟囱内表面的温度。

　　Main Menu→Solution→Define Loads→Apply→Thermal→Temperature→On Lines→分别拾取内表面的两边，Value：160→OK

（12）给外部热对流边界加换热系数和外界温度。

　　Main Menu→Solution→Define Loads→Apply→Thermal→Convection→On Lines→分别拾取外部两边，输入：Heat Convection Coefficient：8，Bulk Temp Value：20→OK

（13）分析计算。

Main Menu→Solution→Solve→Current LS→OK

（14）画温度云图。

Main Menu→General Postproc→Plot Results→Contour Plot→Nodal Solu→选取 DOF solution 和 Temperature TEMP→OK

（15）画热流矢量图。

Main Menu→General Postproc→Plot Results→Contour Plot→Nodal Solu→选取 Flux & gradient 和 Thermal flux TFSUM→OK

（16）画热梯度图。

Main Menu→General Postproc→Plot Results→Contour Plot→Nodal Solu→选择 Flux & gradient 和 Thermal grad TGSUM→OK

（17）退出系统。

参考图请扫二维码。

题 9-1 参考图

9-2 轴对称热-力耦合计算。

问题描述：某冷却装置可以简化为一圆筒，它由三层组成，最外面一层为不锈钢，中间为玻纤隔热层，最里面为铝层。筒内半径 $r_1 = 200$ mm，筒外半径 $r_2 = 300$ mm，筒高度取 $L = 100$ mm。其他几何参数如图 9-18 所示。筒内为高压热空气，温度为 200 ℃。空气与铝材之间的对流换热系数 $h_1 = 12$ W/($m^2 \cdot$ K)。筒外为冷却水，温度为 10 ℃。不锈钢与冷却水之间的对流换热 $h_2 = 180$ W/($m^2 \cdot$ K)。圆筒三层材料的热物理性能见表 9-3。温度的分布不均会导致部件内部产生热应力。要求：（1）求解温度分布；（2）求出圆筒内沿径向、周向和轴向的应力分布。

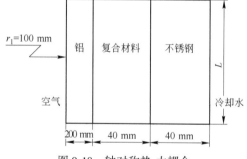

图 9-18 轴对称热-力耦合

表 9-3 圆筒三层材料的热物理性能

热物理性能	材料号 1，铝	材料号 2，复合材料	材料号 3，不锈钢
导热系数/W·(m·℃)$^{-1}$	206	1.4	78
弹性模量/GPa	68	3.8	206
泊松比	0.33	0.4	0.3
热膨胀系数/℃$^{-1}$	27×10^{-6}	106×10^{-6}	13×10^{-6}

第一部分：稳态热分析。问题属于轴对称的热稳态温度计算，采用二维轴对称 PLANE55 单元。ANSYS 菜单操作步骤如下。

（1）Utility Menu→File→change jobname，输入 T-Cyl

（2）Utility Menu→File→change title，输入 Steady-state thermal analysis of cylinder

（3）Main Menu→Reference→选择 Thermal→OK

（4）Main Menu→Preprocessor→Element Type→Add/Edit/Delete，→选择 PLANE55→OK→Option→K3：Axisymmetric→OK→Close

（5）Main Menu→Preprocessor→Material Props→Material Models→Thermal→Conductivity→Isotropic→默认材料编号为 1，在 KXX 框中输入 206→APPLY，输入材料编号为 2，在 KXX 框中输入 1.4→APPLY，输入材料编号为 3，在 KXX 框中输入 78→OK

（6）依次生成三个矩形面。

Main Menu→Preprocessor→Modeling→Create→Areas→Rectangle→By Dimensions

输入（铝的几何尺寸）：X1=0.2，Y1=0，X2=0.22，Y2=0.1，选择 Apply

输入（复合材料的几何尺寸）：X1=0.22，Y1=0，X2=0.26，Y2=0.1，选择 Apply

输入（不锈钢的几何尺寸）：X1=0.26，Y1=0，X2=0.3，Y2=0.1，选择 OK

（7）通过布尔 Glue 运算生成三个矩形面连接面。

Main Menu→Preprocessor→Modeling→Operate→Booleans→Glue→Areas→依次拾取已经生成三个矩形面→OK

（8）给三个矩形面设置单元属性。

Main Menu→Preprocessor→Meshing→Mesh Attributes→Picked Areas→拾取左边面（铝材料）→Apply→Material Number→1→拾取中间面（复合材料）→Apply→Material Number→2→拾取右边面（不锈钢材料）→Apply→Material Number→3→OK

（9）网格划分。

Main Menu→Preprocessor→Meshing→Mesh Tool→Smart size（拉滑动键至 5）→Mesh→Areas→Quad，Free→OK→Pick All

（10）模型施加约束。在实体模型的左、右表面施加对流换热边界条件，上、下表面视为绝热（不加额外约束）。

Main Menu→Solution→Define Loads→Apply→Thermal→Convection→On areas→拾取左侧线，输入（空气与铝材之间的对流换热系数）：Heat Convection Coefficient：12，Bulk Temp Value：200→Apply→Thermal→Convection→On Areas→拾取右侧线，输入（不锈钢与冷却水之间的对流换热系）：Heat Convection Coefficient：180，Bulk Temp Value：10→OK

（11）分析计算。

Main Menu→Solution→Solve→Current LS→OK

（12）面沿旋转轴旋转 270°，形成实体剖面图。

Utility Menu→PlotCtrls→Style→Symmetry Expansion→2D Axi-Symmetic→3/4 Expansion→OK

（13）画温度云图。

Main Menu→General Postproc→Plot Results→Contour Plot→Nodal Solu→选取 DOF solution 和 Temperature TEMP→OK

（14）画热流矢量图。

Main Menu→General Postproc→Plot Results→Contour Plot→Nodal Solu→选取 Flux & gradient 和 Thermal flux TFSUM→OK

（15）画热梯度图。

Main Menu→General Postproc→Plot Results→Contour Plot→Nodal Solu→选择 Flux & gradient 和 Thermal grad TGSUM→OK（现在已经生成 T-Cyl.rth）

（16）退出本模块。

第二部分：结构应力分析。

（1）指定分析范畴为结构分析。

Main Menu→Preference→选中 Structural 选项并关掉 Thermal 选项→OK

（2）将温度单元改为相应的结构单元。当热分析网格和结构分析网格相同时，ANSYS 提供了单元转换功能，可以将热单元转换成相应的结构单元，而无需重新建立模型。本例需要将模型中的热单元 PLANE55 转换为对应的结构四结点单元 PLANE182 并将其设定为轴对称：

Main Menu→Preprocessor→Element Type→Switch Elem Type→将弹出 Swith Elem Type 对话框，选择 Thermal to Struc→OK→检查警告信息窗→Close

（3）将选择项设置为轴对称单元。

Main Menu→Preprocessor→Element Type→Add/Edit/Delete→Edit→Option→K3：Axisymmetric →OK

（4）定义材料 1 的力学性能参数和热膨胀系数。

Main Menu→Preprocessor→Material Props→Material Models，单击拾取 Material Model number 1→ Structural→Linear→Elastic→Isotropic→EX：68E9，PRXY：0.33→OK→Thermal Expansion→Secant Coefficient→Isotropic：27E-6，在对话框中的 Reference temperature 文本框中输入 20（表示其参考温度为 20℃）→OK（完成材料 1 的性能设置）

（5）定义材料 2 的力学性能参数和热膨胀系数。

（保持在 Main Menu→Preprocessor→Material Props→Material Models 位置）单击拾取 Material Model number 2→Structural→Linear→Elastic→Isotropic→EX：3.8E9，PRXY：0.4→OK→Thermal Expansion→Secant Coefficient→Isotropic：106E-6，在对话框中的 Reference temperature 文本框中输入 20→OK（完成材料 2 的性能设置）

（6）定义材料 3 的力学性能参数和热膨胀系数。

保持在 Main Menu→Preprocessor→Material Props→Material Models 位置，单击拾取 Material Model number 3→Structural→Linear→Elastic→Isotropic→EX：206E9，PRXY：0.3→OK→Thermal Expansion →Secant Coefficient→Isotropic：13E-6，在对话框中的 Reference temperature 文本框中输入 20→OK （完成材料 3 的性能设置）→Exit

（7）给上、下边施加对称位移边界条件。

Main Menu→Solution→Define Loads→Apply→Structural→Displacement→Symmetry B.C.→On lines →出现选取框，选上边线→Apply→出现选取框，选下边线→OK

（8）将内壁（即左侧边线）上所有结点的径向自由度耦合。

Main Menu→Preprocessor→Coupling/Ceqn→Couple DOFs，将弹出 Define Coupled DOFs 拾取对话框→拉框选取左侧边线上的所有点→OK→在对话框中指定 Set reference number 为 1，指定耦合自由度为 UX→OK，关闭对话框

（9）删除所有热载荷和删除热约束条件。

Main Menu→Solution→Define Loads→Delete→All Loads & Opts→OK

定义结构分析边界条件及读入温度载荷。

（10）读入并施加温度载荷。

Main Menu→Solution→Define Loads→Apply→Structural→Temperature→From Therm Analy，将弹出 Apply TEMP from Thermal Analysis 对话框→将弹出 Fname Name of Results File 对话框→从指定的数据库文件路径找到热分析结果文件 T-Cyl.rth→其余设置保持缺省→OK，关闭对话框

此时，ANSYS 程序将把前面热分析的结果施加到结构模型的结点上。

（11）查看施加的温度载荷。

Utility Menu→PlotCtrls→Symbols，将弹出对话框→单击对话框中 Body Load Symbols 下拉框中的 "Structural temps" 选项→OK，关闭对话框（将在图形输出窗口中的有限元模型上显示施加的温度载荷情况）

至此，完成了结构应力求解需要定义的所有边界条件和载荷设置。

（12）进行求解。

Main Menu→Solution→Current LS，将弹出/STATUS Command 输出窗口和 Solve Current Load Step 对话框→检查求解命令状态输出窗口中列出的命令条目，如果符合分析要求，则关闭求解命令状态对话框→OK，进行稳态热分析求解

当求解完时，ANSYS 将弹出 Solution is Done! 对话框，单击 OK，完成结构应力求解。

（13）观察径向（此时 X 指径向）应力。

Main Menu→General Postproc→Plot Results→Contour Plot→Nodal Solu→X Component of stress →OK

（14）观察轴向（此时 Y 指轴向）应力。

Main Menu→General Postproc→Plot Results→Contour Plot→Nodal Solu→Y Component of stress →OK

（15）观察周向（此时 Z 指周向）应力。

Main Menu → General Postproc → Plot Results → Contour Plot → Nodal Solu → Z Component of stress→OK

（16）退出系统。

参考图请扫二维码。

题 9-2 参考图

9-3 厚壁双层圆筒稳态热-应力耦合分析。

问题描述：图 9-19 所示为一根长 2 m 的厚壁双层圆筒（内层钢，外层铝），半径尺寸为 $a = 0.2$ m，$b = 0.4$ m，$c = 0.6$ m。在圆筒长度的中间位置钻一个直径 $d = 0.15$ m 的水平连通孔。筒内及连通孔内充满高压热物质，其温度 $T_i = 180$ ℃，压强 $p_i = 1$ MPa。热分析时，圆筒的两端绝热。筒外为空气，其温度 $T_0 = 20$ ℃。空气与铝材之间的对流换热系数 $h_1 = 12$ W/(m² · K)。结构分析时，圆筒两端为固定端约束。材料数据见表 9-4。温度的分布不均以及内压会导致部件内部产生热应力。要求：（1）求解得出温度分布；（2）求出圆管内沿径向、周向和轴向的应力分布。

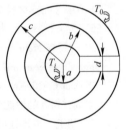

图 9-19 厚壁双层圆筒稳态热-应力耦合

分析：本例按照稳态热传导-应力耦合问题，可以采用间接法通过顺序耦合的一般步骤进行分析。先建双层圆筒模型，然后平移和旋转工作面。在中间位置的侧向建立一个与连通孔直径相同的圆柱，取其长度为 1 m。利用布尔减运算形成连通孔。热边界条件设置为管道的两端绝热，内层圆筒及连通孔表面温度 $T_i = 180$ ℃，外层圆筒外表面为对流换热边界条件。进行稳态热分析求解得到全场温度分布并观察分析其沿径向的温度分布情况。然后将模型中的热单元类型转换成对应的结构分析单元类型，重新定义材料的力学性能参数，读入热分析结果并以体载荷的形式施加到模型中。定义位移边界条件，进行结构静力求解。最后，观察并分析整个结构沿径向和周向的应力分布情况。

表 9-4 双层圆筒的材料性能参数

材料编号	热导率/W · (m · ℃)⁻¹	弹性模量/Pa	泊松比	热膨胀系数/℃⁻¹
No.1（钢）	78	2.05×10^{11}	0.3	13×10^{-6}
No.2（铝）	206	0.63×10^{11}	0.33	27×10^{-6}

第一部分：稳态热分析。

ANSYS 菜单操作步骤如下。

（1）Utility Menu→File→Change Jobname，将弹出 Change Jobname 对话框，在 Enter new jobname 文本

框中输入 T_Stress→OK

（2）Utility Menu→File→Change Title→Thermal Stress in composite Cylinders by Indirect Method→OK

（3）Main Menu→Preference→选中 Thermal 选项→OK，指定分析范畴为热分析

（4）Main Menu→Preprocessor→Element Type→Add/Edit/Delete→Add→Solid Brick 8node 70→OK→Close，完成定义单元类型

（5）定义两种材料热学性能（稳态热分析只需定义材料的导热系数）。

Main Menu→Preprocessor→Material Props→Material Models（定义 1 号材料）→Thermal→Conductivity→Isotropic→input KXX：78→OK→Material→New Model→（Define Material ID）→2（定义 2 号材料）→Thermal→Conductivity→Isotropic→input KXX：206→OK→Exit

（6）建立几何模型。

Main Menu→Preprocessor→Modeling→Create→Volumes→Cylinder→Hollow Cylinder→依次输入 Rad-1：0.2，Rad-2：0.4，Depth：2→Apply（生成内层钢圆筒）→再次输入 Rad-1：0.4，Rad-2：0.6，Depth：2→OK（生成外层铝圆筒）

（7）通过布尔运算粘合两个圆筒。

Main Menu→Preprocessor→Modeling→Operate→Booleans→Glue→Volumes→将弹出 Glue Volumes 拾取对话框→Pick All（将会把刚创建的两个圆筒粘合起来形成厚壁双层圆筒）

（8）平移工作平面。

Utility Menu→WorkPlane→Offset WP by Increments：X，Y，Z Offsets 输入 0，0，1→OK

（9）用工作面 WX-WY 切割厚壁双层圆筒，以便后面用 Sweep 方法划分网格。

Main Menu→Preprocessor→Modeling→Operate→Booleans→Divide→Volu by WorkPlane→Pick All

（10）旋转工作平面。

Utility Menu→WorkPlane→Offset WP by Increments：XY，YZ，ZX Angles 输入 0，0，90→OK

（11）用工作面 WX-WY 切割厚壁双层圆筒。

Main Menu→Preprocessor→Modeling→Operate→Booleans→Divide→Volu by WorkPlane→Pick All

（12）创建小圆柱体。

Main Menu→Preprocessor→Create→Cylinder→Solid Cylinder→Radius：0.15，Depth：1→OK

（13）通过布尔减运算，生成具有单侧水平中心孔的厚壁双层圆筒。

Main Menu：Preprocessor→Modeling→Operate→Booleans→Subtract→Volumes→先拾取厚壁双层圆筒（如果有提示存在重复体，直接点 OK）→Apply→再拾小圆柱体→OK

（14）旋转工作平面。

XY，YZ，ZX Angles 输入 0，90，0→OK

（15）用工作面 WX-WY 切割厚壁双层圆筒。

Main Menu→Preprocessor→Modeling→Operate→Booleans→Divide→Volu by WorkPlane→Pick All

（16）压缩模型元素的编号。

Main Menu→Preprocessor→Numbering Ctrls→弹出 Compress Numbers 对话框，在对话框中的下拉框中选择选项 All→OK，所有元素的序号进行压缩并关闭对话框

（17）显示体序号。

Utility Menu→PlotCtrls→Numbering→将弹出 Plot Numbering Controls 对话框，在对话框中单击 VOLU 复选框→设置为 On→OK（注意：此时钢内层圆筒体的体序号为 1，铝外层圆筒体的体序号为 2）

（18）设置单元的材料属性（本题包含有两种不同的材料，进行不同体的网格划分时需要指定正确的材料属性）。

Main Menu→Preprocessor→Meshing→Mesh Attributes→Picked Volumes→弹出设置 Volumes Attributes 拾取对话框，拾取钢内层圆筒体（如果无法拾取，可以在空白框内直接填 1）→Apply，会

弹出设置 Volumes Attributes 对话框，将 Material number 设置为 "1"，将 Element type number 设置为 "1 SOLID70"→Apply，完成对体 1 的属性设置→重复弹出设置 Volumes Attributes 拾取对话框，拾取铝外层圆筒体（如果无法拾取，可以在空白框内直接填 2）→OK，会弹出设置 Volumes Attributes 对话框，将 Material number 设置为 "2"，将 Element type number 设置为 "1 SOLID70"→OK，完成对体 2 的属性设置

（19）设置单元尺寸。

Main Menu→Preprocessor→Meshing→Size Cntrls→ManualSize→Global→Size→将弹出 Global Element Sizes→在对话框中的 Element edge length 对话框中输入 0.05（注：根据电脑内存设置，内存较大时，此值可以更小）→OK，完成单元尺寸的设置并关闭对话框

（20）单元划分。

Main Menu→Preprocessor→Meshing→Mesh→Volumes→Sweep，将弹出 Mesh Volumes 拾取对话框→Pick All，对所有建立的两个面按照设置的属性和尺寸进行网格划分

（21）在钢内层圆筒体内表面和连通孔表面施加已知温度。

Main Menu→Solution→Define Loads→Apply→Thermal→Temperature→On Areas→分别拾取钢内层圆筒体内表面和连通孔表面，选 TEMP→TEMP Value：180→OK

（22）在铝圆筒体内外表面施加对流换热边界条件空气与铝材之间的对流换热系数。左、右表面视为绝热（不加额外约束）。

Main Menu→Solution→Define Loads→Apply→Thermal→Convection→On Areas→拾取铝圆筒体内外表面，输入（空气与铝材之间的对流换热系数）：Heat Convection Coeffecient：12，Bulk Temp Value：20→OK

（23）进行稳态热分析求解。

Main Menu→Solution→Current LS，将弹出/STATUS Command 输出窗口和 Solve Current Load Step 对话框→OK

当求解完时，ANSYS 将弹出 Solution is Done! 对话框，单击 OK，结束稳态热分析。

此时，程序已经生成 T_Stress.rth 文件。

（24）观察稳态热分析结果，云图显示结果。

Main Menu→General Postproc→Plot Results→Contour Plot→Nodal Solu→DOF Solution→Nodal Temperature，单击对话框中的 OK，显示窗口中将显示温度场求解结果的云图

第二部分：结构应力分析。

（1）指定分析范畴为结构分析。

Main Menu→Preference→选中 Structural 选项并关掉 Thermal 选项→OK

（2）将温度单元改为相应的结构单元。本题 ANSYS 将自动将热三维实体八结点单元 70 转换为对应的结构三维实体八结点单元 185。

Main Menu→Preprocessor→Element Type→Switch Elem Type→将弹出 Swith Elem Type 对话框，选择 "Thermal to Struc"→OK→检查警告信息窗→Close

（3）定义材料 1 的力学性能参数和热膨胀系数。

Main Menu→Preprocessor→Material Props→Material Models，单击拾取 Material Model number 1→Structural→Linear→Elastic→Isotropic→EX：205E9，PRXY：0.3→OK→Thermal Expansion→Secant Coefficient→Isotropic：1.3E-6，在对话框中的 Reference temperature 文本框中输入 20（表示其参考温度为 20℃）→OK，完成材料 1 的性能设置

（4）定义材料 2 的力学性能参数和热膨胀系数。

保持在 Main Menu→Preprocessor→Material Props→Material Models 位置，单击拾取 Material Model number 2→Structural→Linear→Elastic→Isotropic→然后重复第一部分：稳态热分析步骤（19）的操作

过程，定义 2 号材料的力学性能参数，其中弹性模量 EX 为 0.63E9、泊松比为 0.33、热膨胀系数 ALPX 为 2.7E-6（参考温度为 20）。最后，关闭对话框，完成材料性能的定义

（5）删除所有热载荷和删除热约束条件。

Main Menu→Solution→Define Loads→Delete→All Loads & Opts→OK

（6）在圆筒两端施加固定端约束。

Main Menu→Solution→Define Loads→Apply→Structural→Displacement→On Areas→拾取模型的圆筒两端面→OK→弹出选项对话框→在对话框中单击 DOFs to be Constrained 列表框中"All DOF"，其余设置保持缺省→OK，完成边界约束的定义

（7）读入并施加温度载荷。

Main Menu→Solution→Define Loads→Apply→Structural→Temperature→From Therm Analys，将弹出 Apply TEMP from Thermal Analysis 对话框→将弹出 Fname Name of results file 对话框→从指定的数据库文件路径找到热分析结果文件 T_Stress.rth→其余设置保持缺省→OK，关闭对话框

ANSYS 程序把前面热分析的结果施加到结构模型的结点上。

（8）查看施加的温度载荷。

Utility Menu→PlotCtrls→Symbols，将弹出对话框→单击对话框中 Body Load Symbols 下拉框中的"Structural temps"选项→OK，关闭对话框

将在图形输出窗口中的有限元模型上显示施加的温度载荷情况。

（9）在钢内层圆筒体内表面和连通孔表面施加内压。

Main Menu→Solution→Define Loads→Apply→Structural→Pressure→On Areas→拾取钢内层圆筒体内表面→Apply→拾取连通孔表面→OK→input VALUE：1E6→OK

（10）进行求解。

Main Menu→Solution→Current LS，将弹出/STATUS Command 输出窗口和 Solve Current Load Step 对话框→检查求解命令状态输出窗口中列出的命令条目，如果符合分析要求，则关闭求解命令状态对话框→OK，进行稳态热分析求解

（11）为方便观察径向和周向应力，需要将结果坐标系转为柱坐标，则 X 方向即为径向，Y 方向即为周向。

Main Menu→General Postproc→Options for Outp→Rsys→Global cylindric

（12）观察径向（此时 X 指径向）应力。

Main Menu→General Postproc→Plot Results→Contour Plot→Nodal Solu→X Component of stress→OK

（13）观察轴向（此时 Y 指轴向）应力。

Main Menu→General Postproc→Plot Results→Contour Plot→Nodal Solu→Y Component of stress→OK

（14）观察周向（此时 Z 指周向）应力。

Main Menu→General Postproc→Plot Results→Contour Plot→Nodal Solu→Z Component of stress→OK

（15）退出系统。

参考图请扫二维码。

题 9-3 参考图

9-4 带中心圆孔板稳态热-应力分析。

问题描述：如图 9-20 所示，一个带中心圆孔板，圆孔直径为 0.05 m，厚度为 0.01 m。板由两边钢板及中间复合板黏结而成。三块黏结板尺寸均为：宽×高×厚为 0.1 m×0.1 m×0.01 m。热边界条件：圆孔内表面为 100 ℃。板的两侧表面绝热，上、下表面暴露在空气中，空气的温度为 10 ℃，其对流换热系数 $h=20$ W/(m²·K)。材料性能参数见表 9-5。结构边界条件：板的左、右两端表面为固定端。要求：先计算带中心圆孔板内的稳态温度场，画温度场云图和热的矢量图。再进行热-结构

耦合分析。画等效应力等值线云图。

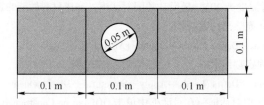

图 9-20　带中心圆孔板稳态热-应力分析

表 9-5　材料性能参数

材　料	导热系数/W·(m·℃)$^{-1}$	弹性模量/GPa	泊松比	热膨胀系数/℃$^{-1}$
钢	78	206	0.3	$13×10^{-6}$
复合材料	1.4	2.8	0.4	$106×10^{-6}$

第一部分：稳态热分析。

ANSYS 菜单操作步骤如下。

（1）Utility Menu→File→Change Jobname，将弹出 Change Jobname 对话框，在 Enter new jobname 文本框中输入 T_plate→OK

（2）Utility Menu→File→Change Title→Thermal Stress in composite plates by indirect method→OK

（3）Main Menu→Preference→选中 Thermal 选项→OK，指定分析范畴为热分析

（4）选择单元类型。

　　Main Menu→Preprocessor→Element Type→Add/Edit/Delete→Add→选择 Solid Brick 8node 70→OK→Close

（5）定义材料参数。

　　Main Menu→Preprocessor→Material Props→Material Models→Thermal→Conductivity→Isotropic→input KXX：78→OK→New Model→（Define Material ID）→2→Thermal→Conductivity→Isotropic→input KXX：1.4→OK

（6）生成几何模型。

1）依次生成三个矩形体；

2）在中心生成圆柱；

3）通过布尔运算，使中间的矩形体布尔减圆柱；

4）通过布尔 Glue 运算生成带中心圆孔的黏结板。

（7）给三个立方体设置单元属性。

　　Main Menu→Preprocessor→Meshing→Mesh Attributes→Picked Volumes→拾取：左、右立方体→Apply→Material Number→1→拾取：中间带中心圆孔的体→OK→Material Number→2→OK

（8）压缩模型元素的编号。

　　Main Menu→Preprocessor→Numbering Ctrls→将弹出 Compress Numbers 对话框，在对话框中的下拉框中选择选项 All→OK，所有元素的序号进行压缩并关闭对话框

（9）设置单元尺寸。

　　Main Menu→Preprocessor→Meshing→Size Cntrls→ManualSize→Global→Size→将弹出 Global Element Sizes→在对话框中的 Element edge length 对话框中输入 0.01→OK，完成单元尺寸的设置并关闭对话框

（10）单元划分。

Main Menu→Preprocessor→Meshing→Mesh→Volumes→Sweep，将弹出 Mesh Volumes 拾取对话框→Pick All，对所有建立的两个面按照设置的属性和尺寸进行网格划分

（11）施加热对流边界条件，加换热系数和外界温度 10℃。

Main Menu→Solution→Define Loads→Apply→Thermal→Convection→On Areas→分别拾取实体模型的上、下表面→OK，在拾取框内，输入：Heat Convection Coeffecient：20，Bulk Temp Value：10→OK

（12）给圆孔内表面施加温度。

Main Menu→Solution→Define Loads→Apply→Thermal→Temperature→On Areas→拾取圆孔内表面→OK→input VALUE：100→OK

（13）分析计算。

Main Menu→Solution→Solve→Current LS→OK（to close the solve Current Load Step window）→OK

（14）显示温度。

Main Menu→General Postproc→Plot Results→Contour Plot→Nodal Solu，选取"DOF solution"和"Temperature TEMP"→OK

（15）画热流量。

Main Menu→General Postproc→Plot Results→Contour Plot→Nodal Solu，选取"Flux & gradient"和"Thermal flux TFSUM"→OK

（16）画热梯度。

Main Menu→General Postproc→Plot Results→Contour Plot→Nodal Solu，选择"Flux & gradient"和"Thermal grad TGSUM"→OK

第二部分：结构应力分析。

参照上机作业 9-3 的基本步骤：（1）指定分析范畴为结构分析；（2）将温度单元改为相应的结构单元；（3）定义两种材料的力学性能参数和热膨胀系数；（4）删除所有热载荷和删除热约束条件；（5）读入并施加温度荷载；（6）在板左、右端施加固定边界条件；（7）分析计算；（8）显示位移和应力；（9）退出系统。参考图请扫二维码。

题 9-4 参考图

9-5 水箱瞬态热传导问题。

问题描述：一个宽×高×厚为 0.1 m×0.1 m×0.1 m、温度为 560℃的铝块和一个宽×高×厚为 0.2 m×0.1 m×0.1 m、温度为 780℃的钢块，突然放入一个宽×高×厚为 0.5 m×0.5 m×0.2 m、盛满水且温度为 30℃的水箱中。水箱壳的厚度很小，忽略其热容效应。水箱底部绝热，水箱其他外边界与温度为 20℃的空气接触。空气与水箱侧面间的对流换热系数 $h_1 = 20$ W/(m² · K)，空气与水箱顶部之间的对流换热系数 $h_2 = 1.8$ W/(m² · K)，水的密度为 996 kg/m³，水的导热系数为 0.61 W/(m · ℃)，水的比热 = 4185 J/(kg · ℃)。水箱瞬态热传导（俯视图）如图 9-21 所示。材料热参数随温度变化

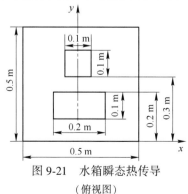

图 9-21 水箱瞬态热传导
（俯视图）

规律见表 9-6 和表 9-7。

求在 600 s 内，铝块与钢块中心的温度变化（假设忽略水的流动）。

分析：本题为瞬态热传导问题，采用先指定各物体的初始温度，然后设定瞬态热分析参数，就可以进行瞬态热传导计算。建立几何模型时，可利用布尔黏结（Overlap）运算形成水箱中包容一个钢块和一个铝块的情况。

表 9-6　铝材的热物理性能

温度/℃	20	200	300	400	500	800
密度/kg·m^{-3}	2719	2717	2716	2714	2712	2707
导热系数/W·(m·℃)$^{-1}$	236	233	231	229	225	219
比热容/J·(kg·℃)$^{-1}$	888	891	893	895	896	899

表 9-7　钢材的热物理性能

温度/℃	20	200	300	400	500	800
密度/kg·m^{-3}	7833	7830	7827	7820	7816	7800
导热系数/W·(m·℃)$^{-1}$	47	40	38	36	34	26
比热容/J·(kg·℃)$^{-1}$	474	498	524	560	615	806
与空气间的对流系数/W·(m^2·K)$^{-1}$	20	19	17	15	11	9

ANSYS 菜单操作步骤如下。

（1）Main Menu→Preference→选中 Thermal 选项→OK，指定分析范畴为热分析

（2）Utility Menu→File→Change Jobname，输入文件名 Trans-T

（3）Utility Menu→File→Change Title，输入 Transient Thermal

（4）Main Menu→Preprocessor→Element Type→Add/Edit/Delete→Add→Solid Brick 8node 70→OK→Close，完成定义单元类型

（5）定义三种材料热学性能。

　　Main Menu→Preprocessor→Material Props→Material Models（定义 1 号材料铝）→Thermal→Conductivity→Isotropic 点击 Add Temperature，分别输入表 9-6 所列温度和对应的导热系数 KXX 的数值→OK→Thermal→Specific Heat→点击 Add Temperature，分别输入表 9-6 所列温度和对应的比热容的数值→OK→Thermal→Density→点击 Add Temperature，分别输入表 9-6 所列温度和对应的质量密度 DENS 的数值→OK→Material→New Model→（Define Material ID）→2

　　Main Menu→Preprocessor→Material Props→Material Models（定义 2 号材料钢）→Thermal→Conductivity→Isotropic 点击 Add Temperature，分别输入表 9-7 所列温度和对应的导热系数 KXX 的数值→OK→Thermal→Specific Heat→点击 Add Temperature，分别输入表 9-7 所列温度和对应的比热容的数值→OK→Thermal→Density→点击 Add Temperature，分别输入和表 9-7 所列温度和对应的质量密度 DENS 的数值→OK→New Model→（Define Material ID）→3

　　Main Menu→Preprocessor→Material Props→Material Models（定义 3 号材料水）→Thermal→Conductivity→Isotropic→KXX=0.61→Density=996→Specific Heat=4185→OK→Exit

（6）建立几何模型基本步骤。

1）在图示坐标系下分别建立水的立方体、钢块立方体、铝块立方体。

2）用 ANSYS 布尔 Overlap 运算对水体、钢块、铝块操作，形成水箱中包容一个钢块和一个铝块的情况。

3）先平移工作平面：

Utility Menu→WorkPlane→Offset WP by Increments：X，Y，Z Offsets 输入 0，0，0.1→Apply

4）用工作面 *WX-WY* 切割，以便后面用 Sweep 方法划分网格：

Main Menu→Preprocessor→Modeling→Operate→Booleans→Divide→Volu by WorkPlane→Pick All →OK

5）然后旋转工作平面：

XY，YZ，ZX Angles 输入 0，90，0→OK

6）平移工作平面：

Utility Menu→WorkPlane→Offset WP by Increments：X，Y，Z Offsets 输入 0，0，-0.1（按旋转后的 WZ 坐标移动）→OK

7）用工作面 *WX-WY* 切割。

Main Menu→Preprocessor→Modeling→Operate→Booleans→Divide→Volu by WorkPlane→Pick All →OK

步骤 6）~7）再重复 3 遍，将两个块体分割。

（7）单元划分。

1）分别指定各块的单元材料属性（铝块的单元材料属性 ID-1，钢块的单元材料属性 ID=2，水的单元材料属性 ID=3）。

2）设定单元长度 0.05 m：

Main Menu→Preprocessor→Meshing→Size Cntrls→Manual Size→Global→Size→将弹出 Global Element Sizes→在对话框中的 Element edge length 对话框中输入 0.05→OK，完成单元尺寸的设置并关闭对话框

3）划分网格：

Main Menu→Preprocessor→Meshing→Mesh→Volumes→Volumes Sweep→Sweep→将弹出 Mesh Volumes 拾取对话框→Pick All

（8）进入瞬态热分析模块。

Main Menu→Solution→Analysis Type→New Analysis，选择 Transient（瞬态分析）→OK

（9）先进行稳态分析设置初始条件和边界条件。

1）关闭积分开关，进行稳态分析：

Main Menu→Solution→Load Step Opts→Time/Frequenc→Time Integration Amplitude Decay→将 TIMINT 设定为 off→OK

Main Menu→Solution→Load Step Opts→Time/Frequenc→Time-Time Step→设定 TIME 为 0.01、DELTIM 也为 0.01→OK

2）空气与水箱侧面间施加热对流换热边界条件：

Main Menu→Solution→Loads→Define Loads→Apply→Thermal→Convection→On Areas→用鼠标点击选择水箱 4 个侧面（如选点某侧面困难，可以按住鼠标左键不松，推移鼠标，直到选中为止）→OK→Film coefficient：20，Bulk temperature：20→Apply

3）空气与水箱顶面间施加热对流换热边界条件：

Main Menu→Solution→Loads→Define Loads→Apply→Thermal→Convection→On Areas→用鼠标点击选择水箱顶面→OK→Film coefficient：1.8，Bulk temperature：20→OK

4）用选择命令给水体单元包含的结点赋初始温度：

Utility Menu→Select→Entities→Volumes→By Num/Pick→拾取水体→OK

Utility Menu→Plot→Volumes→OK（已经排除铝块体和钢块体）

Utility Menu→Select→Entities→Nodes→Attached to→Volumes，All→OK

　　　　Utility Menu→Plot→Nodes→OK

　　　　Main Menu→Solution→Define Loads→Apply→Thermal→Temperature→On Nodes→Pick All→出现选择框，Lab：选 TEMP，下面 VALUE Load TEMP value 的空白栏中填：30→OK

　　　　Utility Menu→Select→Everything

5）用选择命令给铝块单元包含的结点赋初始温度：

　　　　Utility Menu→Select→Entities→Volumes→By Num/Pick→拾取铝块体→OK

　　　　Utility Menu→Select→Entities→Nodes→Attached to→Volumes，All→OK

　　　　Utility Menu→Plot→Nodes→OK

　　　　Main Menu→Solution→Define Loads→Apply→Initial Condit'n→Define→Pick All→出现选择框，Lab：选 TEMP，下面 VALUE Load TEMP value 的空白栏中填：560→OK

　　　　Utility Menu→Select→Everything

　　　　Utility Menu→Plot→Volumes→OK

6）用选择命令给钢块单元包含的结点赋初始温度：

　　　　Utility Menu→Select→Entities→Volumes→By Num/Pick→拾取钢块体→OK

　　　　Utility Menu→Select→Entities→Nodes→Attached to→Volumes，All→OK

　　　　Utility Menu→Plot→Nodes→OK

　　　　Main Menu→Solution→Define Loads→Apply→Initial Condit'n→Define→Pick All→出现选择框，Lab：选 TEMP，下面 VALUE Load TEMP value 的空白栏中填：780→OK

　　　　Utility Menu→Select→Everything

（10）稳态热分析求解。

　　　　Main Menu→Solution→-Solve-→Current LS

（11）然后进行瞬态分析（注意：不要进入 Postprocee 去画温度云图）。

1）设定瞬态热分析参数：

　　　　Main Menu→Solution→Load Step Opts→Time/Frequenc→Time Integration→Amplitude→TIMINT：On；THETA＝1→OK

2）设定时间子步增量：

　　　　Main Menu→Solution→Load Step Opts→Time/Frequenc→Time-Time Step，设定 TIME＝600，DELTIM＝0.6，Minimum time step size（最小时间子步增量）为 0.1，Maximum time step size（最大时间子步增量）为 0.6，将 Autots 设置为 ON→OK

3）设定时间子步增量步数：

　　　　Main Menu→Solution→Load Step Opts→Time/Frequenc→Time and substeps→设定 Time at end of load step：＝600，Number of substeps：＝1000，Maximum no of substeps（最大子步数）：＝1000，Minimum no of substeps（最小子步数）：＝100，将 Autos 设置为 ON→OK

4）删除稳态分析定义的结点温度：

　　　　Main Menu→Solution→Loads→Delete→Thermal→Temperature→On Nodes→Pick All→OK

（12）选择每个子步输出。

　　　　Main Menu→Solution→Load Step Opts→Output Ctrls→DB/Results，Every substep→OK

（13）求解。

　　　　Main Menu→Solution→Solve→Current LS

（14）显示温度分布。

　　　　Main Menu→General Postproc→Plot Results→Contour Plot→Nodal Solu，选取"DOF solution"和"Temperature TEMP"→OK

（15）显示热流量。

Main Menu→General Postproc→Plot Results→Contour Plot→Nodal Solu，选取"Flux & gradient"和"Thermal flux TFSUM"→OK

（16）显示热梯度。

Main Menu→General Postproc→Plot Results→Contour Plot→Nodal Solu，选择"Flux & gradient"和"Thermal grad TGSUM"→OK

（17）进入时间历史后处理模块。

Main Menu→TimeHist Postproc，进入 POST26

（18）设定变量。

Utility Menu→Parameters→Scalar Parameters→定义变量（对模型的某结点用变量参数来代替）："St_cnt = node（0，0.15，0.05）"→Accept→Close

Utility Menu→Parameters→Scalar Parameters→定义变量（对模型的某结点用变量参数来代替）："A1_cnt = node（0，0.35，0.05）"→Accept→Close

（19）使用时间—历程后处理器，显示指定钢块中心点的温度随时间变化曲线。

Main Menu→Time Hist Postproc→Add Value→Nodal Solution→DOF Solution→Temperature→Userspecified label：St_cnt→OK

（20）使用时间—历程后处理器，显示指定铝块中心点的温度随时间变化曲线。

Main Menu→Time Hist Postproc→Add Value→Nodal Solution→DOF Solution→Temperature→A1_cnt→OK

（21）退出 ANSYS。

参考图请扫二维码。

题 9-5 参考图

参 考 文 献

［1］ Babuška. The finite element method with Lagrange multipliers［J］. Numer. Meth., 1973（20）: 179-192.

［2］ Zienkiewicz O C, Qu S, Taylor R L, et al. The patch test for mixed formulations［J］. Int. J. Num. Meth. Engng., 1986（23）: 1873-1883.

［3］ Herrmann L R. Elasticity equations for incompressible and nearly incompressible materials by variational theorem［J］. AIAA Journal, 1965, 15（2）: 1896-1900.

［4］ Sani R L, Grasho P M, Lee R L, et al. The cause and cure of the spurious pressures generated by certain FEM solutions of the incompressible Navies-Stokes equations: part 1［J］. International Journal for Numerical Methods in Fluids, 1981, 1（2）: 17-43.

［5］ Chen J S, Pan C, Chang T Y P. On the control of pressure oscillation in bilinear displacement constant pressure element［J］. Computational Methods, 1995, 128（1）: 137-152.

［6］ Hughes T J R, Liu W K, Brooks A. Finite element analysis of near incompressible viscous flows by the penalty function formulation［J］. Computational Physics, 1979, 30（1）: 1-60.

［7］ Simo J, Rifai M S. A class of mixed assumed strain methods and the method of incompatible modes［J］. International Journal for Numerical Methods in Engineering, 1990, 29（8）: 1595-1638.

［8］ Simo J, Armero F. Geometrically non linear enhanced strain mixed methods and the method of incompatible modes［J］. International Journal for Numerical Methods in Engineering, 1992, 33（7）: 1423-1449.

［9］ Nalor J. Stresses in nearly incompressible materials by finite elements with application to the calculation of excess pore pressures［J］. International Journal for Numerical Methods in Engineering, 1974, 8（3）: 443-460.

［10］ Hughes T J R. Equivalence of finite elements for nearly incompressible elasticity［J］. Journal of Applied Mechanics: E, 1981（44）: 181-183.

［11］ Malkus D S, Hughes T J R. Mixed finite element methods-reduced and selective integration techniques: a unification of concepts［J］. Applied Mathematics Division, 1978, 15（1）: 63-81.

［12］ Flangan D P, Belytschko T. A uniform strain hexahedron and quadrilateral with orthogonal hourglass control［J］. International Journal for Numerical Methods in Engineering, 1981, 17（5）: 679-706.

［13］ Belytschko T, Ong J S J, Liu W K, et al. Hourglass control in linear and nonlinear problems［J］. Computer Methods in Applied Mechanics and Engineering, 1984, 43（3）: 251-276.

［14］ 王勖成. 有限单元法［M］. 北京: 清华大学出版社, 2003.

［15］ Zienkiewicz O C, Taylor R L. 有限元方法［M］. 5 版. 北京: 清华大学出版社, 2006.

［16］ Zienkiewicz O C, Taylor R L. 有限元方法基础论［M］. 6 版. 北京: 世界图书出版公司, 2008.

［17］ 监凯维奇（Zienkiewicz O C）. 有限元方法固体力学和结构力学［M］. 6 版. 北京: 世界图书出版公司, 2009.

［18］ 曾攀, 等. 基于 ANSYS 平台有限元分析手册: 结构的建模与分析［M］. 北京: 机械工业出版社, 2011.

［19］ ANSYS 13.0 理论参考手册. SAS IP, Inc., 2010.

［20］ ansys 单元中文帮助手册. 安世亚太公司, 2011.

［21］ ANSYS 基础和高级手册教程. 安世亚太内部培训资料, 1998.

［22］ 朱伯芳. 有限单元法原理及应用［M］. 北京: 中国水利水电出版社, 2018.

［23］赵奎，等．有限元简明教程［M］.北京：冶金工业出版社，2009.

［24］刘英伟，等．有限元简明导论［M］.北京：冶金工业出版社，2019.

［25］陈道礼，等．结构分析有限元法的基本原理及工程应用［M］.北京：冶金工业出版社，2012.

［26］赵晶，等.ANSYS有限元分析应用教程［M］.北京：冶金工业出版社，2014.

［27］曾攀．有限元基础教程［M］.北京：高等教育出版社，2009.